国家自然科学基金项目（41272278）
安徽高校科研平台创新团队建设项目（2016-2018-24）
矿井水害综合防治煤炭行业工程研究中心开放基金项目（2022-CIERC-03）
淮北矿业集团科研及技术创新计划项目（HBCOAL2020-068）资助

矿井松散含水层沉积控水
与断层活化涌水机理

——以淮北煤田许疃矿井为例

吴基文　毕尧山　毕善军　著

科 学 出 版 社

北 京

内 容 简 介

本书以淮北煤田临涣矿区许疃矿井新近系松散层底部含水层（简称"底含"）为研究对象，采用理论分析、数理统计、室内试验、数值模拟、相似材料模拟、现场实测等方法，系统研究了"底含"沉积特征，划分了"底含"沉积（微）相及其沉积演化阶段，建立了沉积控水模式，并对"底含"富水性进行了精细分区与评价；开展了松散含水层下含断层覆岩采动破坏特征研究，分析了不同落差断层及不同顶板覆岩厚度条件下，含断层工作面开采断层的采动活化及其对"底含"基底的破坏机理，建立了"底含"涌水通道模式，揭示了弱富水区–含断层覆岩条件下"底含"涌水且水量稳定的涌水机理，为许疃矿井及类似条件的矿井防治水工作提供了技术指导和理论支撑，推广应用前景十分广阔。

本书可供矿井工程地质、矿井水文地质、矿井地质灾害防治及采矿与安全工程等学科领域从事相关课题研究的科研人员、工程技术人员及研究生参考。

图书在版编目（CIP）数据

矿井松散含水层沉积控水与断层活化涌水机理：以淮北煤田许疃矿井为例 / 吴基文，毕尧山，毕善军著. —北京：科学出版社，2023.11
ISBN 978-7-03-076999-2

Ⅰ. ①矿… Ⅱ. ①吴… ②毕… ③毕… Ⅲ. ①矿井–含水层–研究–淮北 Ⅳ. ①TD745

中国国家版本馆 CIP 数据核字（2023）第 220666 号

责任编辑：焦 健 / 责任校对：何艳萍
责任印制：肖 兴 / 封面设计：北京图阅盛世

科 学 出 版 社 出版
北京东黄城根北街 16 号
邮政编码：100717
http://www.sciencep.com

北京中科印刷有限公司 印刷
科学出版社发行 各地新华书店经销

*

2023 年 11 月第 一 版 开本：787×1092 1/16
2023 年 11 月第一次印刷 印张：14 1/2
字数：344 000

定价：**198.00 元**
（如有印装质量问题，我社负责调换）

前　言

　　水体下采煤的安全问题以及地下水资源管理与生态环境保护等一直是国内学者普遍关注的热点领域，松散含水层下采煤又是水体下采煤的重要组成部分。我国华北、华东地区的许多煤矿，其浅部煤层之上均覆盖着新生界的厚松散层，而在厚松散层底部大多发育一层以非胶结的砂土、砂砾、砾石为骨架的承压含水层，即为松散层底部含水层，简称"底含"。该含水层岩性组合复杂，岩相变化快，富水性极不均一，且多直接发育在煤系基岩之上，使得该含水层成为浅部煤层开采的直接充水水源，对煤矿安全生产构成了威胁。淮北矿区发育有新生界新近系松散层底部含水层，且直接覆盖在煤系地层之上，虽然已按防治水规范要求留设了防水煤（岩）柱，但仍发生了"底含"涌水现象，对煤矿绿色高效安全生产具有极其不利的影响。因此，系统地开展新生界新近系松散层底部含水层富水差异性沉积控制及其涌水机理研究，不仅具有重要的理论意义，而且具有重大的应用价值。

　　鉴于此，在国家自然科学基金项目、安徽高校科研平台创新团队建设项目、矿井水害综合防治煤炭行业工程研究中心开放基金项目，以及淮北矿业集团科研及技术创新计划项目的共同支持下，淮北矿业集团公司联合高等院校、科研院所、勘探系统等单位，系统地开展了淮北煤田新生界松散层底部含水层的探查、评价、预测、防治等多项研究，取得了显著的经济效益和社会效益。本书即是在这些研究成果的基础上完成的。

　　针对淮北矿区新生界松散层底部含水层（"底含"）对矿井浅部煤层安全回采的不利影响，本书以淮北煤田临涣矿区许疃矿井为研究对象，系统地开展了"底含"沉积控水特征及弱富水区-含断层覆岩条件下"底含"涌水机理研究，为许疃矿井及淮北矿区其他遭受"底含"水害困扰的矿井开展防治水工作提供科学依据。本书主要内容有：①阐明了许疃矿井"底含"岩性组成及其厚度分布特征，基于"底含"沉积物的颜色、岩性、沉积构造、粒度、分形以及测井曲线等沉积特征，将"底含"划分为坡积-残积相和洪积扇相，并将洪积扇相进一步划分为扇根、扇中、扇端等三种亚相以及扇根泥石流沉积、扇根主河道沉积、扇中辫状河道沉积、扇中漫流沉积、扇端漫流沉积等五种微相；厘清了"底含"的沉积演化阶段，建立了"底含"沉积模式，确定了"底含"沉积优势相的分布。②总结了"底含"砂体在垂向上和平面上的接触类型，结合"底含"沉积物水理性质及抽（注）水试验段的单位涌水量 q 值，分析了不同沉积相-亚相-微相"底含"的富水特征，建立了坡积-残积相和洪积扇相两种沉积控水模式，划分了扇中辫状河中等富水型、扇中漫流和扇根主河道较弱富水型、扇端漫流和扇根泥石流微弱富水型以及坡积-残积相极弱富水型等六种富水类型，揭示了"底含"富水差异性沉积控制机理。③基于沉积控水规律，构建了"底含"富水性评价指标体系，提出了基于投影寻踪方法的含水层富水性评价模型，精细划分了"底含"富水性等级与分区，并通过 q 值对富水性评价结果进行了验证。④基于近松散层下开采含断层覆岩采动破坏物理相似模拟和数值模拟，分析了断层及断层落差对导水裂缝带高度的影响，研究了含断层工作面开采过程中断层带应力变化的时空特征及采动断层活化规律，揭示了不同落差断层及不同顶板覆岩厚度条件下断层对"底含"基底的破坏机理。⑤总结了"底含"砂体在空间上的接触类型和连通方式，提出了洪积扇扇中亚相"底含"砂体空间连通模式，揭示了"底含"砂层含水体扇中叠加补给机制；基于采动影响下断层对含水层基底的破坏特征，建立了断层活化直接破坏型和断层活化间接导通型两类"底含"涌水通道模式，揭示了弱富水区-含断层覆岩条件下"底含"涌水且水量稳定的涌水机理。⑥以许疃矿井 32 采区为例开展了工程应用研究，探查验证了"底含"涌水通道，论证了"底含"涌水水源补给模式，阐明了"底含"的涌水原因。

本书共 7 章，由安徽理工大学吴基文教授、淮南师范学院毕尧山博士和淮北矿业集团毕善军副总工程师合作完成。其中前言、第 1 章、第 2 章由吴基文教授、毕善军副总工程师合作撰写，第 3 章、第 4 章、第 5 章由毕尧山博士、吴基文教授合作撰写，第 6 章由吴基文教授、毕尧山博士合作撰写，第 7 章由吴基文教授、毕善军副总工程师和毕尧山博士合作撰写，全书由吴基文教授和毕尧山博士统稿。

本书研究工作得到了淮北矿业集团、安徽理工大学等单位领导和技术人员的热情指导和大力支持。在现场资料收集、采样与测试过程中，得到了淮北矿业股份有限公司和所属许疃煤矿领导及地测技术人员的大力帮助。

安徽理工大学研究生胡儒、王广涛、刘伟、唐李斌、张文斌、施亚丽、黄楷等做了大量的现场资料收集与室内外试验工作。安徽理工大学翟晓荣副教授、张红梅副教授参与了部分研究工作。

借本书出版之际，向以上各单位领导、专家、老师和朋友对本书研究工作和出版的指导、支持和帮助表示衷心感谢！向本书引用文献中作者的支持和帮助表示衷心感谢！向参与本书研究工作的同事和研究生表示衷心感谢！

本著作的研究和出版得到了国家自然科学基金项目（41272278）、安徽高校科研平台创新团队建设项目（2016-2018-24）、矿井水害综合防治煤炭行业工程研究中心开放基金项目（2022-CIERC-03）、淮北矿业集团科研及技术创新计划项目（HBCOAL2020-068）的资助，在此表示衷心感谢。

限于研究水平和条件，书中难免存在不足之处，恳请读者不吝赐教。

2023 年 4 月于安徽淮南

目　　录

第1章 绪 论

1.1 研究背景与意义

我国"富煤、少气、缺油"的资源条件,决定了我国的能源结构以煤为主(李建文,2013)。煤炭资源作为我国的基础能源,对推动国民经济的发展起到了至关重要的作用(Yang et al., 2016a; Liu et al., 2018; 杨晟, 2020)。鉴于煤炭资源在我国能源结构中所扮演的重要角色,在未来相当长的一段时期内,煤炭作为我国主体能源的地位不会改变,仍将长期担负国家能源安全、经济持续健康发展重任(Chen et al., 2016; 袁亮等, 2018; Cheng et al., 2021; Bi et al., 2022a)。虽然我国的煤炭资源十分丰富,但煤矿的水文地质条件复杂,是世界上遭受矿井水害最严重的国家之一(武强, 2014; Guo et al., 2018)。长期以来,我国各煤矿区发生的矿井水害事故较多,造成了极为严重的人员伤亡和经济损失(Wu et al., 2016; 原泽文, 2019)。因此,深入开展矿井水害防治研究对于保障人民生命的财产安全、保证煤炭资源开发的稳步发展、提高矿井的社会效益和经济效益都具有十分重要的意义(张贵彬, 2014; 崔芳鹏等, 2018)。

水体下采煤的安全问题以及地下水资源管理与生态环境保护等一直是国内学者普遍关注的热点领域,松散含水层下采煤又是水体下采煤的重要组成部分(王晓振, 2012)。据不完全统计,我国的水下压煤总量为 19 亿 t,占建筑物下、铁路下和水体下(简称"三下")总量的 7%左右(刘凯旋, 2019),特别是华北、华东地区的许多煤矿,其浅部煤层之上都覆盖着新生界的厚松散层,而在厚松散层底部大多发育一层以非胶结的砂土、砂砾、砾石为骨架的承压含水层(刘凯旋, 2019; Zhang et al., 2020; Peng et al., 2021)。若将新生界松散层含、隔水层按四个含水层组和三个隔水层组的统一划分方式命名,通常称之为新生界松散层第四含水层(简称"四含")或新生界松散层底部含水层(简称"底含")。该含水层为非胶结的孔隙含水层,岩性组合方式复杂、岩相变化快、富水性极不均一,且多直接发育在煤系基岩之上,使得该含水层成为浅部煤层开采的直接充水水源,对煤矿安全生产构成了威胁。由于煤层开采后,覆岩发生变形、移动和破坏,自下而上分别形成垮落带、裂隙带和缓慢下沉带(简称"三带"),其中垮落带和裂隙带统称为导水裂缝带(杨倩, 2013; 刘怀谦, 2019)。这种导水裂缝带一旦连通上覆"底含",就会成为"底含"水进入采煤工作面或采空区的通道,若"底含"富水性比较弱,一般不会造成水害事故,只会造成开采成本的增加或工作环境的恶化;但若富水性较强,则可能造成突水或淹井事故(李东东, 2017; 毕尧山, 2019)。

淮北矿区隶属于华北煤田,是我国主要的煤炭资源基地之一(邵军战, 2006),目前管辖有 20 多对生产矿井,如图 1.1 所示。由于矿区的水文地质条件复杂多变,各个矿井在生产过程中遭遇的水害类型较多。其中,新生界松散含水层是影响各矿井浅部煤层回采的主要含水层之一（许文松和常聚才，2012）。目前对于新生界松散层含、隔水层的划分没有统一的原则和要求，各矿区大多从区域总体富水性角度将其划分成若干个相对含水层（组）和相对隔水层（组），划分与命名方式各不相同，但目前多数人倾向于四个含水层组和三个隔水层组的统一划分方式（刘汉湖，1997；葛晓光，2002）。如淮南煤田潘谢矿区的新生界划分为上、中、下三个部分，并分出上部含水层（"上含"）、上部隔水层（"上隔"）、中部含水层（"中含"）、中部隔水层（"中隔"）和下部含水层（"下含"）共五大层组，并将"上含"与"下含"又各细分为三段。淮北煤田（包括宿县矿区、临涣矿区、涡阳矿区、濉肖矿区和闸河矿区等）各井田的新生界从上到下划分为四个含水层组和三个隔水层组，分别为第一含水层（"一含"）、第一隔水层（"一隔"）、第二含水层（"二含"）、第二隔水层（"二隔"）、第三含水层（"三含"）、第三隔水层（"三隔"）和第四含水层（"四含"）（葛晓光，2002）。

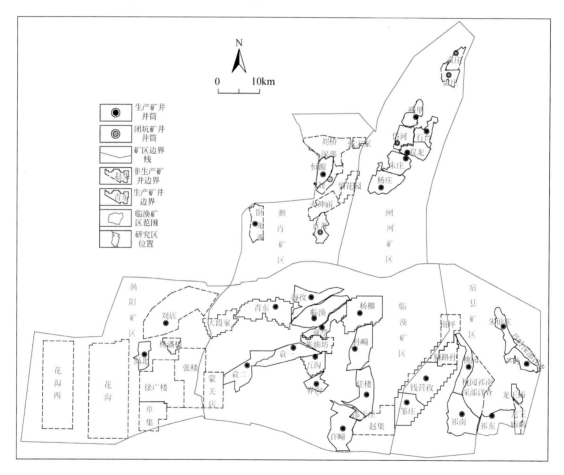

图 1.1 淮北煤田水文地质单元划分图

淮北煤田宿北断裂以北的闸河矿区"四含"缺失，濉肖矿区仅局部地区发育"四含"；在宿北断裂以南的宿县矿区、临涣矿区、涡阳矿区普遍发育"四含"，且"四含"

大多直接覆盖在煤系地层之上，又称之为新生界底部孔隙含水层。但需指出的是，淮北地区未必所有新生界最底部的含水地层都可称为"四含"，如濉肖矿区仅局部地区发育"四含"，其余地区新生界最底部的含水地层为"三含"；在朱仙庄矿东北部、祁南矿西北部、许疃矿东南部、徐广楼井田等部分区域"四含"下还有古近系底部砾岩含水层（古近系"红层"）。因此，本书所称"底含"为淮北矿区新生界松散层第四含水层（"四含"）、淮南矿区潘谢矿区下部含水层（"下含"）的统称，其形成年代约为新近纪中新世（葛晓光，2002），即新近系松散层底部含水层。

淮北煤田"底含"发育特征具有明显的分区性，富水性也表现出极不均一的特征，根据抽水试验得到的单位涌水量 q 划分的富水性评价等级为弱-强富水性，如表1.1所示。多年来，淮北矿区发生过多次"底含"突水事故，如1983年宿南矿区朱仙庄煤矿投产初期的七个工作面中有六个面发生 $60\text{m}^3/\text{h}$ 以上"底含"突水（张朱亚，2009）；2001年，祁东煤矿一水平 3_122 首采面推进至42m时，顶板来压，松散层的"底含"最大突水量达 $1520\text{m}^3/\text{h}$，一天内造成淹井，直接经济损失数亿元（鞠金峰等，2018）；2002年，桃园煤矿 $1022^\text{上}$ 工作面"底含流砂层"溃入巷道，导致人员伤亡事故等（邵军战，2006）。

表1.1 淮北矿区新生界"底含"水文地质特征

单元矿区	松散层厚度 /m	"底含"厚度 /m	单位涌水量 q /[L/(s·m)]	渗透系数 K /(m/d)	涉及煤矿及勘探区
闸河	1.88 ~ 127.14	缺失	—	—	杨庄矿、朱庄矿、双龙公司（张庄矿）、朔里矿、石台矿、孟庄矿、袁庄矿等
濉肖	115.80 ~ 255.80	0 ~ 28.14	0.00176 ~ 0.69600	0.043800 ~ 0.309000	卧龙湖矿、百善矿、火神庙矿，以及梁花园等勘探区
宿县	39.80 ~ 453.00	0 ~ 57.00	0.00024 ~ 2.63500	0.001100 ~ 29.553000	朱仙庄矿、桃园矿、祁东矿、祁南矿、芦岭矿、钱营孜矿、邹庄矿
临涣	100.50 ~ 373.60	0 ~ 76.35	0.00062 ~ 0.35300	0.005955 ~ 0.987900	青东矿、海孜矿、临涣矿、童亭矿、许疃矿、五沟矿、任楼矿、杨柳矿、孙疃矿、袁一矿、袁二矿、界沟矿，以及邵于庄、赵集等勘探区
涡阳	204.00 ~ 711.35	0 ~ 72.59	0.00200 ~ 2.60000	0.226200 ~ 0.342400	涡北矿、刘店矿，以及花沟西、杨潘楼等勘探区

临涣矿区"底含"富水性为弱-中等富水性，各对矿井也都在不同程度上受"底含"水害威胁（於波，2018）。如海孜煤矿 3_112 工作面曾发生最大突水量达 $250\text{m}^3/\text{h}$ 的"底含"突水事故（邵军战，2006），另外742工作面也由于"底含"涌水而被迫放弃回采（杨能勇等，2003）；1989年任楼煤矿上一采区回风石门 K_3 砂岩段由于裂隙发育导通"底含"水，最大涌水量为 $240\text{m}^3/\text{h}$（孙长龙，2004）；童亭煤矿在投产初期的首采工作面回采过程中，也曾多次发生过"底含"涌水，虽未造成严重的突水事故（王云刚，2005），但也对矿井的正常生产造成了不利影响，同时污染了矿区的地下水资源，损害了矿区的生态环境。

许疃矿井位于临涣矿区南部，矿井32采区受"底含"水害威胁。在 3_2 煤层回采过程中，出现两处异常涌水现象，增加了矿井的生产成本，破坏了矿区地下水资源和矿区生态环境。3_222 切眼掘进期间揭露 DF206 正断层，揭露断层时，断层面发生 $20m^3/h$ 的涌水现象，涌水量稳定，经水质分析，水源为"底含"水；3_220 工作面为"底含"下上提工作面，工作面风巷揭露 DF216 正断层时出现了淋水现象，断层处涌水量为 $2m^3/h$，水源为"底含"与砂岩裂隙水混合。工作面回采结束后 32 采区采空区涌水量为 $50m^3/h$ 左右，通过水样水质分析，涌水水源为"底含"与砂岩裂隙混合水。涌水量虽不大（仅为 $50m^3/h$），但涌水机理异常复杂，主要表现为两个方面：一是"底含"富水性为弱-中等富水性，工作面回采结束后采空区涌水量虽仅为 $50m^3/h$，但涌水持续、水量稳定，怀疑有"底含"水源的稳定补给，但补给路径不明确；二是 3_222 切眼附近出现"底含"涌水，但该区域覆岩厚度较大（达98m），在已按防治水规范要求留设防水煤岩柱厚度的情况下为何仍能发生涌水的原因及涌水通道在何处还是个谜，用传统的松散层水体下采煤理论很难解释。

淮北矿区"底含"与矿井开采关系密切，对煤矿绿色高效生产具有极其不利的影响，而造成"底含"涌突水事故发生的主要原因是缺乏对地质控水因素和规律的深入研究以及对"底含"富水规律的认识不够科学、精细（陈晨，2018）。同时，断层构造作为矿井煤层回采过程中常见的不利因素，断层的存在加剧了近松散层含水层下开采煤层顶板涌突水发生的概率及涌突水机理研究的复杂性。近年来，煤矿生产中采用的装备水平、技术手段以及工艺流程等都有了明显的改善和提升，但对"底含"的富水规律和其沉积控制机理以及含水层下含断层工作面开采断层致灾机理等基础理论仍缺乏深入透彻的研究是导致松散含水层下煤层开采突水事故频繁发生、矿井生产成本增大的重要原因。因此，从沉积控水的角度着手，分析"底含"的沉积特征、水理性质、岩性结构与变化特点，查清含水层的赋存状态和富水规律，研究"底含"的沉积控水模式，揭示"底含"富水差异性沉积控制机理，深入研究松散层下煤层开采时断层对覆岩破坏高度、形态、范围等的影响规律及其采动活化机理，查清涌水通道，可为松散含水层下保水采煤以及煤层顶板涌突水防治提供理论依据。

针对淮北矿区"底含"对矿井浅部煤层安全回采的不利影响以及在已按防治水规范要求留设防水煤岩柱厚度条件下的涌突水异常，以许疃矿井为研究对象，采用理论分析、数理统计、室内试验、数值模拟、相似材料模拟、现场实测等方法，在系统收集矿井地质及水文地质资料的基础上，从"底含"沉积特征入手，分析"底含"沉积环境和沉积相-亚相-微相特征，研究"底含"沉积演化特征，建立"底含"沉积控水模式，揭示"底含"富水性差异的沉积控制机理，并基于沉积控水理论，将沉积学与水文地质学相结合，对"底含"富水性进行精细分区与评价；开展近松散含水层下煤层开采覆岩破坏规律研究，探讨断层对"底含"基底的影响，分析不同落差断层及不同顶板覆岩厚度条件下含断层工作面开采断层的采动活化机理及其对"底含"基底的破坏作用。研究成果可为许疃矿井及淮北矿区其他遭受"底含"水害困扰的矿井开展防治水工作提供技术指导和理论支撑，不仅有利于提高浅部煤炭资源的回收率，保证煤炭资源开发的稳步发展和提高矿井的社会经济效益，而且还有利于保护矿区地下水资源和矿区生态环境，具有重要的理论意义和较大的应用价值。

1.2　国内外研究现状

1.2.1　水体下煤层开采突水机理研究现状

国外许多国家进行了大量水体下采煤的有益探索和实践（Karaman et al., 2001; Shi and Singh, 2001; Annandale et al., 2002; 杜锋, 2008）。智利在水体下长壁工作面开采的最小埋深是 150m（杜锋, 2008）；日本在海下采煤时从海底至开采煤层留设 100m 的防水煤柱不予开采，在浅部则利用风力充填（杜锋, 2008）；波兰规定在含水层下的煤层露头处应留设高度约为 8 倍采厚、最小垂直厚度为 20m 的煤岩柱（桂和荣, 1997）；西澳大利亚科利利煤田在松散含水层下采煤时通过获得含水层水文地质参数和井下开采动态参数来确定所需留设的煤岩柱高度（桂和荣和陈兆炎, 1993）；美国针对煤柱回收提出了适合于特定水文地质条件下的设计方案（Taloy and Chen, 1986）；英国规定海下采煤时必须留设高度超过 60m 的煤岩柱；南斯拉夫维伦杰褐煤矿在地表水体下成功采用垮落或分段垮落的长壁方法开采了多含水层系统覆盖的褐煤层。苏联对水体下采煤的研究较多，于 1973 年出版了确定导水裂隙带高度方法指南，后续又颁布了有关水体下开采的相关规程，通过分析覆岩隔水层厚度、煤厚以及重复采动等条件来确定安全的开采深度，大多是基于实测或经验统计，并没有开展和建立系统的理论研究（陈杰和李青松, 2010）。与此类似，其他一些国家也开展了部分研究（Gandhe et al., 2005）。以上国家进行的水下开采基岩厚度比较大，研究基础都留有足够大的安全煤岩柱，开采时对松散层底部含水层破坏较小，与在松散含水层下浅部煤层安全回采技术保障等方面相关的国外文献报道相对较少，一些国外学者主要围绕采动影响下覆岩破坏特征以及覆岩土体应力变化等进行了卓有成效的研究（Wang and Park, 2003; Booth, 2007; Chen and Guo, 2008; 李杨, 2012; 许文松, 2013; Li et al., 2015）。

在我国的华东、华北、东北平原普遍被新生界松散含水层覆盖，对松散含水层下浅部煤层的安全回采构成了很大的威胁。数十年来，我国在水体下采煤方面进行了大量的研究和工程实践，积累了丰富的经验和科研数据。松散含水层下采煤是水体下采煤的重要组成部分，近年来一些煤矿的开采上限不断提高，已经在不同矿区、不同富水程度的松散含水层下开展了近松散层的开采实践（刘延利, 2014; Li, 2018; Xu et al., 2018; Li et al., 2020），许多学者也对松散含水层下采煤突水机理做了深入研究。刘天泉院士提出的"上三带"理论是我国煤层顶板突水机理研究的基础理论，并根据工作面覆岩结构和采厚提出了"两带"计算理论公式，还提出了近松散层下开采时安全煤岩柱设计方法和相关突水防治方法（刘天泉, 1986; 国家安全监管总局等, 2017）。隋旺华等（2007）通过试验研究认为松散含水层初始水头和突水裂缝展开程度是控制浅部煤层顶板突水溃砂的关键因素。许延春（2005）提出了水体下采煤时留设安全煤岩柱的"有效隔水厚度方法"，认为保护层不仅需达到一定的厚度要求，更重要的是需要具备"有效隔水厚度"。缪协兴等（2008）提出了"隔水关键层"的概念，并分析其在保水开采中的作用。王晓振等

（2014a，2014b）的研究认为高承压水会导致煤层顶板各关键层发生复合断裂，提出了松散层水压载荷传递机制，解释了压架突水机理。白汉营等（2010）首次提出了"下渗带"机理，认为高承压松散含水层会对煤系地层中软弱岩层及原生裂隙进行扩张而形成"下渗带"，并对松散承压含水层下煤层开采顶板突水机理做出了补充。侯忠杰（2000，2001）通过研究认为近松散层开采时覆岩结构中硬岩层一般会形成组合关键层效应，导致顶板破坏后的断裂岩块自身不能铰接形成三铰拱平衡。于保华（2009）对高水压松散含水层下压架突水灾害的机制及灾害防治对策进行了研究。杨本水等通过试验研究发现，风化岩体具有阻水和抑制导水裂缝带继续发展的双重作用（杨本水等，2002；杨本水和段文进，2003；杨本水等，2004）。张新（2016）分析了第四系松散层底部地层岩性沉积结构等地质特征，采用数值模拟的方法研究了不同条件下煤层开采上覆地层变形破坏、断层活化的特征，掌握了采动过程中上覆岩层变形破坏特征及断层活化应力、位移变化特征。武强等（2000）认为煤层顶板突水的根本原因在于采动后"两带"发育，并作为导水通道导通了上覆含水层，据此提出了"三图-双预测法"，认为在顶板突水安全性分析中既要考虑采动后顶板垮落安全性，又要分析煤层上覆直接充水含水层的富水性。曾佳龙等（2015）引入信息熵和未确知测度的理论方法，建立了薄基岩厚松散含水层地质条件下煤矿安全开采的预测模型，并取得了较好的应用效果。

综上所述，松散含水层下采煤是水体下采煤的重要组成部分，以往研究采用了理论分析、现场实测、物理相似模拟试验、数值模拟试验等诸多方法、手段，通过地质学与力学、数学等多学科交叉进行研究，研究内容涉及水体下采煤的水文地质特征、覆岩运动和变形规律、"两带"动态演化过程和防水煤岩柱留设等诸多方面，研究深度从覆岩变形静态特征延伸到覆岩破坏和围岩应力等的动态演化等，促进了我国松散含水层下采煤技术的发展与进步，同时也为研究我国各个矿区水体下采煤涌（突）水机理奠定了理论基础、提供了研究思路。

1.2.2　沉积控水规律研究现状

地质控水规律以及对富水区的预测研究是煤矿水文地质研究的老课题，也是煤矿安全领域研究的热点与难点。含水层与隔水层在时空分布上的复杂性、在宏观和微观结构上的非均质性与差异性，以及由此产生的矿井水文地质条件和地下水系统的多样性，一直是煤矿沉积控水机理研究的主要内容。这些水文地质特征又是控制岩层富水特征的主要因素。沉积学作为系统研究沉积岩特征、分布和沉积环境演化的重要基础地质学科，在水文地质学研究中占有重要地位。在影响矿井水害的诸多因素中，除自然气候条件和地理条件外，沉积特征是含水层形成及地下水赋存最基本的控制因素，以往学者普遍认为地下水主要受断层和褶皱等构造的控制，而对于沉积控水规律的研究尚处于起步阶段（赵宝峰，2015；林磊，2020）。沉积控水的实质是沉积作用、成岩作用、后生作用等对含水层物质结构等水文地质条件的控制。

关于沉积控水的研究是从鄂尔多斯的"保水采煤"开始的，谢渊等（2003）首次提出了含水层沉积学的概念，指出了地下水富集规律受沉积相和其他水文地质条件共同影响。随着研究工作的不断深入，以沉积控水分析为指导，在有效指导矿井水害防治方面取得了一些成果（范立民等，2021）。赵宝峰（2015a，2015b）明确了沉积控水的概念，分析了沉积相与富水性的关系，认为含水层的沉积特征是其形成以及地下水赋存最基本的控制因素。王祯伟（1993）通过研究认为新生界松散层底部的孔隙含水层与基岩中的裂隙含水层、石灰岩中的岩溶含水层有着本质的区别，松散层孔隙含水层基本不受构造的影响，在某一井田内部断层对其的影响可以忽略。刘基等（2018）基于沉积相标志等，分析了含水层的沉积规律以及沉积相的展布特征，为煤层顶板含水层富水性评价提供了依据。杨成田（1985）、王祯伟（1990）等学者认为不同沉积相单元控制不同含水层中含、隔水层的发育、分布及其空间配置模式。陶正平等（2008）认为岩相对地下水有明显的控制作用。尚金森等（2012）认为沉积特征通过控制含水层的宏观和微观特征，影响含水层富水特征。穆鹏飞等（2015）认为古地形以及沉积相特征等对岩层富水规律具有控制作用。代革联等（2016b）基于沉积特征分析，确定了砂体展布规律，并据此对直罗组富水性进行分区，其研究认为砂质河道及砂坝发育的厚度较大的砂层富水性相对较强。Jayasingha 和 Pitawala（2014）通过分析含水层系统演化特征，发现含水层的赋存及分布受控于河流相控制。陈晨等（2018）通过对乌审旗-横山地区延安组、直罗组进行研究，揭示了不同沉积相以及同一沉积环境不同平面位置的富水性差异，并结合沉积控水差异特征进行富水性分区。许光泉等（2005）通过研究认为含水层富水性取决于内部和外部两方面条件，一方面是含水层形成时的沉积结构特征、水的储存性能等内部条件，另一方面是边界性质（透水边界或隔水边界）等外部条件。谢从瑞等（2013）分析了影响地下水赋存条件的各个因素，认为含、隔水层的空间分布与配置受控于沉积相。冯洁等（2021，2022）通过分析侏罗系直罗组含水层、延安组含水层、风化基岩含水层的砂岩岩性及其组合、微观孔隙结构、沉积相与富水性的关系，揭示了沉积控水机理。

综上所述，沉积特征是含水层形成及地下水赋存最基本的控制因素，以上研究成果极大地丰富了沉积控水理论的内涵，为矿井有效开展防治水工作提供了重要的参考依据。重视研究含水层的沉积特征，分析其沉积环境与沉积相分布规律，对于认识含、隔水层成因、研究地下水的补径排与赋存规律以及系统开展含水层富水性特征研究等方面具有重要的指导作用。然而，我国煤系地层的充水含水层类型多样、条件复杂，对于影响煤层开采的矿井含水层，根据含水介质类型及地下水在介质中的赋存状态，主要可以划分为松散层孔隙含水层、基岩裂隙含水层以及碳酸盐岩岩溶含水层这三类（王洋，2017）。以往对于沉积控水的研究大多围绕基岩中的裂隙含水层、岩溶含水层展开，而对于松散层孔隙含水层开展的沉积控水性研究相对较少。松散层孔隙含水层与基岩裂隙含水层、岩溶含水层具有本质区别，该含水层受构造影响程度小，其富水性主要受厚度及砂层、砾石层、黏土层在垂向上的分布特征控制，其岩性结构的变化反映了其形成过程的沉积环境的变化规律，但该含水层的富水性如何受控于沉积特征仍有待进一步深入探究。

1.2.3　含水层富水性评价研究现状

含水层富水性研究一直是煤矿水文地质学中的重要课题（Yin et al.，2018；Zhang

et al., 2021)。对影响与威胁煤层安全回采的含水层富水性进行客观、合理的预测评价是开展矿井防治水工作的重要前提，不仅有利于针对性布置防治水工程，同时还能有效减小或避免局部富水性较强区域发生涌（突）水事故的可能性（Ma et al., 2013；段会军等，2017；王洋，2017；Bi et al., 2022c）。针对影响煤层开采的松散层孔隙含水层、基岩裂隙含水层和碳酸盐岩岩溶含水层这三类含水层的富水性评价问题，国内外专家学者开展了大量卓有成效的研究（Wu et al., 2014；Wu et al., 2017；Zhai et al., 2020；Shi et al., 2021；Zhang and Wang, 2021；Li et al., 2022a），评价方法主要包括三类，即物探法（如瞬变电磁法、直流电法、矿井音频透视方法等）、抽（注）水试验法和多因素综合分析法（许珂，2016；武强等，2017；韩承豪等，2020）。其中，物探法存在工作量大、成本高等问题，且物探法存在多解性，对物探成果的解译在一定程度上依赖于解译人员的经验与技术水平（许珂，2016；Yang et al., 2016b；武强等，2017；韩承豪等，2020）。抽（注）水试验获得的单位涌水量（q 值）可直观地反映含水层的富水性强弱，但我国大部分煤矿区水文地质勘探程度较低，抽（注）水试验数量有限，所获取的单位涌水量（q 值）数量较少，控制范围有限，无法满足对含水层富水性分布规律的详细控制，也无法实现对含水层富水性高精度、多级别评价与合理分区，而且由于不同矿区的煤层赋存条件、矿井地质与水文地质条件千差万别，复杂程度迥异，仅仅依靠 q 值来评价含水层的富水性不够全面（许珂，2016）。相比之下，多因素综合分析法是一种简便有效的方法，只需借助大量现有地质勘查钻孔资料，充分挖掘和利用影响含水层富水性的多源信息，即可实现对含水层富水性多角度、全方位的评价，因此得到了国内外诸多专家学者的青睐，并由此开展了大量研究（Yang et al., 2017；Shi et al., 2019；Li et al., 2022b）。

对于松散层孔隙含水层富水性评价方面，武强等（2017）应用沉积控水规律，构建了含有含水层厚度、卵砾石层厚度、砂泥质量比以及卵砾石层层数田四个指标的评价体系，并采用综合赋权法和多指标综合未确知测度理论耦合模型对松散底部含水层的富水性进行了评价分区。葛如涛（2021）选择含水层厚度、最厚砂层厚度、隔水系数、水头系数、级配系数以及砂泥互层系数作为影响松散含水层富水性的指标，采用博弈论将 AHP 和 CRITIC 法进行耦合赋权，建立模型并对含水层富水性进行了评价，取得了较好的应用效果。

关于碳酸盐岩岩溶含水层富水性评价方面，邱梅等（2016）等通过选取含水层富水性评价指标，提出了将灰色关联法、模糊德尔菲层次分析法和地球物理探测相结合的方法，并评价了奥灰含水层的富水性。王颖等（2017）选取了相应指标，采用主成分分析法建立模型，并对奥灰含水层富水性进行了评价分区。唐文武（2020）选取相应指标，采用模糊综合评判方法对石灰岩岩溶含水层的富水性进行了评价。

关于基岩裂隙含水层富水性评价方面，研究成果更为丰硕。魏久传等（2020）选取了含水层富水性评价指标，采用熵权系数法、主成分分析法以及层次分析法综合确定了各指标权重，构建预测模型并对顶板砂岩含水层的富水性进行了评价。代革联等（2016a，2016b）采用多因素综合分析法，评价了侏罗系直罗组砂岩含水层富水性。许珂等（2016）在选取富水性主控因素后，采用加权灰色关联度评价方法，对目标含水层富水性进行了分区、评价。武旭仁等（2011）在分析含水层富水性影响因素的基础上，采用模糊聚类法对含水层富水性进行了评价。刘德民等（2014）选取相应指标，采用曲面样条函数插值及概率神经网络方法，预测了顶板砂岩的富水性。黄磊等（2022）基于未确知测度理论，采用模糊层次分析法与熵权法（fuzzy analytic hierarchy process-entropy weight，FAHP-EW）组合确定指标权重，建立了含水层富水性综合评价模型；侯恩科等（2019a）分析了影响风化基岩富水性的控制因素，选取主要指标，构建了一种基于改进层次分析法（analytic hierarchy process，AHP）和熵权法耦合的风化基岩富水性预测方法；此外，侯恩科等（2019b）还提出了一种风化基岩含水层富水性贝叶斯判别模型，取得了较好的富水性判别效果。

以上关于含水层富水性多因素综合评价的研究，其差异性主要表现在富水性评价指标的选取、权重的计算和综合计算方法三个方面对于富水性综合评价的适应性。评价指标的选取主要遵循主导性、全面性以及可获取性等原则，如从沉积控水规律或构造控水规律等角度出发选取相应的评价指标（赵宝峰，2015a；王洋，2017；武强等，2017）。关于综合评价中指标权重的计算方法，传统计算方法主要以 AHP 为主，鉴于其结果具有主观随意性，后续引进了熵权法、主成分分析、灰色理论法和独立性权系数法等客观确定权重的方法，目前的研究主要是考虑主、客观权重的综合确权（王洋，2017；毕尧山等，2020）。从综合计算方法来看，前期主要采用了主成分分析、综合指数法和地统计分析等方法，近年来不少学者引进了神经网络模型、模糊识别模型、距离函数模型、极限学习机等方法对含水层富水性进行综合评价研究（Lee et al.，2013；宫厚健等，2018；程国森和崔东文，2021）。

综上所述，在指标权重计算和综合计算方法方面均向更客观、定量化发展，逐步提高含水层富水性综合评价的客观性、精准性。但由于含水介质类型及地下水在介质中的赋存状态不同，含水层富水规律及分布受控因素不同，具有复杂的控制机理与非线性特征（王洋，2017）。大部分学者采用一些方法计算参评指标权重和综合值，建立了富水性与评价指标之间的线性关系，但忽略了富水性与评价指标间非线性部分的有用信息，影响了评价结果的精确性。同时，传统的富水性多因素综合分析方法是建立在指标数据总体服从正态分布这个假定基础之上的，但影响富水性的评价指标数据具有高维、非线性且不一定符合正态分布的特征，致使一些评价模型与方法并不能适用于富水性研究计算中（王凯军，2009），也导致了含水层富水性评价结果与实际情况存在较大误差。

1.2.4 松散含水层下含断层工作面开采覆岩破坏研究现状

煤层开采必然造成煤层上方岩层的垮落、损伤和变形，从而导致岩层结构的变化、含水层破坏突水、地表变形沉陷以及生态破坏等一系列问题，这些问题互相影响相互牵制，成了煤炭绿色高效开采的重要阻碍，而研究这些问题的核心就是采动影响下覆岩破坏规律。开采活动引起上覆岩层的移动破坏是一个自下而上渐进发展而又十分复杂的过程，受多重因素的影响（王晓振，2012）。当覆岩中存在断层构造时，又势必会加剧覆岩移动破坏过程的复杂性（张新，2016）。断层的存在不仅会破坏岩层的完整性，还会影响断层周围岩体物理力学性质，造成覆岩破坏特征较无断层正常地质条件有些不同，同时断层采动活化还会诱发断层突水、冲击地压等多种矿井灾害。

1. 导水裂缝带高度预测研究现状

对覆岩破坏的研究尤其是对导水裂缝带发育的研究是松散含水层下采煤研究的核心和基础（师本强，2012）。煤层开采后，覆岩应力重新分布，引起采空区围岩变形、移动和破坏（Light and Donovan，2015；程磊等，2022），形成的导水裂缝带一旦连通上覆含水层或地表水，就会成为上覆含水层水或地表水进入采煤工作面或采空区等的通道，引发煤层顶板突水事故的发生，严重威胁了矿井的安全生产（胡巍等，2013；张宏伟等，2013；Wang et al.，2017；柴华彬等，2018）。目前，在水体下采煤时，为切断水体和工作面之间可能的水力联系，大多在水体和导水裂缝带之间留设一定厚度的防水安全煤岩柱。若安全煤岩柱留设不足，则导水裂缝带容易波及上覆含水层，诱发突水事故；若保守留设过多的防水煤岩柱，则造成了大量煤层资源的浪费（尹尚先等，2013；杨国勇等，2015；张新盈，2018）。而当覆岩中存在断层构造时，导水裂缝带发育高度又与正常地质条件下有所不同。因此，准确预测不同覆岩条件下导水裂缝带的发育高度，对于矿井顶板水害防治、保障煤矿安全回采具有极其重要的意义，同时也是减小防水煤岩柱的厚度、提高安全开采上限以解放呆滞煤炭资源的有效途径（杨国勇等，2015）。

国内外许多专家学者对导水裂缝带发育高度进行了大量研究（Majdi et al.，2012；Venticinque et al.，2014；Liu et al.，2015；Hu et al.，2020），取得了较丰硕的成果。目前常用的确定导水裂缝带发育高度的方法主要有四类：第一类是计算法，包括理论计算和经验公式计算（施龙青等，2012；许家林等，2012）；第二类是物理相似模拟试验或数值模拟试验方法（李常文等，2011；赵春虎等，2019；徐智敏等，2019）；第三类是现场实测方法（崔安义，2012；孙庆先等，2013；郭文兵等，2019；Wang et al.，2021），主要为采用钻孔冲洗液法、钻孔声速法、钻孔超声成像法、彩色钻孔电视系统、井下导水裂缝带高度观测仪观测以及大地电磁法等物探手段观测等；第四类是基于多因素综合分析预测方法（胡小娟等，2012）。这些成果都对预测导水裂缝带高度、保障水体下安全采煤具有一定的理论价值和实践指导意义，但也都存在着一定的缺陷（柴华彬等，2018），如经验公式考虑的影响因素单一。但大量的生产实践证明，影响煤层顶板导水裂缝带发育高度因素是多方面的，因此不足以反映多种影响因素的综合效果，且各矿工程地质和水文地质条件的具有差异性和复杂性，计算虽然简单，但是精度难以保证（杨国勇等，2015；柴华彬等，2018）；现场实测方法测得的数据虽然可靠、精度较高，但是存在操作烦琐、工作量大、成本高等问题（张宏伟等，2013）。

一般来说，导水裂缝带高度受矿层赋存条件、地质背景与开采工艺等方面因素影响，影响因素较多且具有复杂、难定量、非线性的特点，目前难以用准确的数学模型进行描述（胡小娟等，2012；娄高中等，2019a；Guo et al.，2020；徐树媛等，2022）。近年来，许多学者将多因素分析的角度将统计分析和机器学习的方法运用到矿井煤层顶板导水裂缝带高度预测中，并取得了较好的效果。如胡小娟等（2012）采用多元回归分析的方法，得到了导水裂缝带高度与煤层采高、硬岩岩性系数、工作面斜长、采深、开采推进速度等因素之间的非线性统计模型；杨国勇等（2015）分析了开采厚度、开采深度、工作面斜长、岩石抗压强度、岩层组合特征等因素对导水裂缝带高度的影响，通过层次分析法确定了各因素的权重，采用模糊聚类分析法对导水裂缝带发育高度进行聚类；张云峰等（2016）和陈陆望等（2021）选取了影响导水裂缝带发育高度的主控因素，采用径向基函数（radial basis function，RBF）神经网络的方法分别建立了适用于综放开采的导水断裂带高度预计模型和考虑覆岩结构影响的近松散层开采导水裂缝带发育高度预测模型；马亚杰等（2007）、陈佩佩等（2005）、李振华等（2015）基于导水裂缝带高度影响因素的分析，各自选取了主控因素，采用反向传播（back propagation，BP）人工神经网络方法建立了导水裂缝带高度预测模型；施龙青等（2019）和谢晓锋等（2017）建立了基于主成分分析的BP 神经网络（principal component analysis-BP，PCA-BP）的导水裂缝带高度预测模型，对BP 神经网络模型输入进行了优化处理，改善了 BP 神经网络模型的预测性能；娄高中和谭毅（2021）通过粒子群优化算法（particle swarm optimization，PSO）算法对 BP 神经网络模型的参数选取问题进行了优化，建立了基于PSO-BP 神经网络的导水裂缝带高度预测模型。神经网络方法及其改进方法的应用取得了较好的预测效果，但是神经网络方法需要大量样本，且样本数据越多预测结果越准确。同时，若样本数量过大，则又会出现过学习问题，导致模型泛化能力差（谭希鹏等，2014）。鉴于支持向量回归（support vector regression，SVR）模型在处理高维、非线性、小样本数据问题上的独特优势，许多学者采用 SVR 模型预测导水裂缝带高度（柴华彬等，2018）。谭希鹏等（2014）选取采高、顶板覆岩强度以及开采方式作为影响导水裂缝带高度的特征因子，建立了基于支持向量机的导水裂缝带发育高度预测模型；针对 SVR 模型中参数选取的问题，柴华斌等（2018）、薛建坤等（2020）、张宏伟等（2013）通过选取相应预测指标，分别采用遗传算法（genetic algorithm，GA）、PSO、果蝇优化算法（fruit fly optimization algorithm，FOA）对 SVR 模型的参数选取进行优化，在一定程度上改善了 SVR 模型的预测性能。

这些研究为准确预测矿井煤层顶板导水裂缝带高度和制订矿井水害防治决策提供了重要参考，但是仍然存在一定的局限性，有待进一步完善。主要包括以下几个问题：①以往研究中选取主控因素构建导水裂缝带高度的预测模型时大多未考虑断层的影响。根据相关研究（师本强，2012），在有断层等地质构造破坏的地区，覆岩破坏特征及导水裂缝带的发育高度与正常区段相比将有较大程度的变化，这往往导致突水或淹井等事故，尤其是断层对水体下采煤的影响是不可忽略的。②在以往研究中大多未考虑影响导水裂缝带发育高度的各因素间存在的信息冗余和噪声。影响导水裂缝带发育高度的因素较多而且十分复杂，大部分伴有噪声且各因素间存在相关性，在构建预测模型时必须考虑减少或者消除这些噪声和冗余，否则将直接影响导水裂缝带高度预测的准确性。③在以往的研究中对于所建模型的预测性能评价方面考虑不够全面，基于多因素分析建模预测导水裂缝带高度问题属于高维、非线性、小样本数据的预测问题，建模样本数据较少，验证样本数据相对更少，往往很难反映模型的泛化能力及模型是否具有工程实际预测价值。在有限的数据条件下，如何选取合适的评价指标对所建模型的预测性能进行科学、全面、客观的评价是值得进一步关注的问题。④由于 SVR 模型在处理高维、非线性、小样本数据问题上具有独特优势，被广泛应用于导水裂缝带高度预测中，但目前关于 SVR 参数的优化问题没有得到很好的解决。SVR 模型预测性能的优劣与关键参数惩罚因子 C 和核函数参数 g 的选择密切相关（Li et al., 2022c），目前大多通过先验知识（试凑法）、网格交叉验证或采用遗传算法和粒子群优化算法等确定这两个参数的具体数值。但采用先验知识、网格交叉验证等方法受人为主观因素影响较大，常出现欠学习或过拟合现象，并且工作量较大、耗时较长；遗传算法和粒子群优化算法本身需要调节的参数较多，一般来说基本的粒子群优化算法需要设置粒子数、迭代次数和伽马参数等，遗传算法需要设置种群规模、交叉概率、变异概率和进化次数等，很难避免参数设置不合理对优化结果的影响（刘颖明等，2021）。因此，寻找一种收敛速度快、全局搜索能力良好，同时本身需要调节的参数少，可以尽可能避免参数设置不合理影响优化结果的优化算法，是提高和改善 SVR 模型预测导水裂缝带高度精度的有效途径。

2. 断层采动活化研究现状

断层是影响煤矿开采的重要地质因素。在开采过程中，断层的切割作用使得采动应力传播受到断层阻隔，造成覆岩破坏特征也会较无断层正常地质条件有些不同（张新，2016）。在实际煤矿开采过程中遇到断层时，不仅要考虑断层对导水裂缝带发育高度的影响，还要特别考虑采动压力对断层活化的影响（孙洪超，2019）。采动造成断层活化时将诱发断层突水、冲击地压、煤与瓦斯突水等多种矿井灾害（田雨桐等，2021）。据不完全统计，约80%的煤与瓦斯突出和矿井突水事故都与断层活化有关（黎良杰等，1996）。近年来，随着煤层在含断层地质条件中开采的频率日益增多，采动引发断层活化产生各种灾害的次数和强度也日益增大。因此，正确认识和研究采动过程中断层活化突水致灾时空演化规律，对于保障矿井生产安全和经济效益、提高煤炭资源回收率、保护矿区地下水资源等具有重要意义，同时还是对矿井断层突水机制以及防治的深入和完善，也是对矿山工程理论的发展和补充（孙洪超，2019）。

断层的存在导致煤（岩）层结构的不连续以及应力、应变变化等的不连续，在采动影响下，采场原有的应力应变、温度、裂隙发育和地下水分布等发生改变，断层上盘和下盘沿断层面发生相对滑移，从而引起断层活化现象（田雨桐等，2021）。一般来说，断层活化伴随着断层带附近形成端部应力集中区，与采动后的支承压力叠加，在上、下盘之间形成了应力差和位移差，随着次生裂隙产生，断层面、破碎带发生滑动，严重威胁矿井安全（黎良杰等，1996；罗浩等，2014；田雨桐等，2021）。国内外很多学者采用理论分析、数值模拟、物理相似模拟以及试验监测等多种方法和手段对采动诱发断层活化机理做了大量研究，并取得了丰硕成果。

在理论分析方面，学者尝试采用各种学术理论、从不同角度出发对断层活化过程进行研究。于广明等（1998）运用分形理论研究了断层活化特征，分析认为断层活化具有明显的分形界面效应。于秋鸽（2020）围绕断层影响下的地表沉陷规律，分析了断层活化启动过程，研究认为采动引起的断层带岩体水平应力和垂直应力减小是断层活化的动力。焦振华（2017）基于损伤力学理论，提出了断层损伤变量（受开采因素、断层因素以及地应力水平综合影响），实现了定量评价开采活动对断层的扰动效应。林远东等（2012）运用梯度塑性理论，确定了断层活化的判据，研究发现断层带岩体特征参数和断层两盘岩体特征参数均对断层活化有一定影响。朱广安等（2016）采用"砌体梁"理论，分析了断层活化特征，研究认为采动引起的断层面剪应力变化对断层活化起主导作用。师本强（2012）通过分析断层活化突水的力学机理，认为断层倾角决定了断层活化的形式，并推导出断层不同活化形式时的临界采深和长壁间隔式开采工作面临界推进距离的计算公式。

在数值模拟试验方面，有限差分软件 FLAC³ᴰ、离散元软件 UDEC 和 3DEC 在采动断层活化研究中应用最为广泛。张新（2016）利用 FLAC³ᴰ 软件模拟研究发现当断层倾角不同时，采动作用对塑性区范围、煤柱前方支承压力大小、断层活化部位及松散层均有一定程度影响。杨随木等（2014）采用 UDEC 软件建立数值模型，提出了断层滑移失稳的敏感性指标（断层应力比），即断层带剪应力与正应力的比值。陈法兵和毛德兵（2012）通过数值模拟研究认为煤层回采导致的断层面库伦应力增量为断层活化的主要原因。张宁博（2014）采用 3DEC 软件建立数值模型发现覆岩破坏对断层应力场具有明显的扰动效应，应力场变化是断层发生失稳的主要因素。姜耀东等（2013a）采用数值模拟分析了上、下盘开采过程中断层应力变化规律，结果表明断层面正应力与剪应力对采动影响具有不同的敏感性，断层下盘开采时，断层更容易发生活化。蒋金泉等（2015）通过数值模拟研究也表明断层下盘工作面开采时，断层更容易发生活化。胡戈（2008）利用数值模拟分析得出通过综放开采过断层时工作面上方覆岩变形破坏规律，得出断层倾向对工作面覆岩变形破坏特征的影响。高琳（2017）通过数值模拟分析了断层上、下盘工作面分别向正断层推进过程中支承应力的演化规律。

在物理相似模拟试验方面，彭苏萍等（2001）通过相似模拟分析了断层采动活化对断层及其影响范围内岩体的影响。王普（2018）采用相似模型试验揭示了断层活化失稳对开采扰动的不同响应特征，结果显示下盘工作面过正断层开采时顶板运动更剧烈、运移量更大。黄炳香等（2009）通过相似模拟试验研究了采动后采场小断层区域覆岩破坏以及断层活化特征，结果表明推进方向不同，断层活化对围岩的影响不同。王涛（2012）利用相似模拟试验研究了采动影响下断层面应力变化情况，结果显示，在断层活化过程中，断层面最上部岩体最先受到采动影响。李志华等（2010）通过物理相似模拟发现，随着工作面不断靠近，断层面的正应力减小、剪应力增大，断层活化过程中断层滑移量大幅度增加。

此外，在现场及试验监测方面，毛德兵和陈法兵（2013）采用微震监测方法研究了采动影响下断层延展长度、落差、走向及强度等对断层活化规律的影响。姜耀东等（2013b）通过现场微震监测发现断层活化对冲击地压的影响一方面表现为断层存在改变了煤岩体的物理性质，另一方面是断层的存在导致构造应力变得复杂。张平松等（2019）利用分布式光纤传感技术对工作面推进过程中断层面的应力状态进行了监测，验证了下盘开采断层活化危险性更大的结论。

综上所述，前人针对含断层工作面开采诱发断层活化机理方面做了大量研究，为矿井突水、冲击地压、地面沉降等灾害的防治积累了许多宝贵的经验（于秋鸽，2020）。岩层是在长期地质作用下形成的，具有一定的复杂性，而且不同区域地层沉积结构存在较大差异，因此应对具体问题具体分析。对于浅部松散层含水层下含断层工作面条件开采，采动过程中岩体原始赋存的复杂性和采动过程的破坏特殊性，使得松散层条件下采动断层活化特性研究具有复杂性、不确定性。松散含水层下含断层工作面开采诱发断层活化是当前特殊地质条件下煤矿安全开采管理的重要课题，也是预测和控制矿井水害的必要保障。但目前大部分相关研究主要是针对内蒙古、甘肃等浅埋煤层赋存地区以及兖州、巨野、枣庄等矿区出现的松散层下煤层开采过程中所遇到的断层活化问题（张新，2016），且对于松散含水层下采煤未研究断层构造对上覆含水层基底的直接破坏作用，而对于淮北矿区新生界松散层底部含水层下含断层工作面开采诱发的断层活化及断层对松散含水层基底的破坏作用等还缺乏系统的研究。

1.2.5　存在的主要问题

关于水体下采煤过程中出现的涌突水问题，国内外学者围绕突水水源特征、突水通道分析这两个主题做了大量的研究，取得了丰硕的研究成果，保障了我国各个矿区煤层的安全回采，并取得了较大的经济收益和社会价值。但在松散含水层富水特征及其沉积控制机理、近松散层下含断层覆岩采动效应及断层活化特征等方面还存在着不足，有待进一步研究，主要总结为以下几个方面。

（1）松散含水层富水差异性沉积控制机理不明确。以往对于沉积控水的研究大多围绕基岩中的裂隙含水层、石灰岩中的岩溶含水层展开，而对于松散含水层开展的沉积控水性研究相对较少，松散含水层的沉积控水机理目前尚不完全明确。松散层中孔隙含水层与下部基岩中的裂隙含水层、石灰岩中的岩溶含水层有着本质的区别，该含水层基本不受构造因素影响，主要受沉积环境影响，与沉积相–亚相–微相不同，其沉积厚度、岩性、结构等特征在空间分布上存在较大差异，反映了其形成过程的沉积环境的变化规律，相应地，渗透性、富水性特征也表现出极不均一的特征。但该含水层沉积相–亚相–微相如何控制砂体的空间展布、富水砂体类型及其与沉积微相的关系尚不明确，不同沉积相砂体展布特征与富水性的关联性不够清楚，松散含水层富水差异性如何受控于沉积特征仍有待进一步深入探究。

（2）在含水层富水性精细化评价及适宜的评价模型选取方面有待进一步优化。以往基于多因素融合分析角度开展的含水层富水性评价模型研究也大多围绕基岩中的裂隙含水层展开，对于松散孔隙含水层富水性精细化评价研究相对较少。而且，以往的研究对于含水层富水性的定量评价，大多采用一些方法计算参评指标权重和综合值，建立富水性与评价值之间的线性关系，但忽略了富水性与评价指标间非线性部分的有用信息，影响了评价结果的精确性。同时，传统的富水性多因素综合分析法是建立在指标数据总体服从正态分布这个假定基础之上的，然而影响富水性的评价指标数据具有高维、非线性且不一定符合正态分布的特征，致使很多优秀的模型与方法并不能适用于富水性定量评价计算中。因此，建立一种能有效反映富水性与评价指标间非线性特征同时对数据结构特征具有高包容性的评价模型与方法至关重要。

（3）弱富水–含断层覆岩条件下松散含水层发生涌水且涌水量稳定的涌水机理不明确。以往研究中，大多关注断层在采动影响下对顶板覆岩破坏的影响以及断层面应力演化规律，对于水体下采煤未考虑断层对上覆含水层基底的破坏作用。由于受不同断层落差、不同顶板覆岩厚度的影响，断层活化特性及其对松散含水层基底的破坏程度可能不同，因此需进一步研究断层对松散含水层基底的破坏机理，确定涌水通道。同时，弱富水区发生涌水后，涌水时间持续、水量稳定，表明有稳定的补给水源，在排除其他含水层补给的可能后，确定含水层自身的水源补给机制是分析涌水机理的重点和难点。

（4）在导水裂缝带高度准确预测研究方面有待进一步优化。影响煤层顶板导水裂缝带发育高度因素是多方面的，如何准确预测不同覆岩条件下的导水裂缝带高度仍有待进一步优化。以往基于多因素分析求取导水裂缝带高度的研究中选取主控因素构建导水裂缝带高度的预测模型时大多未考虑断层的影响；以往的研究中大多未考虑影响导水裂缝带发育高度的各因素间存在的信息冗余和噪声，直接影响了导水裂缝带高度预测的准确性；目前对于 SVR 参数的优化问题没有得到很好的解决。

1.3 研究内容和方法

1.3.1 研究内容

本书以淮北矿区许疃矿井为研究对象，在系统收集矿井地质及水文地质资料的基础上，采用理论分析、数理统计、室内试验、数值模拟、相似材料模拟、现场实测等方法，围绕涌水水源和涌水通道两方面，开展新生界松散层底部含水层富水差异性沉积控制及其断层活化涌水机理研究。从"底含"沉积特征入手，建立"底含"沉积相的岩石学标志和测井相标志，分析"底含"沉积环境和沉积相-亚相-微相特征，讨论"底含"沉积相-亚相-微相与其富水性之间的关系，分析"底含"沉积控水规律，建立"底含"沉积控水模式，揭示"底含"富水性差异的沉积控制机理；基于沉积控水理论，从多元信息融合的角度对"底含"富水性进行精细化的分区、评价；开展松散含水层下煤层开采覆岩采动破坏研究，分析断层对导水裂缝带高度的影响，研究不同断层落差及不同顶板厚度条件下断层的采动活化特性，揭示断层对"底含"基底的影响和破坏机理，揭示"底含"涌水机理。主要研究内容包括以下几个方面。

1) 3_2 煤层顶板工程地质特征研究

以 32 采区为工程地质背景，分析 32 采区断层构造发育特征，分析 3_2 煤层顶板岩性、厚度及基岩风化带分布特征，结合顶板岩层物理力学性质测试结果，划分 3_2 煤层顶板覆岩结构类型，为后续覆岩采动效应研究奠定基础。

2) "底含" 沉积特征分析

分析"底含"的区域沉积背景，恢复临涣矿区南部基岩古地形，研究许疃矿井"底含"沉积物源方向；系统分析"底含"的厚度分布、岩性组成及其厚度分布、岩性组合结构特征等；分析"底含"沉积物的颜色、岩性、沉积构造、粒度和分形特征以及测井曲线特征，建立"底含"沉积相标志；依据沉积相标志划分"底含"沉积相类型，并分析各沉积相-亚相-微相特征；依据单孔相、剖面相以及古地形特征，分析"底含"沉积演化特征，划分"底含"的沉积阶段，并建立沉积模式，确定优势相分布。

3）"底含"沉积控水规律研究

分析并总结"底含"沉积物中砂体接触类型及砂体连通性；分析"底含"沉积物水理性质，结合单位涌水量 q 值、渗透系数 K 值和抽（注）水层段的沉积相–亚相–微相类型，进一步研究不同沉积相"底含"沉积物与其富水性之间的对应关系，总结"底含"沉积控水规律，建立"底含"沉积控水模式。

4）基于沉积控水规律的"底含"富水性分区评价研究

基于沉积控水规律，分析影响"底含"富水性的主要控制因素，构建"底含"富水性评价指标体系，建立"底含"富水性评价模型，考虑富水性的极不均一特征，精细划分"底含"富水性等级和分区，并验证富水性评价模型的可靠性。

5）近松散层下开采含断层覆岩采动破坏特征研究

研究松散含水层下含断层工作面开采，以及在不同断层落差、不同顶板覆岩厚度条件下的覆岩破坏特征、应力、位移响应等特征，分析工作面推进过程中断层对导水裂缝带发育高度以及断层对"底含"基底的破坏特征。

6）松散含水层下采煤导水裂缝带高度预测研究

分析影响导水裂缝带发育高度的主控因素，构建影响导水裂缝带高度的评价指标体系，建立基于多因素综合分析的导水裂缝带高度预测模型，并分析和验证模型的可靠性；应用该模型对许疃矿井采煤工作面导水裂缝带高度进行预测，探究和对比断层破碎带附近与正常地区工作面导水裂缝带高度数值的具体差异，并与物理相似模拟试验和数值模拟试验结果进行相互验证。

7）"底含"涌水机理研究

基于临涣矿区南部各矿井"底含"地下水矿化度变化特征、砂地比分布特征并结合沉积相分析，分析许疃矿井"底含"地下水与周边矿井的水力联系以及许疃井田内"底含"地下水的流动运移通道，揭示涌水发生后"底含"水源对涌水点的补给机制；基于不同断层落差、不同顶板覆岩厚度条件下采动诱发断层活化危险性分析和断层对"底含"基底的破坏程度分析，研究"底含"涌水通道，建立"底含"涌水通道模式；结合水源与通道分析，揭示"底含"涌水机理，建立涌水模式。

8）工程应用与效果评价

以许疃矿 32 采区为工程实例，开展防治"底含"涌水工程应用研究。分析 32 采区"底含"的富水性特征及可能的补给途径；考虑断层影响，综合确定 3_2 煤层顶板导水裂缝带发育高度，计算顶板剩余隔水层厚度，结合断层构造复杂程度评价结果及瞬变电磁法对于涌水通道的探查结果，确定 32 采区"底含"的涌水通道分布区域及通道类型，研究 32 采区"底含"涌水机理，验证本书研究成果的可行性和合理性。

1.3.2 研究方法与技术路线

本书研究的主要思路为以许疃矿井新生界松散层底部含水层为研究对象，以 32 采区为工程背景，以沉积地质学、矿井地质学、水文地质学、工程地质学、测井地质学、采矿学等相关理论为指导，采用现场调研、资料收集和整理、物理相似模拟、数值模拟、室内试验、现场测试等研究方法，对"底含"的沉积特征、"底含"富水差异分布特征及其沉积控制机理、"底含"下开采含断层覆岩采动效应及断层对"底含"基底的破坏机理等方面的内容进行系统研究。针对本书的研究内容，具体研究方法如下。

1）实地调研、资料收集和整理

系统收集和整理淮北矿区 17 对矿井的矿井地质、工程地质、水文地质资料，包括矿井建井以来的现场采掘资料、钻探、物探资料、矿井涌（突）水量、水位监测资料、水质分析资料、水文地质试验成果以及顶底板岩层物理力学性质测试结果等。

2）理论分析

（1）通过地质统计学方法，对矿井内断层性质、产状、组合特征等进行统计，采用断层强度值和断裂分维值来表征断层构造发育特征；基于钻孔资料统计，分析 3_2 煤层顶板的岩性组成、厚度分布、岩层物理力学性质等，构建覆岩采动效应研究的工程地质模型。

（2）基于区域沉积背景，开展古地形恢复研究，确定"底含"沉积物物源方向。

（3）通过对"底含"沉积物厚度发育特征、颜色特征、岩性组成、沉积构造、粒度特征及分形特征、测井响应特征等综合分析，采用沉积环境理论，建立"底含"沉积相标志，分析"底含"沉积环境，划分"底含"沉积相类型，研究"底含"沉积演化特征，建立沉积模式，确定优势相分布；通过分析单位涌水量 q 值与富水性的对应关系，总结"底含"沉积控水规律，建立沉积控水模式，揭示"底含"沉积相-亚相-微相对富水性的控水机理。

（4）采用水化学指标中矿化度值表征"底含"地下水流动系统的补径排条件，并基于逾渗理论，采用砂地比分布特征结合沉积相特征，分析许疃矿井"底含"地下水与周边矿井的水力联系以及许疃井田内部"底含"地下水的流动运移通道，揭示涌水发生后"底含"水源对涌水点的补给机制。

3）室内试验

通过开展"底含"沉积物粒度测试，获得"底含"沉积物的粒度特征和分形特征；对"底含"沉积物开展水理性质测试，获得沉积物含水性、孔隙压实性、可变形性以及膨胀性等基本特征。

4）数理统计

（1）构建由含水层厚度、砂砾层厚度、岩性-厚度指数、砂地比、砂砾层层数这五个因素组成的富水性评价指标体系，采用投影寻踪方法建立"底含"富水性评价模型。构造投影目标函数，采用复合形法来对投影目标函数进行优化求解，确定"底含"富水性投影寻踪模型的最优投影方向，并计算"底含"富水性综合投影特征值以定量表征富水性强弱程度，充分考虑"底含"富水性的极不均一性，采用自然间断分级法对"底含"富水性投影特征值进行精细分区与评价。

（2）构建包括顶板类型、开采方法、开采深度、煤层倾角、开采厚度、工作面斜长、工作面有无断层在内的导水裂缝带发育高度预测指标体系，以 SVR 模型为主体，采用因子分析（factor analysis，FA）对原始数据结构进行优化，采用蚁狮优化算法（ant lion optimizer，ALO）对 SVR 模型的惩罚因子 C 和核函数参数 g 进行参数寻优，建立基于 FA-ALO-SVR 的导水裂缝带发育高度预测模型，并采用平均绝对误差、误差均方根、平均相对误差、威尔莫特一致性指数、希尔不等系数这五个指标从预测精度、预测能力和泛化能力三个角度对模型进行全面评价。

5）数值模拟试验

采用 FLAC^{3D} 有限差分软件分别建立近松散含水层下无断层覆岩工作面开采、含断层覆岩工作面开采条件下的数值模型，模拟研究不同断层落差、不同顶板覆岩厚度条件下煤层开采过程中的覆岩破坏规律、断层活化特征以及断层对含水层基底的破坏特征。

6）物理相似模拟试验

通过构建近松散含水层下含断层覆岩工作面开采的物理相似材料模型，结合应力、位移等的监测结果，分析采动影响下覆岩破坏特征、断层对导水裂缝带发育高度的影响，研究断层对"底含"基底的破坏特征、工作面开采诱发断层活化机理。

7）现场实测

采用地面瞬变电磁勘探方法对 32 采区"底含"基底低阻异常区进行探测，圈定煤层开采后覆岩中裂隙发育部位、构造裂隙区域及其他富水区域，得到采区内可能存在的涌水通道区域，验证本书研究成果的可靠性和合理性。

在进行现场调研及研究现状分析的基础上，针对存在的问题，主要通过地质资料的收集与整理、理论分析、多元统计分析与机器学习、相似模拟、数值模拟、室内试验、现场实测等研究手方法与段，开展本书的研究工作，研究技术路线见图 1.2。

研究对象 ⇨

许疃矿新生界松散层底部含水层

研究问题 ⇨

涌水水源富水性及补给特性 ── 涌水通道

研究方法 ⇨

理论分析　室内试验　数理统计　数值模拟　物理相似材料模拟　现场实测

研究内容 ⇨

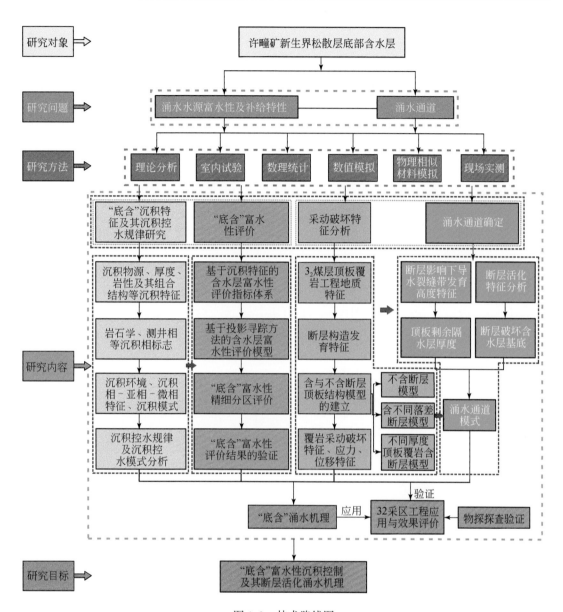

图 1.2　技术路线图

研究目标 ⇨

"底含"富水性沉积控制及其断层活化涌水机理

第2章 研究区水文与工程地质背景

2.1 许疃煤矿矿井概况

许疃煤矿位于安徽省亳州市蒙城县许疃镇境内，东北距宿州市约37km，西南距蒙城县城约28km。许疃矿井位于淮北煤田临涣矿区南部，西北与界沟煤矿相邻，北端与邵于庄井田、任楼煤矿相邻，东部与赵集井田相邻（图2.1），南北走向长9~12km，东西宽3~7km，面积约52.59km²，开采深度为-800~-360m。

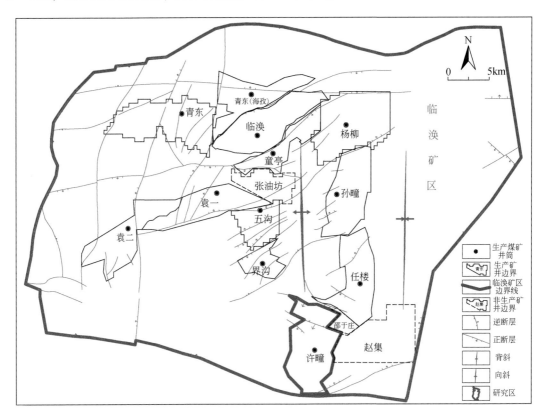

图2.1 临涣矿区许疃矿与周边矿井位置关系示意图

许疃煤矿于1997年开始筹建，设计生产能力为150万t/a，2004年11月8日建成投产，实现了当年投产当年达产目标。2007年生产能力改扩建为300万t/a，2009年核定生产能力350万t/a，2009年矿井实际产量为279万t，2015年实际产量达328万t，为淮北矿业股份有限公司的主力生产矿井。

矿井开拓采用立井、两个水平、主要运输石门、分组运输大巷的方式。布置主井、副井、新主井、中央边界风井、中央风井、北风井共六个井筒。矿井通风方法为抽出式，通风方式为混合式。采煤方法主要采用单一走向长壁式综合机械化采煤工艺，工作面后退方式开采，顶板管理采用全部陷落法。矿井分两个水平开采，第一水平标高为−500m，第二水平标高为−800m，目前开采的煤层有 3_2、7_1、7_2 和 8_2 煤层。

矿井主要动用 81、82、33、$82_下$、83 采区和 32 采区，共计 6 个生产采区、16 个工作面。其中，32 采区距离"底含"较近，3_2 煤层的安全回采受"底含"水害威胁。32 采区共布置了 $3_2 20$、$3_2 22$、$3_2 24$、$3_2 26$ 四个工作面，首先采用下行开采防水煤柱下的 $3_2 22$ 和 $3_2 24$ 工作面，然后上行开采后期上提工作面 $3_2 20$、$3_2 26$ 为最后回采工作面。3_2 煤层回采过程中，$3_2 22$ 切眼掘进期间揭露 DF206 正断层，揭露断层时发生 $20m^3/h$ 的涌水现象，涌水量稳定，经水质分析，水源为"底含"水；$3_2 20$ 工作面风巷揭露 DF216 正断层时出现了淋水现象，涌水量约 $2m^3/h$，涌水水源水质分析为"底含"与砂岩裂隙混合水。四个工作面回采结束后，32 采区采空区涌水量 $50m^3/h$ 左右，水量稳定且持续至今，通过水样水质分析，涌水水源为"底含"与砂岩裂隙混合水。矿井排水费用按 1.8 元/m^3 计算，每年增加排水费用约 79 万元；污水处理费用按 3 元/m^3 计算，每年增加污水处理费约 131 万元。虽然不会造成矿井水害威胁，但大大增加了矿井生产成本，同时也浪费了地下水资源，破坏了矿区生态环境。因此，开展其涌水机理与防治研究是十分必要的。

2.2　淮北煤田地质与水文地质概况

2.2.1　区域地层特征

淮北煤田属于华北地层区鲁西地层分区徐宿地层小区。本区地层大多被第四系冲、洪积平原所覆盖。区内发育的地层由老至新为青白口系（Z_q）、震旦系（Z_z）、寒武系—奥陶系（$\epsilon—O_{1+2}$）、石炭系（C_2）、二叠系（P）、侏罗系（J_3）、古近系—新近系（E—N）和第四系（Q）。由于中奥陶世地层整体快速抬升，经历上亿年的风化岩溶及准平原化过程，淮北煤田大多区域缺失志留系—泥盆系（武昱东，2010）。多期运动，局部区域被推挤上升后，经历后期风化剥蚀，基岩裸露，淮北煤田灰岩地层出露地区主要为其东北隅等。淮北煤田地层经钻孔揭露的地层有奥陶系、石炭系、二叠系、侏罗系、古近系、新近系和第四系。

淮北煤田加里东运动期区域地层整体抬升，侵蚀环境为主，上覆几乎无沉积地层。至晚石炭世早期（290Ma）缓慢下沉，沉积太原组碳酸盐岩地层和二叠纪煤系地层，其基底为奥陶纪碳酸盐建造的剥蚀面之上，太原组含薄煤层不可采。

煤系地层总厚度大于 1300m，含煤 13 ~ 46 层，可采煤层 3 ~ 13 层，总厚度为 14.99m。淮北煤田可采煤层数东多西少、南多北少，总厚度东厚西薄、南厚北薄（表 2.1）。

表 2.1　淮北煤田可采煤层数和总厚度

矿区名称	濉肖-闸河矿区	宿县矿区	临涣矿区	涡阳矿区
可采煤层数/层	3~5	6~12	6~9	4~6
可采煤层总厚/m	5.80~8.40	12.09~18.48	9.07~13.44	4.74~7.90

二叠系地层包含淮北煤田主采煤层，自下而上分为三个层组（图2.2）。

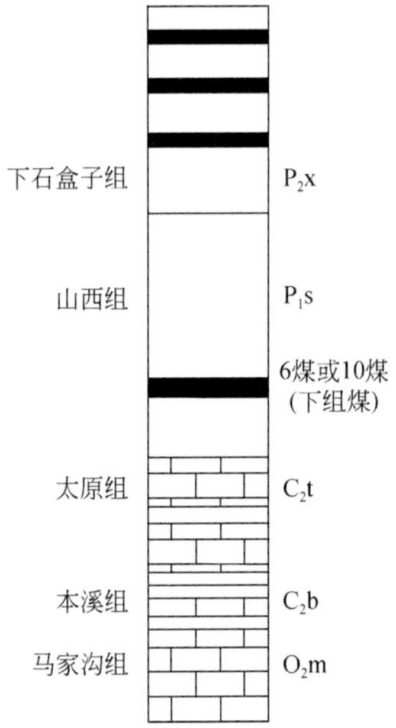

图 2.2　煤系地层柱状图

下统山西组（P_1s）：太原组灰岩顶部-铝质泥岩底（K_2）。厚度为63.98~147.34m，平均为115m。含煤1~3层，较为稳定。下组煤6煤或10煤为淮北煤田主采煤层之一，为同一层位，宿北断裂以北濉肖-闸河矿区称为6煤，对应断裂以南宿县矿区、临涣矿区和涡阳矿区为10煤层。

中统下石盒子组（P_2x）：铝质泥岩顶（K_2）~3煤下砂岩层（K_3），厚度为130.9~325.0m，平均为235.6m，含4~9等煤层。

上统上石盒子组（P_3s）和石千峰组（P_3sh）：含1~3煤组，其中3_2煤为可采煤层。

2.2.2　区域构造特征

淮北煤田位于华北煤盆地东南缘，其先经历了华北板块与扬子板块对接、碰撞、挤压作用，形成秦岭-大别山-苏鲁挤压构造系。之后特提斯和太平洋构造域碰撞终结部位，跨度巨大的郯庐断裂带呈北东向深刻地影响着淮北煤田东部边缘。两大构造域终结部位，表现为碰撞、挤压、旋扭及郯庐断裂带的形成和左行平移，并形成徐-宿弧形构造带。

淮北煤田为东西向、北北东向、北东向构造和徐-宿弧形构造体系。北北东向构造改造早期的东西向构造，形成近网格状断块式的隆坳构造系统。后续期次的北西向和北东向构造挟持于前期断裂系统块段内，主体为北东向构造。淮北煤田构造具有褶皱构造"多向展布"和断裂构造"多期活动"的特征，平面上表现为向西突出的弧形构造（彭涛，2015）。

淮北煤田断裂构造优势走向有东西、北北东、北西西和北东及近南北向。褶皱轴优势方向有北北东、北东、近北南及北北西向，以北北东向及近南北向为主（图2.3）。

综合分析主干断层和边界断层，将淮北煤田分为两个一级、五个二级构造单元（图2.3）（刘军，2017）。

1）北部构造区

宿北断裂以北，为向西凸出的徐-宿推覆构造体，包括近北南-北北东向逆冲断层和之

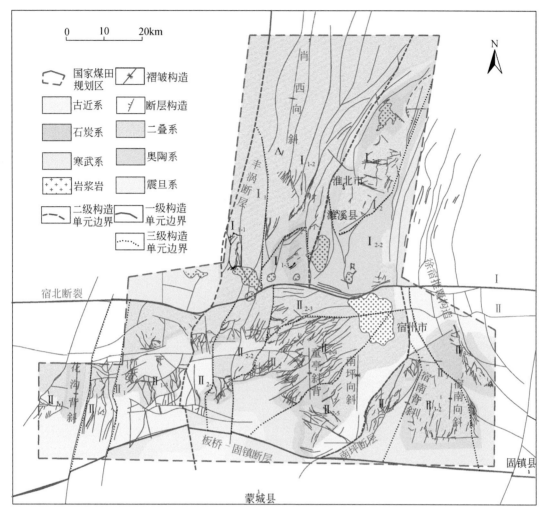

图 2.3　淮北煤田构造纲要与构造单元划分图

伴生的侏罗山式紧闭线状褶皱。肖县背斜西、东侧分别为推覆体的推覆系统和原地系统，背斜西、东两侧发育大吴集复向斜和闸河向斜，分别对应濉肖矿区和闸河矿区，划分为构造 I_1 区和 I_2 区。

2）南部构造区

宿北断裂以南，主要构造体为北北西向和北北东向正断层和近南北向短轴褶皱，煤层埋深达千米以下。向斜东翼陡、西翼缓，背斜反之；陡翼由于推覆作用，逆断层常见。西寺坡断裂为界，西、东分别为推覆体原地系统和推覆系统。其次依据丰涡、南坪断层之东、西松散层厚度、水文地质单元等的差异性，宿北断裂以南构造分为 II_1 区、II_2 区和 II_3 区，对应涡阳矿区、临涣矿区和宿县矿区。II_3 区西寺坡断裂将宿县矿区分为西、东的宿南矿区和宿东矿区，西部的临涣-涡阳矿区受推覆作用影响弱。

2.2.3 区域水文地质特征

淮北煤田地貌单元上属华北平原的一部分,为黄河、淮河水系形成的冲积平原。淮北煤田二叠系煤系地层被新生界松散层覆盖,新生界松散层由第四系、新近系、古近系组成,其中古近系仅分布在朱仙庄矿东北部、祁南矿西北部、许疃矿东南部、徐广楼井田等部分区域。根据区域地层岩性的含水条件、含水赋存空间分布,可划分为新生界松散层孔隙含水层(组)、二叠系主采煤层砂岩裂隙含水层(段)和太原组及奥陶系石灰岩岩溶裂隙含水层(段)。

1. 含、隔水层

1)淮北煤田含水层(组、段)

淮北煤田属于岩溶裂隙水水害区,主要含水层分为上、中、下三层(段),主要涌水含水层(段)为中下层(段),见表2.2。

表2.2 淮北煤田不同含水层水文地质参数

充水含水层	含水层组(段)名称	厚度/m	q_{91}/[L/(s·m)]	K/(m/d)	富水性	水质类型
间接	四含孔隙含水层	0~59.1	0.0002~2.635	0.0011~5.80	弱-中等	$SO_4·HCO_3-Na·Ca$ $HCO_3·Cl-Na·Ca$
	3~4煤砂岩	20~60	0.02~0.87	0.023~2.65		$HCO_3·Cl-Na·Ca$
	7~8煤砂岩	20~40	0.0022~0.12	0.0066~1.45		$SO_4-Ca·Na$
直接	10煤上下砂岩	25~40	0.003~0.13	0.009~0.67	弱-强	$HCO_3·Cl-Na$ HCO_3-Na
	太原组裂隙含水层	110~192.8	0.0034~11.4	0.015~36.40		$HCO_3·SO_4-Ca·Mg$ $SO_4·Cl-Na·Ca$
间接	中奥陶统岩溶含水层	约500	0.002~45.56	0.007~128.30	强	$HCO_3-Ca·Mg$ $SO_4·HCO_3-Ca·Mg$

A. 上段新生界含水层(组、段)

淮北煤田(包括宿县矿区、临涣矿区、涡阳矿区、濉肖矿区等)各井田从上往下将新生界松散层分为第一含水层("一含")、第一隔水层("一隔")、第二含水层("二含")、第二隔水层("二隔")、第三含水层("三含")、第三隔水层("三隔")、第四含水层("四含")共四个含水层组和三个隔水层组(刘汉湖,1997;葛晓光,2002;漆春,2016)。闸河矿区新生界松散层一般厚度小,划分为上部含水层组,中部隔水层组和下部含水层组(部分区域下部含水层缺失,如杨庄煤矿、朱庄煤矿、岱河煤矿等);其余大部分矿区新生界松散层厚度大,分布稳定,可划分为四个含水层组和三个隔水层组,其中"四含"大多直接覆盖在煤系地层之上,称之为新生界底部孔隙含水层,但需指出的是,淮北地区未必所有新生界最底部的含水地层都可称为"底含",如闸河矿区"底含"层位缺失,新生界最底部的含水地层为"三含";在朱仙庄矿东北部、祁南矿西北部、许疃矿东南部、徐广楼井田等部分区域"四含"下还有古近系底部砾岩含水层(古近系"红层")(葛晓光,2002)。因此,本书所称"底含"为淮北矿区新生界松散层"四含"的通称,其形成年代约为新近纪中新世(葛晓光,2002)。

该层自东往西、由北而南,厚度增大。厚度为 80.45 ~ 866.70m,多在 140 ~ 400m。由于"三隔"较厚,很好地阻隔了与第四含水层("四含")的水力联系。"四含"局部沉积缺失,总体为东薄西厚,厚度 0 ~ 59.10m,$q = 0.00024 ~ 1.379$L/(s·m),$K = 0.0011 ~ 12.8$m/d,富水性较弱。

B. 中段砂岩和局地岩浆岩裂隙含水层(段)

对应各主采煤层,由煤系砂岩、燕山期火成岩组成,一般富水性较弱。各含水层间均被泥质岩类岩层所隔离,处于封闭-半封闭的水文地质环境。

C. 下段碳酸盐岩类含水层(段)

根据碳酸盐含量占比划分为三种类型。

a. 碎屑岩夹碳酸盐岩含水层(段)

淮北煤田主要地层段为太原组灰岩地层(简称太灰),厚 130 ~ 150m,灰岩为 12 ~ 14层,碳酸盐岩占比 40% ~ 60%。地层上段和埋深浅部有利于岩溶,富水性多数为弱-中等。

b. 碳酸盐岩含水层(段)

碳酸盐岩占比 90% 以上,淮北煤田主要是上寒武统和中奥陶统地层(简称奥灰)。下组煤距离该中奥陶统岩溶含水层较远,一般对开采无影响。若遇导水构造沟通等,使得各含水层产生水力联系,会造成极大的突水危害。

c. 碳酸盐岩夹碎屑岩含水层(段)

淮北煤田内仅推覆体上盘局地小范围可见,主要为寒武系中下统地层。

2)主要隔水层(组、段)

新生界"三隔"黏土塑性指数为 19 ~ 38。煤系地层隔水层(段)对应其上下砂岩裂隙含水层(段)。太原组灰岩地层顶至底煤间厚度 45 ~ 68m,能有效地阻隔灰岩承压水。中石炭统本溪组地层(C_2b)为太灰地层和中奥陶统地层间重要隔水层段。

3)淮北煤田地下水补径排特征

(1)新生界含水层(组):"四含"地下水为层间侧向径流,通过风化裂隙带沟通至煤层工作面。

(2)煤系砂岩含水层(段):半封闭含水层,静储量为主,浅部有"四含"水下渗流入。随着煤矿开采,水位逐年下降。

(3)太原组和奥陶系岩溶裂隙含水层(段):本区奥陶系和太原组灰岩地层在淮北煤田内多为埋藏型,煤田范围内各矿区均有露头。闸河矿区露头范围较广,在此处接受地表水源补给后,径流至南部宿县矿区和其西侧的濉肖矿区,最后汇流至涡阳矿区。各矿区灰岩地层露头处,地表水源补给后,侧向径流至地层深部。因此表现出露头附近地层岩溶发育好,往深部变差的特征。

2. 淮北煤田水文地质单元划分

淮北煤田范围内自然地理条件的气象和地貌差异较小，一级水文地质单元划分主要依据地质条件（构造、地层沉积特征、松散层厚度、基岩标高等）和水文地质条件（含隔水层与地下水边界条件、含水层赋存规律及富水性、地下水水位变化与补径排和水化学特征），兼顾自然地理条件。地下水径流受控于大的断裂构造，使淮北煤田成为多个田块状水文地质单元，划分的水文地质单元内具有独立完整的水循环系统，其水动力场、水化学具有区域水循环特征；单元间具有隔水边界，能有效地阻隔单元间的物质和能量交换。二级水文地质单元是根据含水层补径排特征、含水层出露特征，在一级水文地质单元划分基础上，以次一级隔水断裂构造为边界而划分的。淮北煤田经历多期构造运动，大型早期东西向构造被后期北北东或北东向构造叠加破坏而复杂化，大型断裂构造多为压扭性阻水断层；淮北煤田主控构造有宿北断裂和徐-宿弧形推覆构造。

淮北煤田中部东西向宿北大断裂，倾向南，落差大于1000m，具左行走滑性质，是煤田地表水和地下水的天然分水岭。其巨大的落差使得上下两盘无论是构造、地貌还是沉积环境均具有较大的差异（许冬清，2017）。

结合前文区域地层、淮北煤田地层、区域构造特征、含隔水层组合等，依据淮北煤田大型阻水断裂构造边界条件、松散层厚度、基岩标高与基岩含水层出露特征、含水层水位与地下水补径排、岩溶发育程度、含水层富水性与水化学特征等，以宿北断裂为界，淮北煤田被划分为两个一级和五个二级水文地质单元。北部（Ⅰ区）以肖县复式背斜为界划分为濉肖矿区和闸河矿区，南部（Ⅱ区）以丰涡断层和南坪断层为界划分为涡阳矿区、临涣矿区和宿县矿区，共计五个二级水文地质单元（表2.3）。

1）松散层沉积特征

北部局部地区发育"四含"，多数表现为"三含三隔"，东部闸河矿区"四含三隔"发育完整。南部松散层整体发育完整，甚至出现宿县矿区独有"五含"发育的特点。松散层厚度均值270m，自东向西增厚。受松散层孔隙水影响较严重的有朱仙庄、祁东、临涣、海孜、童亭等煤矿。

表2.3　淮北煤田基岩面标高、松散层厚度和特征

一级分区	二级矿区	揭露基岩面两极标高/m	揭露松散层厚度/m		松散层含水层发育特征
			两极厚度	均厚	
北区Ⅰ	闸河矿区Ⅰ₁	−107.36~31.12	1.88~127.14	63.95	仅发育"一含一隔"
	濉肖矿区Ⅰ₂	−301.69~−36.68	115.80~255.80	168.38	"三含三隔"，局部"四含"
南区Ⅱ	宿县矿区Ⅱ₁	−638.00~−54.09	39.80~453.00	313.55	"四含三隔"发育完整，局部地区（朱仙庄矿）发育"五含"
	临涣矿区Ⅱ₂	−1055.90~−92.45	90.45~826.39	261.17	总体北薄南厚，广泛发育"四含"
	涡阳矿区Ⅱ₃	−969.19~−143.60	172.00~999.95	429.20	

2）基岩面标高与含水层出露特征

北部濉肖-闸河矿区基岩面向西南倾斜，闸河矿区东部大面积灰岩地层出露。煤田 6 煤（或 10 煤）受太原组灰岩含水层影响较大，C-P 地层之下的奥灰含水层在相山一带直接接受大气降水或地表水补给，灰岩含水层富水性强、连通性好。南部基岩标高自东向西呈下降趋势，总体较低。宿县矿区的祁东煤矿北部、桃园煤矿-祁南深部详查区，基岩面标高较低。临涣矿区除其东南任楼煤矿、许疃煤矿、赵集勘探区基岩面急剧变化，地形较低外，其他区域基岩面整体平坦。涡阳矿区以杨潘楼勘探区为中心，形成似山丘的基岩面起伏，由该中心向四周倾斜。

3）含水层水位与地下水补径排

新生界四含地下水以区域层间径流补给为主，通过煤系地层浅部基岩风化裂隙带垂直渗透及排泄；在与灰岩地层风化带接触位置直接补给，加强岩溶作用和灰岩含水层富水性。煤系砂岩含水层水以静储量为主，水位随煤炭开采排水不断下降。太灰含水层水位随矿坑排水不断下降，由于奥灰含水层沟通的构造部位水位较高，与奥灰含水层水位淮北煤田常年保持高水位，较为一致，随矿坑排水略有下降，说明奥灰含水层水源补给充分，含水层间沟通性好，但水位也受上覆煤系地层采动排水影响，说明垂向上与其他含水层有水力联系。各含水层补给均由露头位置或与"四含"直接接触位置下渗补给。

与奥灰含水层初始水位较为一致，太灰各单元有所差异。宿县矿区以桃园煤矿北部的太灰水初始水头最低，地下水流向为芦岭矿流向朱仙庄矿、邹庄矿和骑路孙矿流向钱营孜矿、祁东流向祁南再流向桃园煤矿北部。临涣矿区太灰初始水位差小，总体不利于地下水流动，太灰水从童亭背斜轴部向背斜两翼流动。濉肖-闸河矿区，杨庄地堑以西，地下水由东北向西南即从朱庄煤矿流向卧龙湖矿；杨庄地堑以东，地下水由北向南即从袁庄矿向石台矿附近聚集。相关水化学、环境同位素、地下水流场模拟亦证明灰岩相同含水层流场关系（曾文，2017；刘延娴，2019）。濉肖-闸河矿区、宿县矿区和临涣矿区的岩溶含水层处于同一地下水流动系统中或存在明显的水力联系（谢文苹，2016）。宿县矿区中东部灰岩水力联系较好，西部流场较弱（陈陆望等，2017）。

4）含水层富水性

南部砂岩含水性水量较小，易于疏干，对煤矿生产影响较小；太原组灰岩含水层水是底煤开采的主要充水水源，在宿县矿区影响较大，而在临涣-涡阳矿区富水性总体弱，差异较大。奥灰含水层在整个淮北煤田厚度较均一，厚度 500m 以上，埋深较大，除被深大断裂切割外，含水层完整，沟通性好。奥灰含水层岩溶发育于古风化壳一定深度，南部表现为宿县矿区富水性较强，临涣-涡阳矿区较弱，临涣矿区差异性明显特点。

5）含水层水化学特征

淮北煤田煤系和太灰含水层水样常规离子毫克当量百分比表现出差异性。

（1）闸河矿区煤系水样 $Ca^{2+}+Mg^{2+}$ 较低，K^++Na^+ 较高，说明目前地下水补给条件较差。太灰水样多数为 $CO_3 \cdot HCO_3$-$Ca \cdot Mg$，地下水流动性较好。

（2）濉肖矿区煤系水样 SO_4^{2-}、Cl^- 高或 K^++Na^+ 高，说明现今地下水为滞留环境。灰岩水样 SO_4^{2-}、Cl^- 多大于 60%，高于闸河矿区，说明其太灰水径流条件比闸河矿区弱。

（3）临涣矿区与宿县矿区的常规水化学相似性较高。煤系砂岩水样 $K^+ + Na^+$ 或 SO_4^{2-}、Cl^-高；太灰水 SO_4^{2-}、Cl^-当量多高于60%，总体径流条件弱。宿县矿区太灰水 $CO_3^{2-} + HCO_3^-$当量百分数略高于临涣矿区，说明其径流条件比临涣矿区略强。

（4）涡阳矿区煤系和太灰水化学特征相似，Cl^-、SO_4^{2-} 和 $K^+ + Na^+$当量占比均较高，说明地下水与围岩产生的水岩效应差，总体水径流条件弱。

综上所述，将淮北煤田分为两个一级分区（南区、北区）和五个二级矿区，分别为濉肖矿区（I_1）、闸河矿区（I_2）、涡阳矿区（II_1）、临涣矿区（II_2）和宿县矿区（II_3）矿区（图 2.4）。

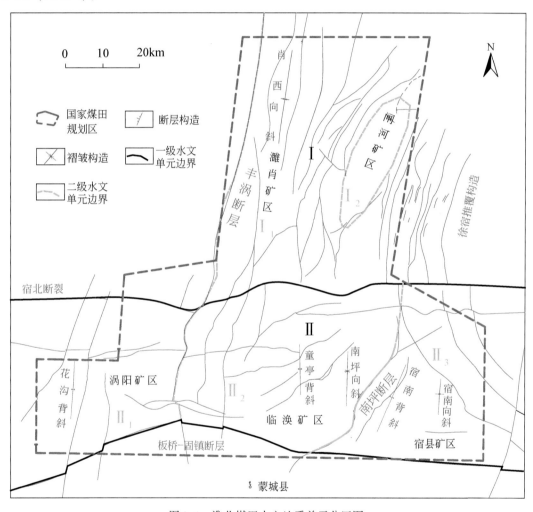

图 2.4　淮北煤田水文地质单元分区图

2.3　许疃矿井地质与水文地质特征

2.3.1　矿井地层

许疃煤矿位于淮北煤田的南部边缘，在矿区划分上属于临涣矿区。矿井范围内均为巨厚松散层覆盖，区域地层属华北型地层范畴，井田钻孔揭露的主要地层层序为奥陶系（O）、石炭系（C）、二叠系（P）、古近系（E）、新近系（N）和第四系（Q），井田范围内覆盖厚松散层，无基岩出露，矿井地层简述如下（图2.5）。

1. 奥陶系（O）

该系主要发育马家沟组（O_1m）、老虎山组（O_2l），揭露最大厚度为124.22m，岩性以灰色石灰岩为主。

2. 石炭系（C）

该系主要发育上统本溪组（C_2b）和太原组（C_2t），其中本溪组平均厚度为10.01m，岩性以泥岩为主；太原组厚度为124.65m，岩性由石灰岩、碎屑岩和薄煤层组成，含8层石灰岩（总厚61.87m），含薄煤5层（总厚2.70m），该组与下伏本溪组呈整合接触。

3. 二叠系（P）

该系主要发育山西组（P_1s）、下石盒子组（P_2x）、上石盒子组（P_3s）。山西组（P_1s）平均厚度为112m，岩性主要为砂岩、砂泥岩互层、粉砂岩、泥岩和煤层，含10煤、11煤两个煤层（组），与下伏地层呈整合接触；下石盒子组（P_2x）平均厚度为243m，岩性主要为砂岩、砂泥岩互层、粉砂岩、铝质泥岩和煤层，共含有4、5、7、8四个煤层（组），与下伏地层呈整合接触；上石盒子组（P_3s）在矿井内揭露的最大厚度为644m，岩性主要为砂岩、粉砂岩、泥岩和煤层，该组含1、2、3三个煤层（组），其中3_2煤层平均厚度为2.14m，煤层结构简单，煤类单一，为矿井主采煤层。二叠系与下伏地层呈整合接触。

4. 古近系（E）

矿井内有70个钻孔揭露古近系（俗称"红层"），平均厚度为162.50m，仅分布于矿井东南部，并与煤系地层走向斜交，局部块段直接覆盖在3、5、7煤层之上。古近系"红层"按岩性组合特征可划分为下部、中部、上部三段，下部平均厚度为27.30m，岩性以砂砾岩、砾岩为主，其次为泥岩、粉砂岩；中部平均厚度为85.20m，岩性以泥岩、粉砂岩为主，其次为薄层砂砾岩、砾岩；上部平均厚度为50.0m，岩性多为浅红色粉砂质泥质砂岩、砾岩，其次为泥岩、粉砂岩。古近系与下伏地层呈不整合接触。

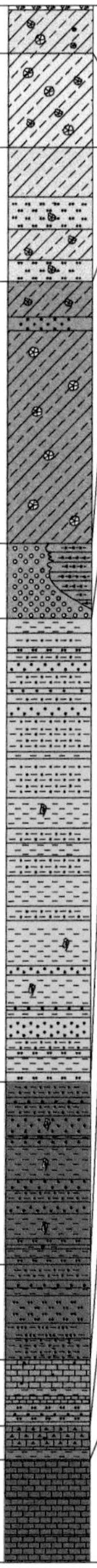

地层系统				厚度/m	岩性柱状	岩性描述
界	系	统	组			
新生界	第四系	全新统		28.55~34.60		灰色、浅黄色粉砂和黏土质砂为主，并夹薄层黏土和砂质黏土3~4层，地表0.5m为黑灰色耕植壤土
		更新统		30.20~85.90		土黄色、棕黄色黏土和砂质黏土为主，夹有2~3层透镜状薄层粉砂或黏土质砂
	新近系	上新统		46.40~123.20		岩性以棕黄色、棕红色及灰绿色的黏土或砂质黏土为主，夹有2~3层薄层状砂
		中新统		92.20~192.70		上部以灰绿色黏土和砂质黏土为主，局部富含钙质团块和少量铁锰质结核。下部主要为砾石、砂砾、砾岩、黏土夹砾石、黏土质砂、钙质黏土及泥灰岩等
						岩性可分为南部砾岩层和北部粉砂岩层，南部砾岩层：以灰色砾岩为主，成分复杂，主要由灰岩、石英砂岩、燧石组成。北部粉砂层：砖红色，含云母矿物，粗砂和少量细砾。局部具灰绿色花斑，泥质胶结，较疏松
	古近系			3.74~492.59		本组地层位于K₃砂岩底板之上，矿井内揭露最大厚度644m。地层由过渡相-陆相砂岩、粉砂岩、泥岩和煤层组成，自下而上，紫红色、花斑状岩性逐渐增加，含煤性也随之变差。K₃砂岩为灰白色厚层石英砂岩，特征明显，为本矿区上部地层重要标志层。含1、2、3三个煤层（组），3₂煤层为本矿井主采煤层
古生界	二叠系	上统	上石盒子组	<644.00		本组地层下从骆驼脖子砂岩底板上至K₃砂岩底板之间。地层由过渡相砂岩、砂泥岩互层、粉砂岩、铝质泥岩和煤层组成。含4、5、7、8四个煤层（组）。其中5、7、8煤层（组）具分叉合并现象，尤以7煤层（组）最明显
		中统	下石盒子组	220.0~260.0		本组地层下从太原组灰顶界上至骆驼脖子砂岩底板之间。岩性由海陆交互相沉积的砂岩、砂泥岩互层、粉砂岩、泥岩和煤层组成。砂岩段主要分布在10煤层上，南部厚于北部，具大型交错斜层理，10~11煤层间主要由砂泥岩互层及由其相变的粗细碎屑岩组成。11煤下由粉砂岩或粉砂质泥岩组成。含10、11二个煤层（组）。10煤层在南部出现大面积冲刷缺失
		下统	山西组	123.0~142.0		本岩性由石灰岩、碎屑岩和薄煤层组成。共含8层灰岩，总厚61.87m，占本组地层厚度的50%。各层灰岩中均含有动物化石碎屑，尤以一灰更甚。含薄煤五层，总厚2.70m
	石炭系	上统	太原组	133.49		底部铝质泥岩，浅灰至浅灰白色，块状、致密、性脆，具鲕粒结构。上部以泥岩为主。泥岩为灰色到灰黑色，含粉砂质、碳质，有长条状植物化石碎片
			本溪组	8.84~11.18		
	奥陶系	中下统		<124.22		岩性特征为灰色、深灰色中厚-厚层豹皮状白云质灰岩、灰岩，细晶质结构，方解石自形程度高，下部质纯含硅质结核

图 2.5　许疃煤矿地层综合柱状图

5. 新近系（N）

地层平均厚度为 246.60m，包括中新统和上新统。中新统与下伏二叠系呈不整合接触，矿井东南部与下伏古近系呈假整合接触，平均厚度为 159.90m，可以划分为上、下两段，其中下段岩性复杂，主要为砾石、黏土砾石、砂砾、砂及黏土质砂，夹薄层黏土；上段岩性主要为钙质黏土、砂质黏土、黏土，夹有薄层砂、黏土质砂。上新统整合于中新统之上，平均厚度为 86.70m，可划分为上、下两段，下段岩性主要为细砂、中砂、黏土及砂质黏土，上段岩性以黏土和砂质黏土为主，顶部富含褐黄色钙质及铁锰质结核的砂质黏土或黏土，为一较明显的沉积间断古剥蚀面，可作为第二含水层（组）底板的标志，是第四系与新近系的分界线。

6. 第四系（Q）

地层平均厚 90.70m，假整合于新近系之上，包括更新统（Q_{1-3}）和全新统（Q_4）地层。更新统平均厚度为 59.60m，可分为上、下两段，下段岩性以细砂、粉砂、黏土质砂为主，上段岩性以黏土和砂质黏土为主，夹薄层粉砂或黏土质砂，顶部黏土、砂质黏土中富含钙质结核和铁锰结核，为一重要的沉积间断的古剥蚀面，可作为第一含水层（组）底板的标志，亦为更新统与全新统普遍采用的分界线。全新统与下伏更新统呈整合接触，平均厚度为 31.10m，岩性主要为细粉砂、粉砂、砂质黏土等。

2.3.2　矿井地质构造

许疃煤矿整体上为近南北走向，向东倾斜的单斜构造，由于受到多期构造运动的叠加作用，矿井内次级褶皱及断层较发育（图 2.6）。地层倾角在许疃断层以北 6°～18°，在许疃断层以南 8°～24°。矿井范围内主要发育四个较大的褶皱，由北向南分别为童庄向斜、钟家庄向斜、张家背斜、李楼-苏庄向斜。童庄向斜位于矿井北部，钟家庄向斜位于矿井北部边界内部，张家背斜位于矿井的北侧，李楼-苏庄向斜位于井田南部褶皱轴向近东西。利用钻探、测井及地震勘查资料组合断层 1374 条，其中落差 $H \geq 100m$ 的断层 4 条，$50m \leq H < 100m$ 的断层 8 条，$20m \leq H < 50m$ 的断层 54 条，$10m \leq H < 20m$ 的断层 124 条，$5m \leq H < 10m$ 的断层 37 条，$H < 5m$ 的断层 814 条；正断层 685 条，逆断层 689 条。矿井北部大断层较为发育，主要有 F_2 断层、F_3 断层、F_8 断层、许疃断层、许疃分支断层，其中许疃断层是矿井内最重要的断层之一，矿井南北煤层的发育程度和煤质差异分布情况受其控制；矿井中部主要发育 F_5、F_6、F_{15}、F_{24} 等逆断层，矿井南部主要发育板桥、F_{12} 等大断层。

2.3.3　矿井水文地质

许疃矿井位于淮北煤田临涣矿区南部，童亭背斜的南端，属于南中亚区（II_2 区）东南部。矿井水文地质边界条件与临涣矿区水文地质边界条件一致，四周被大的断层切割，

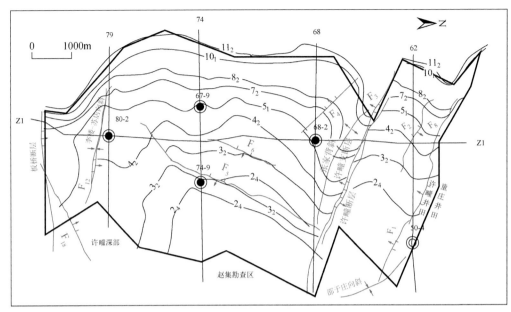

图2.6 许疃煤矿构造纲要图

矿井内次一级构造展布形迹主要受控于四周边界断层，四周大的断层均具有一定的隔水能力。根据地下水赋存介质特征，可将矿井划分为新生界松散层含水层（组）、二叠系煤系主采煤层顶底板砂岩裂隙含水层（段）、太原组及奥陶系石灰岩岩溶裂隙含水层（段）。矿井直接充水水源是主采煤层顶底板砂岩裂隙水，新生界松散层"四含"水通过煤系地层露头对煤系地层进行补给，是浅部煤层开采时矿井间接充水含水层，太原组和奥陶系石灰岩岩溶裂隙水水量大、水压高，可通过隐伏导水构造造成突水灾害，是矿井安全生产的重要隐患。

矿井内新生界覆盖在煤系地层之上，包括第四系、新近系、古近系。其中古近系"红层"段胶结程度较好，主要分布在矿井东南部。由此表明，在矿井东南部新生界底部为古近系"红层"，该地层上部由砖红色、棕红色的泥岩、粉砂岩组成，呈半固结或固结状；底部由灰色、灰绿色的砂砾岩、砾岩组成，泥钙质胶结，固结程度较好。砾石成分为石英岩、石灰岩、砂岩的碎屑，磨圆度差至一般，分选性差。矿井东南部的古近系"红层"与煤系地层走向斜交，局部块段直接覆盖在3、5、7煤层之上。据06-红2补勘钻孔注水试验资料，统一换算后 q 为 4.4×10^{-4} L/(s·m)，渗透系数 K 为 4.853×10^{-4} m/d，富水性弱；06-红1、06-红3补勘钻孔岩样测试结果，砂砾岩、砾岩渗透系数 K 为 $1.05 \times 10^{-7} \sim 25.46 \times 10^{-7}$ m/d。因此，古近系"红层"富水性弱，导水性差，但隔水性能良好，可以做隔水层使用，总体上对矿井的安全回采影响不大。

本书研究的新生界松散层含水层属于新近系和第四系。新生界松散层可划分为四个含水层组和三个隔水层组，含水层组由下至上依次为"四含""三含""二含""一含"，隔水层组由下至上依次为"三隔""二隔""一隔"。其中，"二含"、"一含"和"一隔"属于第四系，"四含"、"三隔"、"三含"和"二隔"属于新近系。"四含"分布在基岩面之上，新生界松散层底部，故亦称为"底含"，为新近纪沉积（葛晓光，2002）。

各主要含（隔）水层特征及层位关系见图 2.7。

1. 松散层含水层

1) "一含"

该层埋深一般较浅，底板平均埋深为 31.10m。含水砂层有 2~7 层，总厚平均为 23.00m，分布较稳定。岩性主要为粉砂和黏土质砂。该层（组）属平原河流相及河漫滩相沉积物。该含水层形成年代约为第四纪全新世。

2) "二含"

该层底板埋深平均为 90.70m。含水砂层厚度平均为 16.00m。岩性以粉砂和黏土质砂为主。该含水层形成年代约为第四纪更新世。

3) "三含"

该层底板埋深平均为 177.40m。含水砂层厚度平均为 38.20m。岩性以细砂、中砂为主，其次为粉砂、黏土质砂。该含水层分布稳定、水平性强，含水较丰富，属河湖相沉积物。该含水层形成年代约为新近纪上新世。

4) "四含"

该层底板埋深平均为 337.70m。该含水层在矿井内厚度变化大，岩性较复杂，主要为砾石、砂砾、砂和黏土等。该含水层为新生界松散层底部含水层（简称"底含"），大部分直接覆盖在煤系地层之上，与煤系砂岩水存在一定的水力联系，是矿井充水的主要补给水源之一，也是本书的研究对象。

2. 松散层隔水层

除"四含"直接覆盖在煤系之上外，新生界"一含""二含""三含"之间分别对应有"一隔""二隔""三隔"分布。

1) "一隔"

该隔水层底板平均为 53.30m，有效厚度平均为 15.00m，岩性以黏土和砂质黏土为主。本组分布较稳定，隔水性能较好。该隔水层形成年代约为第四纪更新世。

2) "二隔"

该层底板埋深平均为 106.80m，有效厚度平均为 15.40m。岩性以黏土和砂质黏土为主。顶部黏土和砂质黏土，质不纯，含有较多的钙质结核和铁锰质结核，为一重要而较明显的沉积间断古剥蚀面，可作为"二含"与"二隔"的分界标志。该隔水层形成年代约为新近系上新世。

3) "三隔"

该层底板埋深平均为 324.30m，有效厚度平均为 123.30m。中、上部以黏土和砂质黏土为主，下部岩性较杂，以黏土、砂质黏土、泥灰岩和钙质黏土为主，夹 2~3 层砂。该隔水层（组）可塑性好，膨胀性强，厚度大分布稳定，为湖相和湖滨相回水湾静水环境沉

地层系统				含水层底板埋深/m	岩性柱状	含水层
界	系	统	组			
新生界	第四系	全新统		28.55~34.60		第一含水层
		更新统		42.80~62.05		第一隔水层
				77.80~100.50		第二含水层
	新近系	上新统		88.80~121.80		第二隔水层
				138.40~207.70		第三含水层
		中新统		230.60~355.44		第三隔水层
				230.60~378.80		第四含水层
	古近系			3.74~492.59		古近系"红层"
古生界	二叠系	上统	上石盒子组	328.40~927.60		1~3煤（组）间隔水层
				337.60~897.40		3~4煤（组）间砂岩裂隙含水层（段）
		中统	下石盒子组	321.50~992.90		4~5煤（组）间隔水层（段）
				310.65~1116.70		5~8煤（组）间砂岩裂隙含水层（段）
				335.78~1037.70		8煤下~铝质泥岩下隔水层（段）
		下统	山西组	376.76~1057.50		10煤顶底板砂岩裂隙含水层（段）
						10煤层下~太原组一灰顶隔水层（段）
	石炭系	上统	太原组			太原组石灰岩岩溶裂隙含水层（段）
			本溪组			本溪组铝质泥岩隔水层（段）
	奥陶系	中下统				奥陶系石灰岩岩溶裂隙含水层（段）

图 2.7　许疃煤矿水文地质综合柱状图

积物，隔水性能良好，能阻隔地表水及"一含""二含""三含"地下水与下部"四含"和基岩各含水层（段）地下水的水力联系，是矿井内重要隔水层（组）。该隔水层形成年代约为新近系中新世（葛晓光，2002）。

3. 二叠系砂岩裂隙含水层（段）

二叠系岩性主要由砂岩、泥岩、粉砂岩、煤层等组成，并以泥岩、粉砂岩为主。砂岩裂隙一般不发育，且具有不均一性。从总体上看煤系砂岩裂隙富水性较弱。根据区域地层剖面和本矿井内可采煤层赋存的位置关系划分为如下含水层（段）。

（1）3~4 煤（组）间砂岩裂隙含水层（段）：底板埋深为 337.60~897.40m，平均为 547.40m。砂岩厚度为 2.70~60.57m，平均为 27.00m，其中 3 煤层顶底板砂岩厚度为 2.27~45.32m，平均为 15.10m。岩性以细砂岩、中砂岩为主，夹粉砂岩、泥岩及煤。该含水层 q 为 0.01264~0.02328L/(s·m)，K 为 0.0201~0.06776m/d，富水性弱。

（2）5~8 煤（组）间砂岩裂隙含水层（段）：底板埋深为 310.65~1116.70m，平均为 593.20m。砂岩厚度为 0~80.45m，平均为 33.80m，其中 7、8 煤层顶底板砂岩厚度为 0~74.89m，平均为 24.90m。岩性以 7~8 煤顶、底板灰白色的中、细粒砂岩为主，夹灰黑色泥岩、粉砂及煤，砂岩局部裂隙较发育，但具有不均一性。该含水层 q 为 0.00052~0.4447L/(s·m)，K 为 0.00023~0.9413m/d，富水性弱–中等。

（3）10 煤（组）顶底板砂岩裂隙含水层（段）：底板埋深为 376.76~1057.50m，平均为 575.30m。砂岩厚度为 2.39~58.96m，平均为 25.40m。岩性以灰白色中、粗砂岩为主，夹灰色粉砂岩及泥岩，而 10 煤下~11 煤间主要由薄层细砂岩和粉砂岩互层组成。砂岩钙、泥质胶结、较疏松。该含水层 q 为 0.00348L/(s·m)，K 为 0.003846m/d，富水性弱。

4. 石炭系含太原组石灰岩岩溶裂隙含水层（段）

本矿共有 151 个钻孔揭露太原组地层，最大揭露厚度 124.65m，其中有石灰岩 8~9 层，总厚为 61.77m。太原组岩性由石灰岩、泥岩、粉砂岩及薄煤层组成，以石灰岩为主。岩溶裂隙发育具有不均一性，富水性不均一。该含水层 q 为 0.0.0002~0.1916L/(s·m)，K 为 0.0003~0.574m/d，富水性弱–中等。

5. 奥陶系石灰岩岩溶裂隙含水层（段）

据区域资料，奥陶系灰岩总厚度 500m 左右，浅部岩溶裂隙发育。本矿有 70-6、2011-6、70-2、2006-奥灰观 1、2017-奥灰观 1 孔五个孔揭露了奥陶系石灰岩。该含水层 q 为 0.044~0.165L/(s·m)，K 为 0.0643~0.0646m/d，富水性弱–中等。

2.4　32 采区工程地质特征

32 采区位于矿井中北部，西至煤层露头，北到许疃断层，南至保护煤柱，东至 F_5 断层，东西宽 880m，南北长 2190m，面积约 1.85km²。该采区主要开采 3_2 煤层，采区内平均煤厚为 2.45m，煤层结构较简单，煤层顶板以泥岩为主。32 采区距离"底含"较近，且采区断裂构造较发育，采区布置的四个工作面内 3_2 煤层安全回采受"底含"水害影响。为此，本节以 32 采区为工程地质背景，系统分析 32 采区的断裂构造发育特征和 3_2 煤层顶板工程地质特征，为后续研究近松散层下开采含断层覆岩采动破坏特征以及"底含"涌突水机理奠定基础。

2.4.1　32 采区断层构造发育特征

断层是采矿工程中的不利地质因素，因其具有很强的潜伏性和不确定性，容易造成突水事故，严重影响矿井的安全回采（漆春，2016）。断层构造复杂程度可以反映某一区域被断层切割破坏的程度。因此，合理地评价断层构造复杂程度，对保障矿井安全生产具有重要意义，在矿井生产过程中应重点关注断层构造发育复杂区域（刘伟等，2019；施龙青等，2022）。

32 采区总体上为一向东倾斜的单斜构造，地层倾角较小，为 4°~12°。区内褶曲构造不发育，仅局部区域沿走向呈波状起伏，其中较为明显的张家背斜位于井田北部到许疃断层附近。32 采区断层较发育，根据矿井资料收集统计，揭露主要断层 22 条，在所统计的22 条断层中正断层 15 条，占 68%，逆断层 7 条，占 32%，正断层占绝大多数；断层走向北东 14 条，走向北西 6 条，近南北 2 条，区内的断层走向以北东向为主，次为北西向；断层落差主要为 0~10m，断层倾角为 40°~80°且以高角度断层为主，其中 60°~70°倾角断层 20 条，占比 91%。

根据钻探揭露资料，32 采区断层带多为泥质充填，岩性较为复杂，主要包括泥岩及粉砂岩，胶结程度较差。断层受到挤压和揉皱现象严重，断层带岩性较破碎，泥岩呈糜棱状，砂岩呈碎块状。自然状态下，32 采区内断层富水性较弱，导水性较差，一般不会直接构成含水层的导水通道，但在采动影响下，断层可能会对工作面的安全回采造成不利影响。因此，准确分析断层构造发育特征，圈定断层构造发育区域，在断层构造复杂区域提前采取一系列相应的预防措施，对于保障矿井的安全、高效生产具有重要意义。本节采取断层强度指数和断层分维值作为评价指标，对 32 采区的断层构造发育特征进行定量评价。

1. 断层强度

断层强度指数（施龙青等，2022）指的是单元面积内所有断层的延伸长度与断层落差的乘积之和，用式（2-1）表示。在评价断层构造的复杂程度时，断层强度指数可以较全面地反映断层落差、断层水平延展长度及断层数量的综合复杂程度（刘伟等，2019），在综合地反映断层构造发育情况的同时，更能够系统、定量地分析断层对煤层顶板突水灾害发生的影响。

$$F_a = \frac{\sum_{i=1}^{n} h_i \times l_i}{S} \tag{2-1}$$

式中，F_a 为断层强度指数；n 为网格单元内断层的总条数；h_i 为网格单元内第 i 条断层的落差，m；l_i 为网格单元内第 i 条断层的延伸长度，m；S 为单位网格单元的面积，m^2。

本次采用滑动窗口法对研究区断层强度指数进行统计，将 32 采区分割为 $400m \times 400m$ 的网格单元，窗口滑动的步长取 200m，故式（2-1）中 $S = 16 \times 10^4 m^2$，计算出各单元格的 F_a 值，利用 surfer 软件绘制出断层强度指数等值线图，见图 2.8。由图 2.8 可知，32 采区断层强度指数为 $0 \sim 0.18$，多数集中在 $0 \sim 0.02$，断层强度指数最大值位于 $3_2 22$ 工作面 DF206 断层附近，较大值大致沿 DF206 断层呈片状分布；$3_2 20$ 工作面 DF216 断层附近断层强度指数也较大（大于 0.02）；绝大多数落差为 $0 \sim 3m$ 的小断层处，其断层强度值较小，小于 0.02。断层强度指数越大，代表断层落差和断层规模越大，即断层构造越发育，从而会产生更多的储水空间，使富水性大大增强，断层构造裂隙和采动裂隙也相对发育，越容易成为"底含"的涌水通道。

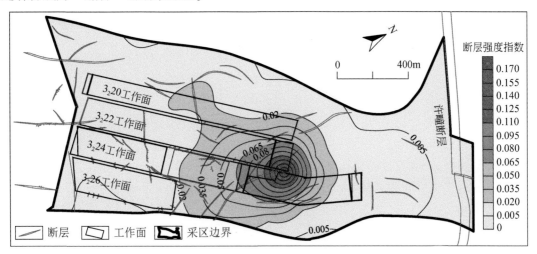

图 2.8　断层强度指数等值线分布图

2. 断层分维值

分维值（D）包含着断层条数、延伸长度、交叉关系等多方面的变化关系，是一项综合性指标（施龙青等，2020）。断层分维值越大，表示断层长度较长，小断层及分支断层繁多，对岩体切割越严重。正如规模较大的断层周边往往发育着中小规模的次生断层，并且控制着断层周边裂隙的发育程度。因此，断层分维值越大，小断层或次生裂隙越发育，导水通道越发育；反之，断层分维值越小，导水通道越不发育（毕尧山，2019）。本书按文献（毕尧山，2019）所述原理与方法求得分维值，并据此编制了 32 采区断层分维等值线图（图 2.9）。由图 2.9 可知，32 采区小断层较发育，分维值为 $0.3 \sim 1.4548$，其值大小受采区内一些较大断层的影响，如 DF206 断层落差和延展长度均较大，该断层附近分维值较大。四个工作面内断层分维值基本均大于 1.05，$3_2 20$ 工作面、$3_2 22$ 工作面断层分维值总体小于 $3_2 24$ 工作面、$3_2 26$ 工作面。

3. 断层发育程度综合评价

对 32 采区断层构造发育程度进行综合评价采用多元信息融合的方法，分别赋予两个

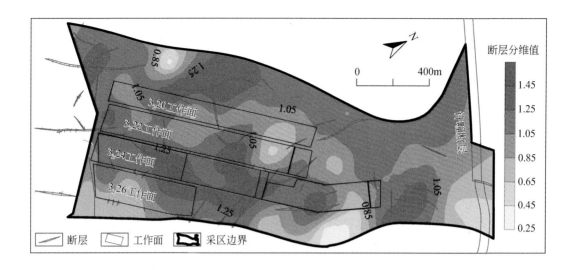

图 2.9　断层分维值等值线图

评价指标权重（本书中断层强度指数值、断裂分维值的权重均取 0.5），并通过 ArcGIS 软件进行融合叠加，利用自然间断法将 32 采区断层构造发育程度划分为三级，分别为构造复杂区、构造中等区和构造简单区，见图 2.10。由于构造复杂区断层相对发育，对覆岩切割严重，破坏了岩体的完整性，改变了岩体的变形性质和强度特性，降低了岩体的力学性质，不利于水体下煤层的安全回采。因此，在煤矿生产实际中，应重点关注断层构造复杂区域。由图 2.10 可知，32 采区断层构造复杂区主要有三处，分别位于 $3_2 20$ 工作面 DF216 断层附近、$3_2 22$ 工作面与 $3_2 24$ 工作面 DF216 断层附近以及 $3_2 24$ 工作面 DF230-1 断层附近。

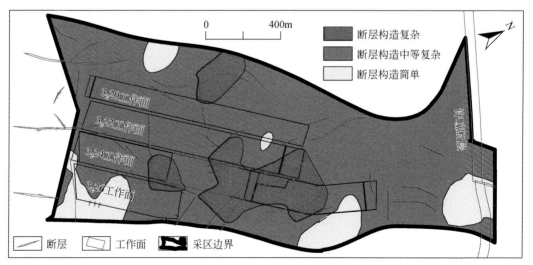

图 2.10　32 采区断层构造发育程度综合评价

2.4.2 32 采区煤层顶板工程地质特征

在已有矿井地质资料基础上，针对 32 采区 3_2 煤层覆岩工程地质特征进行研究，包括 3_2 煤层顶板覆岩岩性、厚度、顶板类型及其物理力学性质进行分析，为后续覆岩采动效应研究物理相似材料模型和数值模型的建立提供依据。

1. 覆岩岩石物理力学性质

对许疃矿井 3_2 煤层顶板岩石物理力学性质测试资料进行了整理和统计（表 2.4），可以看出：①$3_2$ 煤层顶板相同岩性岩石性质差异不大，物理力学指标在平均值左右有所波动，并与其他岩石物理力学指标有较大范围的交叉重叠；②尽管 32 采区 3_2 煤层顶板相同岩石物理力学性质变化较大，不同岩石的载荷能力虽然大小各有差异，但抗压强度总体表现为砂岩>粉砂岩>泥岩，各种岩石抗压强度值变化范围较大，这与岩石的胶结物的成分、结构、构造及岩石裂隙的发育程度的差异有关；③断层破碎带、风化带岩石抗压强度均很低，表现出泥岩、粉砂岩甚至砂岩的载荷能力差异不大。

表 2.4 3_2 煤层顶板岩石力学性质试验成果统计表

煤层	顶板岩石名称	黏聚力/MPa	内摩擦角/(°)	抗压强度/MPa		抗拉强度/MPa	
				变化范围	平均值	变化范围	平均值
3_2	砂岩	6.60	36.40	31.90 ~ 161.30	83.15	2.36 ~ 2.95	2.66
	粉砂岩	1.70 ~ 1.80	30.58 ~ 38.00	34.30 ~ 36.50	35.40	1.26 ~ 1.48	1.37
	泥岩	2.05	31.34	23.50 ~ 34.90	29.60	0.79 ~ 1.47	1.09

2. 3_2 煤覆岩岩性特征

通过对 32 采区内揭露 3_2 煤覆岩的钻孔柱状岩性及厚度进行统计，可知 32 采区 3_2 煤覆岩岩性主要为泥岩、粉砂岩、砂岩（包括细砂岩、中砂岩以及粗砂岩），如表 2.5 所示。其中大多数钻孔揭露研究区含有基岩风化带，基岩风化带岩性为泥岩、粉砂、砂岩，以风化泥岩为主。根据岩石物理力学性质测试结果，风化砂岩、粉砂岩的强度降低、结构松散，力学性质与泥岩类似。32 采区 3_2 煤覆岩岩性结构如图 2.11 所示，以钻孔 70-16 孔、67-18 孔为例，其中 70-16 孔为不含基岩风化带钻孔，67-18 为含基岩风化带钻孔。

表 2.5 3_2 煤层顶板覆岩综合统计表

岩性	厚度范围/m	平均值/m	含量范围/%	含量平均值/%
砂岩	0 ~ 50.30	11.96	0 ~ 50.06	16.66
粉砂岩	0 ~ 72.90	10.86	0 ~ 46.72	13.66
泥岩	4.10 ~ 136.78	41.91	16.78 ~ 100	69.68

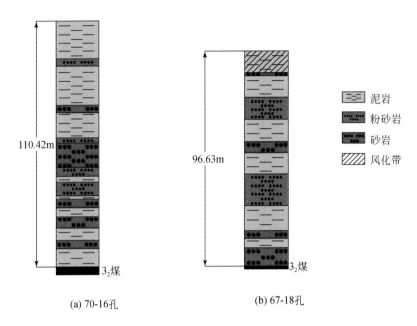

(a) 70-16孔　　　　　　　　　　(b) 67-18孔

图 2.11　典型钻孔岩性柱状图

通过分析钻孔揭露资料，覆岩中砂岩类（主要为细砂岩，其次为中砂岩和粗砂岩）厚度为 0 ~ 50.30m，平均厚度为 11.96m，占顶板覆岩厚度的 16.66%；粉砂岩厚度为 0 ~ 72.9m，平均厚度为 10.86m，占顶板覆岩厚度的 13.66%；泥岩厚度为 4.1 ~ 136.78m，平均厚度为 41.91m，占顶板覆岩厚度的 69.68%，表明 32 采区覆岩岩性主要以泥岩等软岩为主，见表 2.5。

3. 32 采区 3$_2$煤顶板覆岩厚度特征

1）覆岩厚度分布特征

32 采区覆岩厚度等值线图如图 2.12 所示。32 采区覆岩厚度为 1.25m ~ 188.98m，覆岩厚度差异大，平均厚度为 67.73m，总体呈现出由西向东覆岩厚度不断增大的趋势，厚度最大值位于 3$_2$26 工作面附近。32 采区深部覆岩厚度大，浅部覆岩厚度较小，布置的四个工作面中，覆岩厚度由 3$_2$26 工作面、3$_2$24 工作面、3$_2$22 工作面、3$_2$20 工作面依次减小，其中 3$_2$26 工作面、3$_2$24 工作面内覆岩厚度大于 120m，3$_2$22 工作面内覆岩厚度为 90 ~ 120m，3$_2$20 工作面厚度较薄，为 60 ~ 90m。32 采区近南北向（A—A′线）、近东西向（B—B′线）两条剖面线的柱状对比图见图 2.13。

通常来说，砂岩类遭受风化后岩体裂缝增多、块度变小，富水性增强；泥岩类风化后大多趋于泥化，裂隙易于弥合，再生隔水能力增强，基岩风化岩体强度降低，有利于抑制覆岩导水裂缝带的发育。然而对于厚松散层含水层下采煤，在松散层底部承压含水层作用下，煤层回采导致的风化泥岩裂缝将发生扩展，可能成为导水或导砂通道。因此，合理确定风化带范围对于保障松散含水层下安全采煤具有重要意义（董国文，2006；刘延利，

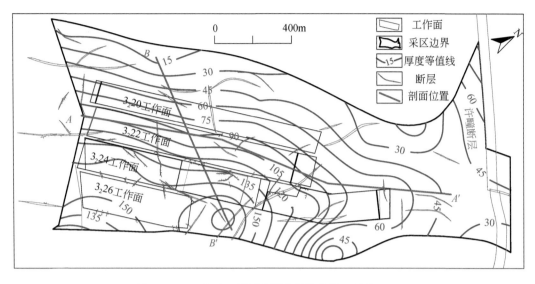

图 2.12　32 采区 3_2 煤覆岩厚度等值线图（单位：m）

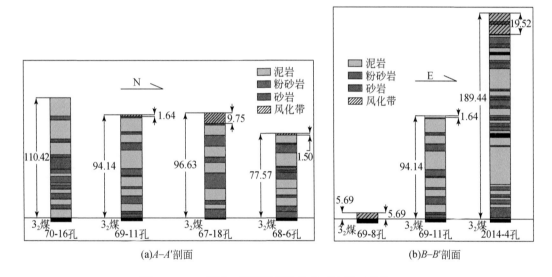

图 2.13　32 采区 3_2 煤覆岩岩性柱状对比图（单位：m）

2014）。32 采区基岩顶部普遍发育一层风化带，风化带岩性以风化泥岩、粉砂岩为主，细砂岩次之。根据岩石矿物的颜色、成分、岩体组织结构和强度变化等将风化带的风化特征由上而下划分为强风化带、中等风化带、弱风化带，如图 2.14 所示（以 2014-4 孔为例）。

通过钻孔统计绘制了 32 采区基岩风化带厚度等值线图（图 2.15），由图（2.15）可知在平面上风化带在 32 采区内全区分布，风化带厚度为 0～18m，平均厚度约为 10m，风化带厚度较大值呈现条带状和块状分布，厚度最大值位于采区东南部。32 采区布置的四个工作面内的北部风化带厚度较大，为 6～14m，各工作面南部风化带厚度小于 6m。

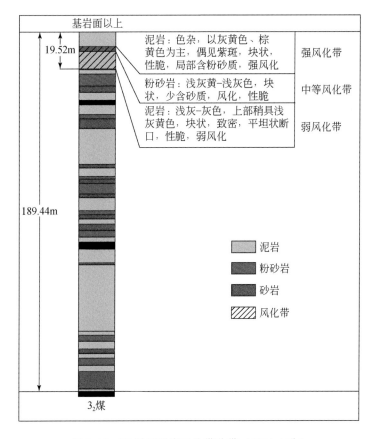

图 2.14　32 采区基岩风化带分带（2014-4 孔）

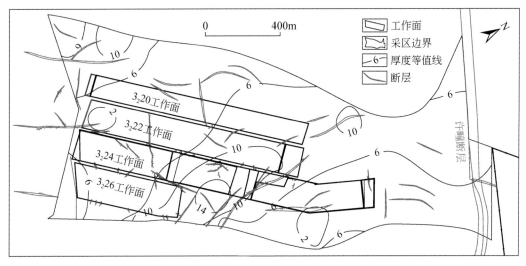

图 2.15　32 采区基岩风化带厚度等值线图（单位：m）

2）覆岩砂泥比分布特征

一般来说，砂泥比中的"砂"指的是砾岩、粗砂岩、中砂岩、细砂岩等较坚硬岩石，"泥"指的是粉砂岩、砂质泥岩、泥岩等较软弱岩石。砂泥比反映了地层中"砂"与"泥"的相对含量，如果"砂"的含量较大，则覆岩中硬岩相对较多，覆岩结构相对坚硬完整；否则覆岩中软岩相对较多，覆岩结构相对脆弱、容易破坏。

32 采区砂泥比等值线分布趋势图见图 2.16。由图 2.16 可知，32 采区 3_2 煤覆岩中砂泥比值为 0~0.8，砂泥比值变化较大，平均值为 0.205，较大值主要分布于四个工作面北部；32 采区四个工作面范围内的砂泥比值主要集中在 0.1~0.3，砂泥比值较小，表明采区内各个工作面内 3_2 煤层顶板覆岩中主要以泥岩等软岩为主，砂岩相对较少。

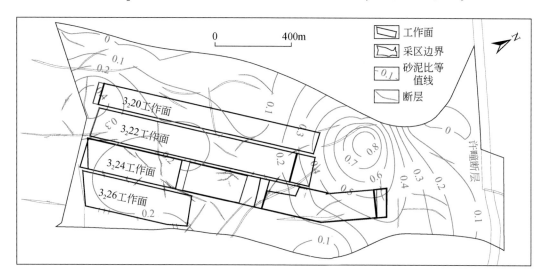

图 2.16　32 采区 3_2 煤覆岩砂泥比等值线图

4. 顶板覆岩结构类型

由覆岩岩性、厚度分布、砂泥比特征可知，32 采区煤层顶板覆岩中，以泥岩为主，砂岩类和粉砂岩所占比例较小，且基岩面之下广泛发育一层岩性软弱、厚度不等的风化带。根据覆岩各岩性占比及其抗压强度平均值，求得 3_2 煤顶板覆岩平均抗压强度为 39.31MPa，依据《建筑物、水体、铁路及主要井巷煤柱留设与压煤开采规范》（国家安全监管总局等，2017），32 采区 3_2 煤层覆岩平均抗压强度介于中硬范围（20~40MPa）之内，因此覆岩类型属中硬类型。

5. 基岩–松散层工程地质模型构建

基于前述 32 采区断层构造发育特征及 3_2 煤层顶板工程地质特征分析，构建了 32 采区基岩–松散层工程地质模型（图 2.17），为后续研究"底含"涌水机理构建相似模型及数值模型奠定基础。

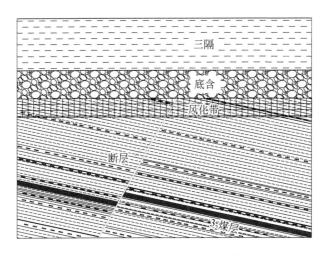

图 2.17　基岩–松散层工程地质模型

2.5　本 章 小 结

（1）淮北煤田主要构造系为东西和北北东向褶皱和大断裂，主要经历了主压应力为北南向、北西西–南东东向、北东–南西向三个阶段的挤压，形成褶皱走向多变、断裂构造形式多样的构造体系，淮北煤田被大断裂构造分割成网格状构造块段。

（2）矿区主采煤层为二叠系山西组、下石盒子组和上石盒子组含煤地层，其直接充水水源主要有：①煤系砂岩裂隙含水层水，其浅部埋藏区域受新生界松散层水补给；②太原组灰岩水，在隔水层厚度较大时难以突水至工作面。间接充水水源有新生界松散层水和奥陶系灰岩水。

（3）按自然地理条件、地质和水文地质特征，以宿北断裂为界，将淮北煤田划分为北、南两个一级水文地质单元分区（Ⅰ区、Ⅱ区），北部以肖县背斜为界，南部以丰涡断层、南坪断层为界划分为五个二级水文地质单元亚区（濉肖矿区Ⅰ$_1$、闸河矿区Ⅰ$_2$、涡阳矿区Ⅱ$_1$、临涣矿区Ⅱ$_2$和宿县矿区Ⅱ$_3$）。

（4）阐述了许疃矿井地质与水文地质特征，并以 32 采区为工程背景，分析了采区的断层构造发育特征、覆岩岩性、岩石物理力学性质、厚度分布以及基岩风化带发育特征等，确定了覆岩结构类型，构建了 32 采区基岩–松散层工程地质模型，为后续研究"底含"涌水机理的物理相似模型和数值模型的建立提供地质依据。

第3章 新生界松散层底部含水层沉积特征及其控水规律

新生界松散层底部含水层主要受沉积环境影响（王祯伟，1993），其沉积厚度、岩性、结构等特征在空间分布上存在较大差异，反映了其形成过程中沉积环境的变化规律，相应的渗透性、富水性特征也表现出极不均一的特征。沉积相是沉积环境的物质表现，不同环境中形成的"底含"沉积砂体，其岩石矿物成分、结构构造、形态特征、空间展布特点不同，沉积相的储水空间和水理学性质也有很大差别（陈晨等，2018）。因此，沉积环境是含水层形成及地下水赋存最基本的控制因素，分析含水层的沉积相特征对正确认识地下水的形成、运移和汇集具有极其重要的意义（张朱亚，2009）。

本章基于"底含"的区域沉积背景分析，恢复古地形，开展"底含"沉积物的物源分析研究；系统研究"底含"的发育特征，分析其厚度及分布规律、各岩性厚度组成及分布特征、岩性组合结构特征；通过取样、测试等手段，并结合既有资料，对"底含"沉积物的颜色、岩性、沉积构造、粒度特征、分形特征以及测井曲线特征等进行研究分析，建立"底含"沉积相标志；对"底含"沉积物进行沉积相–亚相–微相划分，分析单井相和剖面相特征，明确沉积相空间展布特征及其演化规律，并建立"底含"沉积模式；分析不同沉积相–亚相–微相砂体的接触类型及连通性；通过"底含"沉积物水理性质测试获得"底含"水理性质的基本特征，并结合抽（注）水试验获得的单位涌水量 q 值、渗透系数 K 值，进一步揭示不同沉积相对其富水性的控制规律，并建立"底含"沉积控水模式，为后续"底含"沉积物富水性精细评价和预测奠定基础。

3.1 沉积背景与物源分析

3.1.1 区域沉积背景

淮北煤田东起郯庐断裂，西至固始断裂，北接丰沛隆起，南至板桥–固镇断层，煤田中部发育有宿北断裂，以宿北断裂为界可将淮北煤田划分为南北两个一级水文地质单元，南北地区地质上的差异非常明显（彭涛，2015）。煤田的含煤地层主要有石炭系太原组、二叠系山西组及石盒子组，含煤岩系的沉积基底为中下奥陶统地层。中生代聚煤盆地广泛受到挤压、抬升，形成褶皱、断裂构造，并伴随岩浆侵入活动，从而使煤田受挤压变形和风化剥蚀成为相对独立的各个井田。新生代以来，淮北煤田以沉降运动为主，在多期次构造运动作用的影响下，经受了长期的风化剥蚀作用，形成了高低起伏的古地形，并在此基础上广泛接受沉积，使厚度不一的新生界松散层不整合分布于煤系地层之上。由于淮北煤田沉降运动的幅度和方式具有一定的区域性差异，宿北断层两盘相对升降运动（南降北升），导致南北两个一级单元的松散层发育厚度具有明显差异，呈南厚北薄趋势（葛晓光，2002；马杰等，2017）。

临涣矿区位于宿北断层上盘的南中单元，该区东西夹于南坪断层和丰涡断层之间，南北夹于宿北断裂和板桥断裂之间。区内断层较发育，各矿井内断层纵横交错、分布密集。近东西向的大型构造有界沟断层、杨柳断层、骑路周断层、大辛家断层等；近南北向的大型构造有南坪向斜、童亭背斜、大刘家断层、黄殷断层等，各种构造组合共同构成该区的基本构造格架。许疃矿井位于临涣矿区南部，矿井新生界松散层的沉积过程受到矿区基本构造格架的控制。

3.1.2 沉积物源分析

构造背景决定了盆地的古地貌特征，进而控制了盆地物源区和沉积区的分布，最终控制了盆地的物源体系及沉积物的分布（蔡来星，2012；孙中恒，2021）。发育在新近系底部的"底含"是矿井主要充水水源之一，对浅部煤层的安全回采具有较大威胁。开展"底含"沉积物的物源分析是区域沉积地质研究的重要部分，物源方向也是影响区域含水层形态的重要因素。

1. 古地形恢复

古地形对松散层沉积物的沉积有重要影响。通过古地形分析，可以很清楚地识别研究区古隆起、古凸起等正向古地貌单元和沟谷、河道等负向古地貌单元以及沉积区。正向古地貌单元可以作为物源区，而负向古地貌单元是沉积物搬运的通道，也是关联物源区与沉积区的桥梁（刘强虎，2016）。古地形恢复是研究物源体系特征的直接方式，开展研究区古地形恢复的研究既可以揭示物源区和沉积区的展布位置，又可以提供连接两者之间沉积物搬运的具体通道（邢凤存等，2008）。古地形形态对沉积体系发育的类型具有一定的控制作用，从而控制了储集砂体的类型（朱俊强和罗军梅，2011）。

整个临涣矿区位于宿北大断裂以南的中、新生代断陷盆地内，下沉幅度较大，宿北大断裂北部（濉肖矿区）与南部临涣矿区基岩间高差达 200~400m，因此临涣矿区主要沉积物必然来自当时大断裂北部隆起区（濉肖矿区）。本次研究统计了临涣矿区南部许疃矿井及周边共 7 个矿井、1100 余个钻孔揭露的基岩面标高数据，绘制了临涣矿区南部三维古地形图（图 3.1）、基岩面标高等值线图（图 3.2）、松散层厚度等值线图（图 3.3）。由图 3.1 和图 3.2 可知，临涣矿区南部矿井的基岩面标高由北向南不断降低，童亭背斜东翼地形高、西翼地形低，许疃矿的基岩面标高处于该矿区的低点位置，其与北部孙疃矿的基岩面高差即达 200m。就许疃矿而言，基底古地形总体上呈现出北高南低、西高东低的特点。矿井北部受童亭背斜所阻，在西北部沿五沟向斜向东南至童庄向斜，构成井田的天然进水通道；以许疃断层为界，南北两侧地形高差较大，形成古冲沟；矿井南部受板桥断层影响，地形有所抬升。相应地，古地形低的地方松散层厚度大，地形高的地方松散层厚度小。从五沟向斜向东南至许疃矿井西北童庄向斜一线，为松散层变厚带；而许疃矿南部松散层厚度又表现出减小的趋势。

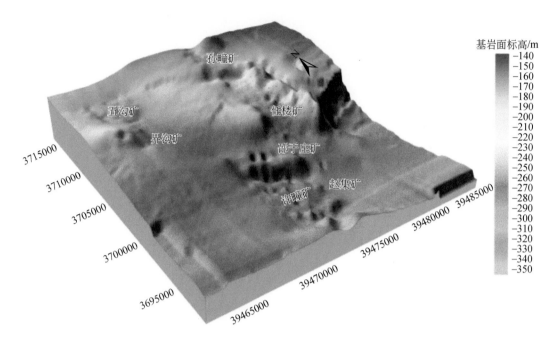

图 3.1　临涣矿区南部三维古地形图

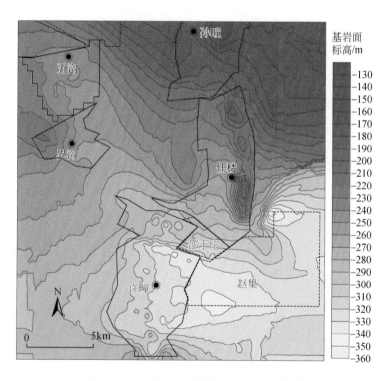

图 3.2　临涣矿区南部基岩面标高等值线图

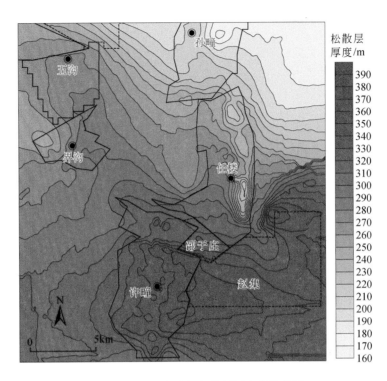

图 3.3　临涣矿区南部松散层厚度等值线图

　　通过钻孔统计，可绘制临涣矿区南部"底含"厚度和"底含"砂砾层厚度等值线图（图 3.4、图 3.5）。由图 3.4 可知，临涣矿区南部"底含"厚度为 0 ~ 76.35m，"底含"沉积厚度差异大，主要受古地形和构造的控制，五沟矿、界沟矿东北、许疃矿北部及赵集矿的"底含"厚度较大。"底含"厚度的展布特征总体表现为自五沟向斜向东南至许疃矿井西北童庄向斜–许疃断层附近沉积厚度较大。"底含"砂砾层厚度也表现为与"底含"厚度同样的展布规律（图 3.5）。

2. "底含"沉积物物质成分组成特征

　　王祯伟（1990）通过对临涣矿区几个矿井的"底含"沉积物进行野外观察和室内分析鉴定，发现临涣矿区"底含"沉积物中砂级碎屑成分以石英为主，以风化长石为辅，砾石含量依次为砂岩、燧石、石英质和石灰岩，黏土矿物主要为水云母、高岭石、蒙脱石；通过分析煤系地层风化带，发现煤系地层中的泥岩或砂质泥岩中水云母和高岭石含量一般为 75% ~ 85%，石英含量为 15% 左右，长石含量少于 5%；粉砂岩中石英含量为 30% ~ 40%，长石含量为 10% ~ 15%，胶结物以水云母和高岭石为主，占 35% ~ 40%。另外，根据风化层重矿物分析结果，赤铁矿、褐铁矿含量最高，其余依次为锆石、磁铁矿、磷灰石、黄铁矿、电气石、石榴子石、绿泥石、金红石、透辉石，若除去磷灰石极易风化和黄铁矿风化后形成氧化铁以外，其含量次序与临涣矿区"底含"重矿物排列极为相似。后又通过化学分析发现，Fe^{3+}/Fe^{2+} 随风化层深度增加而逐渐减小，依照上部先剥蚀、搬运、沉

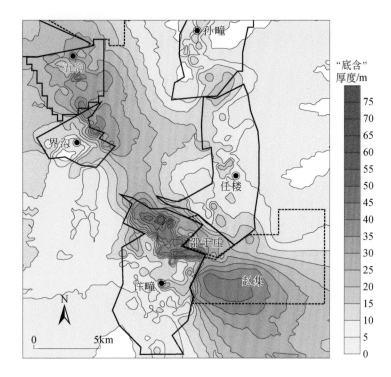

图 3.4　临涣矿区南部"底含"厚度等值线图

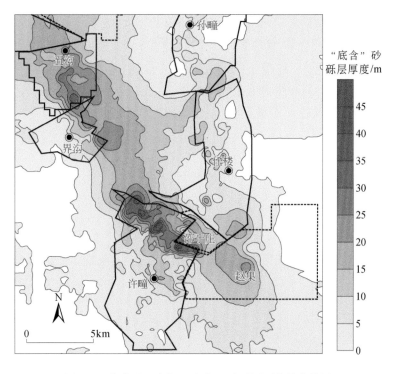

图 3.5　临涣矿区南部"底含"砂砾层厚度等值线图

积的规律，则与"底含"沉积物中氧化铁随深度增加而增加基本吻合。以上各种分析都说明临涣矿区"底含"沉积物主要来自煤系地层剥蚀区，而在临涣矿区基岩地势上方5km以外分布着大面积的煤系地层（即濉肖矿区），两地基岩相对高差250m左右，因此可以认为现在的濉肖矿区曾是临涣矿区"底含"的主要物源区（葛晓光，2000，2002）。

常红伟（2011）通过对许疃矿井西北邻近矿井界沟矿的"底含"沉积物进行矿物成分镜下鉴定分析发现，"底含"沉积物中细颗粒（砂、粉、黏粒级）沉积物中石英砂实际上绝大部分由方解石颗粒所组成，采用盐酸浸泡后，砂层内的砂粒等较粗颗粒剧烈起泡溶解，残存量甚至不足原先的一半，表明半数以上物质是方解石等碳酸盐成分。在大颗粒（砾石）中石灰岩具备灰白、泥晶结构，生物骨骼较发育，有一定白云岩化现象，判断为寒武系石灰岩；砂岩质较纯，有弱的重结晶现象，表明经受了一定变质作用，时代可能较老；燧石内含少量黏土矿物及微量星点状方解石，生物构造明显，可能形成于石炭系海相地层。结合界沟矿的地形特点，认为煤系与盆地周围的碳酸盐岩地层及其中夹含的含碎屑物地层共同提供了界沟矿井"底含"沉积物的物质来源。

3. 许疃矿井"底含"物源分析

由于受到古地形和构造的影响，许疃矿位于临涣矿区基岩面位置低点，其西部和北部古地形高。除矿井内为二叠纪煤系地层出露区外，矿井西部和北部均为石炭系煤系地层出露区和奥陶系、寒武系石灰岩隆起（图3.6）。自2亿年前印支运动起至古近纪末，经历了约1.8亿年的风化、剥蚀，造成煤系自身提供的物质有限，因此煤系地层与盆地周围的碳酸盐岩地层及其中夹含的含碎屑物地层共同提供了许疃矿井"底含"沉积物的物质来源，许疃矿井"底含"的主要物源方向为西部、西北部和北部（图3.6）。

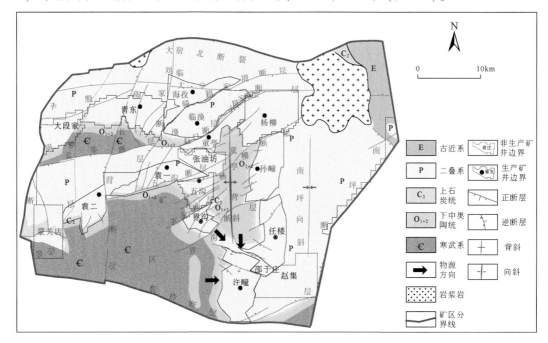

图3.6　临涣矿区构造纲要图

3.2　许疃矿井新生界松散层底部含水层发育特征

许疃矿井"底含"大部分直接覆盖在煤系地层之上，是矿井充水的主要补给水源之一，也是威胁浅部煤层安全回采的重要隐患。确切查明"底含"的分布状况、厚度、岩性、组成结构等发育特征是分析"底含"沉积环境和富水性评价的基础，分析研究区"底含"发育特征对于防治"底含"水害问题具有重要意义（吴潇，2006）。

3.2.1　"底含"厚度分布特征

基于钻孔资料，绘制研究区"底含"厚度分布等值线图（图3.7）。由图3.7可知，"底含"在矿井内分布广泛，但沉积厚度差异大，厚度为0~76.35m，平均厚度为14.6m，在矿井北部古潜山和西部、南部构造突起地段"底含"沉积缺失或沉积厚度薄，厚度主要为0~5m；矿井中部沉积厚度较薄，厚度主要为5~10m；许疃断层以北及许疃断层南部附近区域（67线以北）"底含"厚度大，厚度主要为20~50m。

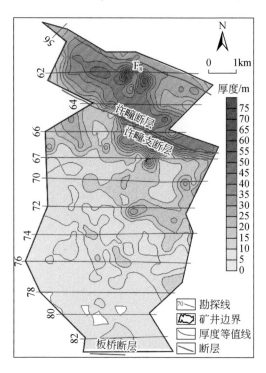

图 3.7　许疃矿井"底含"厚度分布等值线图

一般来说，古地形对于"底含"沉积厚度具有重要影响。许疃矿井古地形总体表现出北高南低、西高东低的特点（图3.8），南北以许疃断层为界，断层两侧古地形高差较大，但两侧"底含"厚度基本相等。为进一步探究矿井"底含"发育特征及古地形对"底含"

厚度的影响，选取许疃断层附近西东向一条剖面（A–A′剖面）、南北向四条剖面（B1–B1′、B2–B2′、B3–B3′、B4–B4′剖面），如图3.9、图3.10所示，并统计许疃断层附近南北两侧的52个钻孔（许疃断层南北两侧各26个钻孔）的基岩面标高、"底含"厚度、"三隔"厚度数据，如表3.1所示。

　　由西东向A–A′剖面可知，西部地形高、东部地形低，相应地，西部"底含"厚度小、东部厚度大，但"三隔"的厚度表现为西部大、东部小且"底含"与"三隔"厚度总和基本等厚的特点，表明研究区古地形的高低起伏造成了"底含"厚度的差异分布，"底含"在沉积早期具有填平补齐的发育特征。

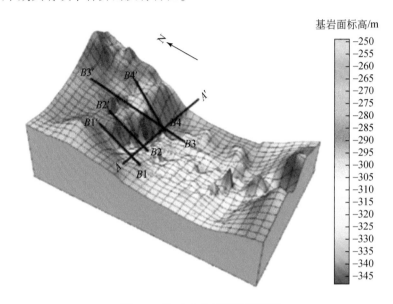

图 3.8　许疃矿井基岩面标高图

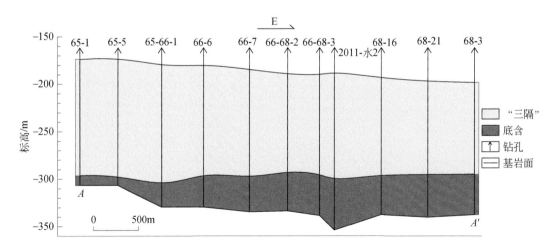

图 3.9　顺物源方向 A–A′剖面

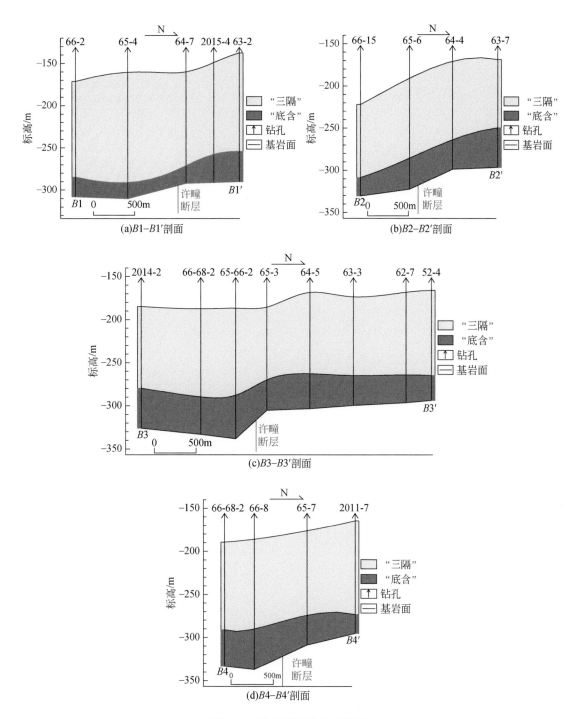

图 3.10　许疃断层南北两侧剖面

表 3.1 许疃断层两侧附近钻孔数据

南部钻孔序号	钻孔号	基岩面标高/m	"三隔"厚度/m	"底含"厚度/m	"三隔"加"底含"厚度/m	北部钻孔序号	钻孔号	基岩面标高/m	"三隔"厚度/m	"底含"厚度/m	"三隔"加"底含"厚度/m
1	65-11	−306.5	104.5	27.2	131.7	1	63-4	−284.5	131.1	16.7	147.8
2	65-13	−308.2	123.5	19.2	142.7	2	68-11	−292.1	88.2	27.5	115.7
3	65-4	−310.2	145.7	11.0	156.7	3	63-5	−285.5	98.2	33.9	132.1
4	65-1	−315.5	122.4	10.2	132.6	4	63-6	−289.0	120.7	32.1	152.8
5	65-5	−322.0	123.8	12.0	135.8	5	63-2	−290.1	116.6	36.6	153.2
6	65-2	−301.5	89.0	20.4	109.4	6	2011-6	−295.4	99.8	28.0	127.7
7	65-66-1	−329.3	128.7	18.3	147.0	7	64-3	−297.6	93.2	45.9	139.1
8	66-15	−330.4	86.7	21.8	108.5	8	64-4	−298.5	98.3	42.4	140.7
9	66-6	−334.3	113.3	37.3	150.6	9	2015-6	−307.1	91.6	40.2	131.8
10	66-7	−334.3	115.3	34.7	150.0	10	65-8	−306.4	85.1	41.7	126.8
11	66-8	−337.1	114.4	35.1	149.5	11	2013-1	−330.9	109.0	40.5	149.5
12	66-68-2	−333.2	101.7	42.1	143.8	12	65-3	−305.2	72.9	41.0	113.9
13	2011-水2	−353.4	115.8	51.2	167.0	13	65-7	−308.7	82.3	49.1	131.4
14	06-观2	−334.9	110.6	44.9	155.5	14	65-9	−305.8	95.6	38.4	134.0
15	66-68-4	−336.3	80.0	43.6	123.6	15	65-1	−315.5	122.4	10.2	132.6
16	68-6	−342.5	109.4	49.3	158.7	16	68-9	−292.8	80.8	40.8	121.6
17	68-16	−337.0	101.0	42.8	143.8	17	2017-3	−291.5	126.0	23.9	149.9
18	68-21	−339.6	93.8	44.5	138.3	18	63-7	−296.3	80.8	46.8	127.6
19	66-3	−311.6	138.8	8.6	147.4	19	63-3	−299.6	85.7	33.0	118.7
20	68-22	−341.1	102.6	45.4	148.0	20	63-8	−298.7	96.9	24.1	121.0
21	66-68-5	−316.9	136.0	11.3	147.3	21	68-7	−300.1	71.0	30.9	101.9
22	66-68-6	−331.0	105.4	41.6	146.6	22	63-1	−298.0	107.6	33.7	141.2
23	2015-探1	−332.4	105.2	48.4	153.6	23	2011-8	−294.5	107.9	12.6	120.4
24	65-6	−322.9	99.2	32.6	131.8	24	2011-7	−295.2	108.9	21.9	130.7
25	65-66-3	−340.9	143.1	25.4	168.5	25	64-5	−303.5	101.9	42.0	143.9
26	64-1	−283.5	105.7	10.1	115.8	26	64-6	−302.2	112.7	23.4	136.1
平均值/m		−326.4	112.1	30.3	142.5	平均值/m		−299.4	99.4	33.0	132.4

  由南北向 $B1$-$B1'$、$B2$-$B2'$、$B3$-$B3'$、$B4$-$B4'$剖面（图 3.10）及表 3.1 可知，许疃断层两侧附近地形高差较大，许疃断层以南（上盘）平均基岩面标高为−326.39m，许疃断层以北（下盘）平均基岩面标高为−299.41m，南北两侧基面标高相差 26.98m；但南北两侧"底含"厚度基本相等，许疃断层以南（上盘）"底含"厚度平均值为 30.34m，许疃断层以北（下盘）"底含"厚度平均值为 32.96m；断层两侧沉积物厚度的差异主要体现在"三隔"厚度上，许疃断层以南（上盘）"三隔"厚度平均值为 112.14m，许疃断层以

北（下盘）　"三隔" 厚度平均值为 99.42m，断层南部的 "三隔" 厚度较北部增大 12.72m。基于许疃断层两侧基岩面标高相差较大、断层南北两侧 "底含" 厚度基本相等且 "三隔" 厚度具有明显差异的特征，表明 "底含" 与 "三隔" 沉积期间，许疃断层没有表现出明显的活动迹象，"底含" 沉积过程基本不受断裂构造活动影响，但许疃断层两侧的 "底含" 沉积物并非等时沉积，而是在 "底含" 和 "三隔" 沉积期间，经历了复杂的沉积过程。

3.2.2 "底含" 岩性组成及其厚度分布特征

根据钻孔统计资料，研究区 "底含" 不仅厚度差异极大，而且岩性复杂，岩性主要为砾石、砂砾、砂（包括粗砂、中砂、细砂、粉砂以及黏土质砂）、黏土夹砾石、黏土、砂质黏土、钙质黏土等。按其成分组成将其划分为砾石类、砂类和黏土类共三大类，其中砾石类主要包括砾石和砂砾，砂类主要包括粗砂、中砂、细砂、粉砂和黏土质砂，黏土类主要包括砂质黏土、黏土、钙质黏土和黏土夹砾石。

1. 砾石类岩性及其厚度分布特征

矿井 "底含" 砾石类沉积物主要包括砾石和砂砾。其中，砾石一般为灰黄色、褐黄色及土黄色，主要由石英、砂岩、泥岩、石灰岩等组成。砂砾一般为棕黄色、土黄色，含砂较多时为灰白色，砂为石英、中、粗砂，砾石为砂岩、石灰岩块和石英细砾，砾径为 5～50mm，磨圆度差-中等。砾石类厚度分布见图 3.11，砾石类厚度变化较大，呈片、块状分

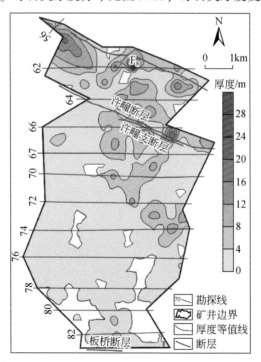

图 3.11　砾石类厚度分布趋势图

布，局部区域形成大小不等的透镜体。约许疃 67 线以北区段砾石沉积厚度大，厚度为 0 ~ 29.08m，平均为 4.94m；67 线以南 ~ 74 线区段砾石沉积较厚，厚度为 0 ~ 12.68m，平均为 2.60m；74 线以南 ~ 78 线区段砾石沉积较薄，厚度为 0 ~ 7.62m，平均为 1.49m，78 线以北区段绝大部分砾石不发育，平均厚度为 0.84m。

2. 砂类岩性及其厚度分布特征

矿井内砂类沉积物主要包括粗砂、中砂、细砂、粉砂和黏土质砂五种岩性，砂类厚度分布趋势图见图 3.12。由图 3.12 可知，砂类厚度变化大，主要呈片状、块状分布在许疃断层附近及以北区域。约许疃 67 线以北区段"底含"砂类沉积物厚度大（0 ~ 40.30m），平均厚度为 13.36m；67 线以南至 74 线区段"底含"砂类沉积物较厚，厚度为 0 ~ 15.90m，平均厚度为 3.87m；74 线以南至 78 线区段"底含"砂类沉积物较薄，厚度 0 ~ 9.60m，平均厚度为 1.85m，78 线以北区段绝大部分缺失"底含"，厚度为 0 ~ 4.90m，平均厚度为 0.74m。

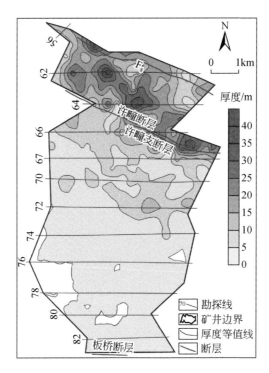

图 3.12　砂类厚度分布趋势图

本书根据"底含"砂类沉积物岩性差异将其进一步细分为粗砂、中砂、细砂、粉砂和黏土质砂五种类型，并分别统计和分析其厚度分布特征，见图 3.13 ~ 图 3.17。

由图 3.13 可知，研究区粗砂分布范围较小，厚度变化范围 1.30 ~ 14.10m，平均为 5.12m，呈朵状分布在矿井北部古潜山附近和许疃断层附近地形低洼处；颜色一般为土黄色，主要由石英、长石组成，磨圆度差-中等，分选差-中等，多为钙质胶结，少含泥质，

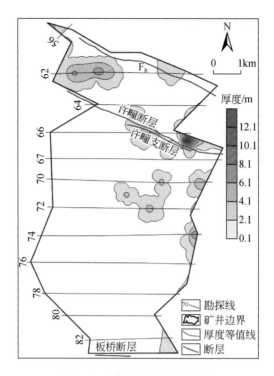

图 3.13　粗砂厚度分布趋势图

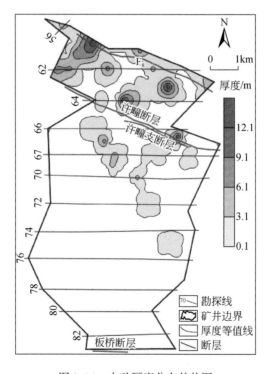

图 3.14　中砂厚度分布趋势图

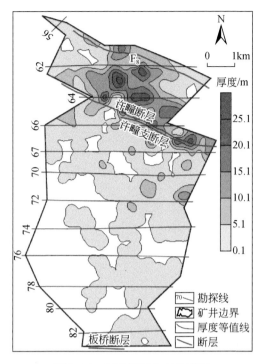

图 3.15 细砂厚度分布趋势图

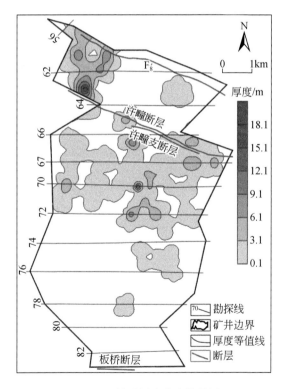

图 3.16 粉砂厚度分布趋势图

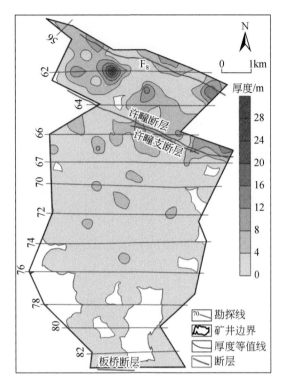

图 3.17　黏土质砂厚度分布趋势图

粒度从上向下由细粒向粗粒渐变。

由图 3.14 可知，研究区中砂在矿井北部成片状分布，尤其是西北古潜山附近，中砂分布范围较广，厚度较大，在矿井东部区域只有少数几个钻孔含有中砂，呈点状分布，中砂厚度变化范围为 1.30～14.50m，平均厚度为 5.73m。一般为浅黄色或褐黄色，较松散，以石英为主，含少量长石，少量钻孔可见云母片，分选性差，局部夹杂泥质、硅质岩细砾、砂质黏土，具交错层理（如 63-8 孔可见交错层理），分选性一般或差。

由图 3.15 可知，研究区细砂分布范围较广，在矿井北部成片状分布，北部沉积厚度大，由北部向南部呈现减小的趋势，在矿井南部区域只有少数几个钻孔含有细砂，呈零星状分布，细砂厚度变化范围为 0.95～29.00m，平均厚度为 8.05m。一般为深黄色、浅黄色或灰色，较松散，主要由石英、长石及黑色矿物组成，含少量粉砂和泥质，局部钻孔中细砂夹灰绿色斑块及钙质结核或细小砾石，整体分选性一般或差。

由图 3.16 可知，研究区粉砂分布范围较小，在矿井西北部古潜山处成片状分布，矿井中部沉积厚度较小，呈带状分布，粉砂厚度变化范围为 0.60～18.50m，平均厚度为 4.61m。一般为棕红色、棕黄色，由石英、长石细粉砂和白云母组成，含少量泥质，疏松－松散，局部钻孔含泥质较多（如钻孔 71-9 孔、72-8 孔、78-11 孔），夹杂有小砾石或细砂，分选性较好。

由图 3.17 可知，研究区黏土质砂在矿井内分布广泛，主要呈片状分布，许疃断层以北区域粉砂沉积厚度大，由北部向南部呈现减小的趋势，沉积厚度变化范围大，为 0.60～

28.10m，平均厚度为4.57m。一般为浅土黄色、棕黄色和浅红色，较松散，砂质多为细砂和粉砂及少量碳酸盐碎裂屑，少见中、粗砂，砂质成分主要为石英，长石次之，局部夹杂有砾石，砾石主要由砂岩及石灰岩组成，砾径为0.5～3.0cm，磨圆度差，含泥质多。

3. 黏土类岩性及其厚度分布特征

研究区"底含"沉积物中黏土类主要由砂质黏土、黏土、钙质黏土、黏土夹砾石组成，其厚度分布趋势图见图3.18。由图3.18可知，黏土类沉积范围较广，厚度变化大，在矿井内呈片块状分布，北部区域沉积厚度大，向南部厚度逐渐减小。约67线以北区段黏土类沉积范围较广，厚度为0～38.85m，平均厚度为8.61m；67线以南～74线区段东部黏土类沉积较厚，西部沉积较薄，厚度为0～29.10m，平均厚度为2.93m；74线以南～78线区段黏土类沉积较薄，厚度为0～11.20m，平均厚度为1.94m，78线以南区段绝大部分黏土类不发育，在板桥断层附近沉积厚度较大，厚度变化范围为0～8.20m，平均厚度为0.86m。

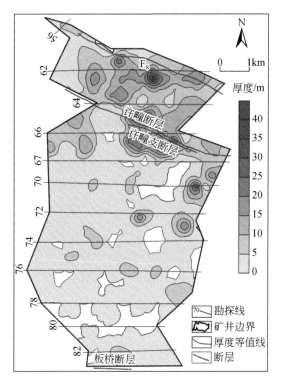

图3.18 黏土类总厚度分布趋势图

本书根据"底含"黏土类沉积物岩性差异将其进一步细分为砂质黏土、黏土、钙质黏土、黏土夹砾石四种类型，并分别统计和分析其厚度分布特征，见图3.19～图3.22。

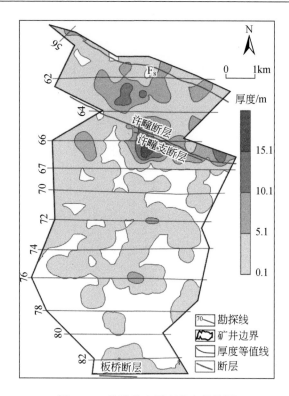

图 3.19 砂质黏土厚度分布趋势图

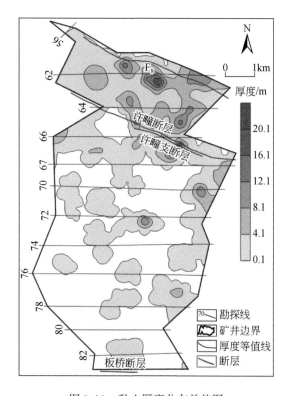

图 3.20 黏土厚度分布趋势图

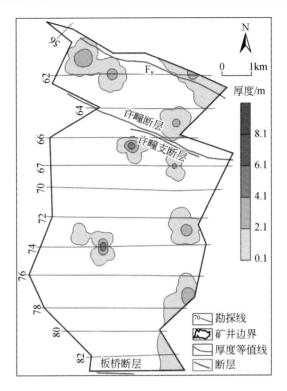

图 3.21　钙质黏土厚度分布趋势图

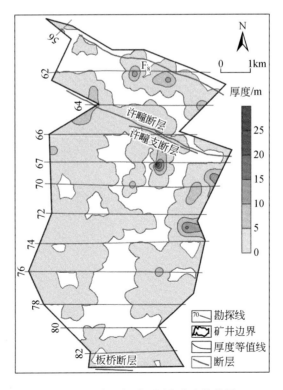

图 3.22　黏土夹砾石厚度分布趋势图

由图 3.19 可知，砂质黏土在矿井内分布较广泛，主要成片状分布，北部沉积厚度大，尤其是在许疃断层附近沉积厚度大，67 线以南沉积厚度较小，厚度变化范围大，为 0.60 ~ 19.47m，平均厚度为 5.47m。一般为土黄色及灰白色，含有较多的钙质团块黏性较好，具有可塑性，局部夹杂细粉砂，含砂量向上递减。

由图 3.20 可知，研究区"底含"沉积物中黏土在矿井北部区域分布较广，呈片状集中分布在 67 线以北区域，北部沉积厚度大，67 线以南分布较少，沉积厚度变化范围大，为 0.70 ~ 23.00m，平均厚度为 5.48m。一般为暗黄色，含少量中、细砂质，夹有棱角状细砾，少含钙质，且呈团块状分布，质较纯，黏性强。

由图 3.21 可知，研究区"底含"沉积物中钙质黏土分布范围较小，主要成朵状分布在北部古潜山附近和东部区域，厚度变化范围为 1.19 ~ 8.35m，平均厚度为 4.16m。一般为深黄色、浅灰绿色及灰白色，致密，坚硬，具滑面，可塑性强，较松散，呈半固结状态，少含砂质，多含钙质。

由图 3.22 可知，研究区"底含"沉积物中黏土夹砾石类分布范围较广，呈块状分布，在许疃断层附近及北部和东部区域沉积厚度较厚，西部和南部区域沉积厚度较小，厚度变化范围为 0.80 ~ 27m，平均厚度为 4.63m。一般为砂质黏土夹砾石，根据黏土和砾石的含量又可进一步细分为砾石黏土、黏土砾石、砾石夹黏土、黏土夹砾石，颜色为土黄色、棕黄色、棕红色、灰色，质不纯，其中砾石成分主要为石灰岩和砂岩块，砾径为 3 ~ 5cm，呈半圆状或棱角状，磨圆度较差，含少量巨砾。

3.2.3　"底含"岩性结构特征

受沉积环境影响，"底含"岩性结构复杂，沉积物层数组成特征具有明显差异。基于钻孔统计，绘制了研究区"底含"沉积物沉积层数和砂砾层沉积层数分布趋势图（图 3.23）。由图 3.23（a）可知，"底含"沉积物的沉积层数组成为 1 ~ 20 层，平均层数约为 4 层，沉积物沉积层数差异较大，总体来说，矿井北部、东部及许疃断层附近，"底含"沉积层数多，多为 4 层以上，反映这些区域"底含"遭遇了较为复杂的沉积过程；矿井南部和西部区域"底含"沉积层数少，多为单层或 2 层，反映这些区域"底含"沉积结构较为简单。"底含"沉积层数分布特征与"底含"厚度具有明显的正相关关系（图 3.24），总体表现为层数越多，"底含"厚度越大。"底含"沉积物中砂砾层层数分布特征与"底含"沉积层数的分布规律总体类似，如图 3.23（b）所示，表现为由北向南砂砾层层数减小、砂砾层厚度减薄的特征。

研究区"底含"具有单层结构和多层复合结构，主要以多层复合结构为主。"底含"沉积物在垂向上表现为颗粒粗细变化、砂土间互沉积的多层复合结构特征，图 3.25 为 63 线剖面结构特征。一般来说，"底含"沉积物底部发育一层砾石或砂砾，其上发育多层砂层，中间夹杂单层或多层黏土层，其中砂层以不纯的中砂、细砂以及黏土质砂为主，黏土层以厚度不等的砂质黏土为主，顶部一般发育以细砂为主的砂层。各单层在横向上稳定性较差，纵向上砾石层、砂层与黏土层交错沉积。"底含"的这种多层复合结构特征，可以造成在同一区域内同一含水层组的水位不同，富水性差异也较大。例如，朱仙庄矿西风井

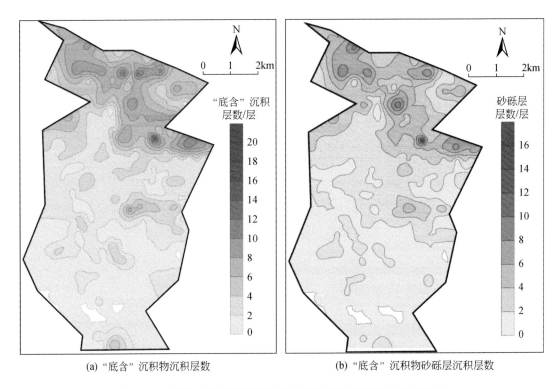

(a) "底含"沉积物沉积层数　　　　　　　　(b) "底含"沉积物砂砾层沉积层数

图3.23　"底含"沉积物沉积层数和砂砾层沉积层数分布趋势图

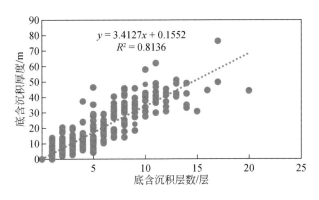

图3.24　"底含"沉积层数与"底含"沉积厚度的关系

处"底含"内埋深237m处的中细砂层水位与247m处的砂砾层水位的明显水位差竟高达5m;朱仙庄和芦岭矿"底含"的富水性较差,而相邻的祁东煤矿"底含"的富水性却较强。

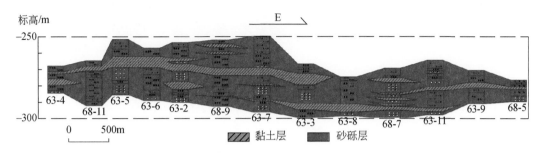

图 3.25　"底含"岩性多层复合结构特征（63 线剖面）

3.3　沉积相标志

沉积环境是沉积时所处区域的自然地理条件和地貌特征的总和，在不同的地貌单元内发生一系列独特的物理、生物和化学作用，从而产生了不同的沉积特征（董运晓，2017）。沉积相是沉积环境的物质表现，而沉积相标志是指在原始沉积环境中形成的各种沉积特征，建立沉积相标志是进行沉积相分析和还原沉积环境的关键。相标志的类型很多，主要包括岩石学标志（沉积物的颜色、岩性、沉积构造、粒度和分形特征等）、生物化石标志、测井相标志等（洪薇，2018）。通过综合分析各种沉积相标志并将其与沉积相的相关关系进行推论，能够对沉积环境进行恢复。基于钻孔资料的统计与分析，研究区"底含"沉积物中无生物化石，因此本节主要依据岩石学特征和测井响应特征建立"底含"沉积物的沉积相标志。

3.3.1　岩石学标志

1. 颜色特征

沉积物的颜色特征是判断沉积环境的重要依据，也是最直观、醒目的标志。一般来说，若沉积物为灰色和黑色，多是由于含有有机质（炭质、沥青质）或分散状硫化铁（黄铁矿、白铁矿）造成的，有机质含量越高，沉积物颜色越深；若黏土颜色由暗灰色变为黑色，表明沉积物形成于还原或强还原环境中；若沉积物为红色、棕色和黄色，则通常是由于岩石中含有铁的氧化物或氢氧化物（赤铁矿、褐铁矿）染色的结果，表示沉积时为氧化或强氧化环境，常为陆源碎屑的颜色；若沉积物呈褐色或绿色，表示其沉积于弱氧化-弱还原的水体环境中；若沉积物呈深灰色、灰色，指示其形成于较浅水体的还原环境中（刘明，2018）。不同沉积环境下形成的沉积物，其颜色有很大差异，从沉积物的颜色上可以对沉积环境进行初步的判别。

许疃矿井"底含"沉积物颜色以黄色、棕黄色、棕红色为主，反映出"底含"沉积物沉积时处于干旱炎热、氧化比较强烈的环境。根据王祯伟等的研究（王祯伟，1990），

"底含"应属古近纪晚期—新近纪早期的产物，按中国古近纪和新近纪古地理和古气候的划分，淮北平原属内陆干旱亚热带。这与许疃矿井"底含"沉积物颜色表明的气候环境基本一致。

2. 岩性特征

沉积物的岩性也是识别沉积相的重要标志。若沉积物表现为以砾石为主、充填黏土或以黏土为主，包裹砾石等粗细混杂堆积的特征，成分杂、磨圆差、分选差，则表现出洪积扇沉积物的重要特征（张明军，2006）；另外，洪积扇沉积物中常含有碳酸盐、硫酸盐等矿物（如方解石、石膏等）（李小冬，2006），洪积扇沉积物中的黏土普遍不纯，多为砂质黏土，这是洪水沉积的另一特点；若沉积物以砂砾、砂、粉砂为主，分选差至中等，结构成熟度和成分成熟度都低，碳酸盐较少出现，则可能属于河流相沉积（曹国强，2005）。

许疃矿井"底含"沉积物按岩性主要可分为砾石类、砂类和黏土类三大类沉积物。砾石类主要由石英、砂岩、泥岩、石灰岩等组成，北部区域砾石多为钙质胶结，磨圆度中等或较好，呈现圆状、次圆状及棱角状，砾径大小不均匀。砂类主要由石英和长石组成，磨圆度中等或差，分选中等，多为钙质胶结，少含泥质，粒度从上向下由细粒向粗粒渐变；黏土类一般含有较多的钙质团块，黏性较好，具有可塑性，局部夹杂细粉砂和棱角状细砾，含砂量向上递减。此外，矿井内56-8孔、61-1孔、70-7孔等26个钻孔揭露"底含"沉积物含碳酸盐、硫酸盐等矿物（如方解石、石膏等）。

由10-水2、2014-2孔及$3_2$20工作面风巷施工的51个钻孔揭露的"底含"岩性及邻近五沟煤矿揭露的"底含"岩性可知（图3.26），1号、2号、3号钻场位置段"底含"含砾石较多，含量占65%左右，泥、砂较少。其中，砾石的砾径为2~6cm，浅黄色，以砂岩、石灰岩碎块为主，多为圆状–次圆状；砂为浅黄色，以细粒为主，含有少量中粒，分选中等，成分以石英为主，分选性差。补3-4号、4号、5号、6号钻场位置段"底含"含泥、砂较多，砾石较少，黏土夹砾石为棕黄色，黏塑性差，结构松散，砾石含量占15%左右，砾石主要成分为砂岩和石灰岩碎块，砾径为1~2cm，磨圆度一般。7号、8号钻场位置段"底含"主要以棕黄色细砂为主，砾石含量相对于4号、5号、6号钻场较少。结合邻近五沟矿揭露的"底含"结构特征可知，"底含"沉积物的岩性类型复杂多变。需要指出的是，许疃矿井"底含"沉积物中常可见到黏土夹砾石或砾石夹黏土，粗细、大小混杂，磨圆、分选极差，可以作为研究区洪积扇扇根泥石流沉积的特征标志。

　　(a)1号钻场"底含"岩性　　　　　　　　　　(b)2号钻场"底含"岩性

(c)3号钻场"底含"岩性　　　　　　　(d)补3-4号钻场"底含"岩性

(e)4号钻场"底含"岩性　　　　　　　(f)5号钻场"底含"岩性

(g)6号钻场"底含"岩性　　　　　　　(h)7号钻场"底含"岩性

(i)8号钻场"底含"岩性　　　　　　　(j)五沟矿"底含"黏土特征

(k)五沟矿"底含"砂层特征　　　　　　(l)五沟矿"底含"砾石特征

图 3.26　许疃矿及邻近五沟矿揭露的"底含"岩性特征

3. 沉积构造特征

沉积构造是最重要的沉积相判别标志之一，与水动力条件的变化密切相关。如洪积扇沉积由于属间歇性急流成因，一般层理发育程度较差或中等，其中泥石流沉积显示块状层理或不显层理，细粒泥质沉积物可见薄的水平层理，粗碎屑沉积中可见不太明显和不太规则的大型斜层理和交错层理（赵东升，2006）。根据张纪易（1985）的研究，洪积扇中的洪积层理（表现为分选差的砂砾在垂向上频繁交替，但无明显层理界面）也是一种典型的洪积扇鉴定标志。对于河流相沉积而言，其层理发育、类型多样，以板状和大型槽状交错层理为特征（曹国强，2005）。

就许疃矿井而言，"底含"沉积物中可见洪积层理，以06-观2孔为例（图3.27），该钻孔柱状图显示分选差的砂砾在垂向上频繁交替，无明显层理界面，表明该处"底含"沉积物为洪积物。许疃矿井内钻孔常见递变层理（包括正向递变层理和反向递变层理），正向递变层理以70-71-3孔、69-9孔为例（图3.28），沉积物粒径从下往上逐渐由粗变细，反映了水动力条件逐渐减弱的沉积环境；反向递变层理以2018-4孔、69-6孔为例（图3.29），由下至上粒度变粗，反映了水动力条件逐渐增强的沉积环境。许疃矿井内钻孔也可见韵律层理，表现为粒度不同的单层在垂向上呈现有规律叠置的纹层状互层，见图3.30。此外，矿井内63-8孔中可见交错层理，62-3孔、70-15孔中可见斜层理，多代表其形成时的水动力能量一般较强，是典型的水道标志；68-6孔、2018-3孔中可见水平层理，代表沉积环境稳定且为低能的水动力条件等。

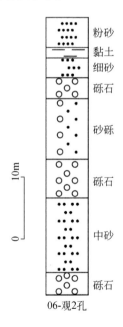

图3.27　洪积层理

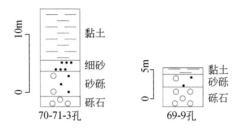

图 3.28　正向递变层理

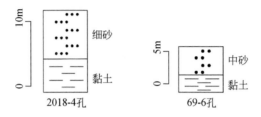

图 3.29　反向递变层理

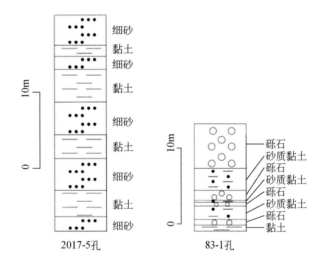

图 3.30　韵律层理

4. 沉积结构特征

1）粒度分布特征

粒度分布特征能够反映沉积物的来源、沉积物环境等，特别是水动力条件最明显的标志，因此粒度分析是研究沉积环境、沉积过程及搬运过程等的重要手段之一（吴潇，2006；孙晓燕，2008）。本节对许疃矿井内 10-水 1 孔的 8 组 "底含" 沉积物样品进行颗粒分析试验，采用土工试验粒度测试结果，并主要以值标度法表述，选取常用的粒度参数：平均粒径（M_z）、标准偏差（σ_I）、偏度（SK_I）和峰态（K_G），以从不同方面反映"底含"沉积物粒度分布的总体特征（聂建伟，2013；马俊学，2017）。

对许疃矿井 10- 水 1 孔的 8 组钻孔沉积物样品进行颗粒分析后作频率直方图（图 3.31），从直方图上获得粒度 ϕ 特征值，并计算得到有关统计值见表 3.2，再经过综合统计分析，得到矿井"底含"沉积物粒度参数分布与平均值，如表 3.3 所示。

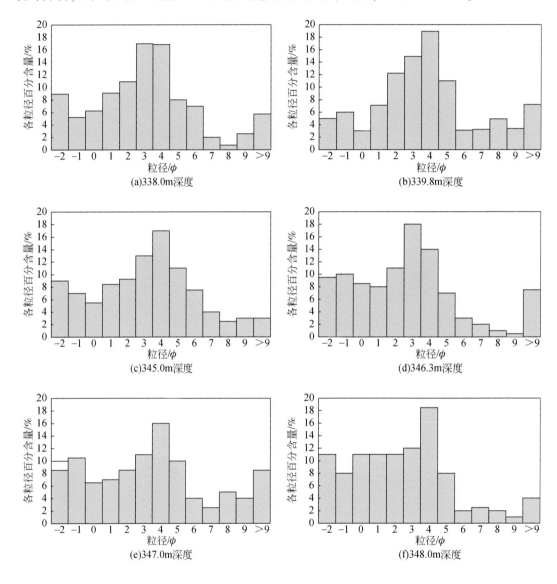

(a)338.0m深度　　　　　　　　　　(b)339.8m深度

(c)345.0m深度　　　　　　　　　　(d)346.3m深度

(e)347.0m深度　　　　　　　　　　(f)348.0m深度

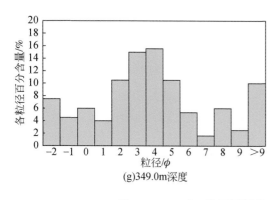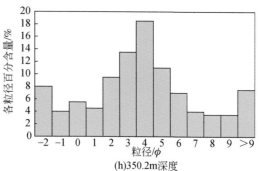

(g)349.0m深度　　　　　　　　　　(h)350.2m深度

图 3.31　10-水 1 孔不同深度"底含"沉积物粒径分布直方图

表 3.2　许疃矿井 10-水 1 孔"底含"沉积物粒度参数分布表

取土编号	深度/m	粒径/φ												
		-3~-2	-2~-1	-1~0	0~1	1~2	2~3	3~4	4~5	5~6	6~7	7~8	8~9	<9
1	338.00~338.20	0.087	0.053	0.061	0.068	0.109	0.171	0.170	0.080	0.070	0.020	0.008	0.024	0.058
2	339.80~340.00	0.050	0.060	0.030	0.071	0.121	0.149	0.189	0.110	0.032	0.033	0.049	0.034	0.072
3	341.30~341.50	0.090	0.070	0.055	0.083	0.092	0.130	0.170	0.110	0.075	0.040	0.025	0.030	0.030
4	346.30~346.50	0.095	0.100	0.085	0.080	0.110	0.180	0.140	0.070	0.030	0.020	0.010	0.005	0.075
5	347.00~347.20	0.085	0.105	0.065	0.070	0.085	0.110	0.160	0.100	0.040	0.025	0.050	0.040	0.085
6	348.00~348.20	0.110	0.080	0.110	0.110	0.110	0.120	0.185	0.080	0.020	0.025	0.020	0.010	0.030
7	349.00~349.20	0.075	0.045	0.060	0.040	0.105	0.150	0.156	0.105	0.053	0.017	0.060	0.025	0.100
8	350.20~350.40	0.080	0.040	0.055	0.045	0.095	0.135	0.185	0.110	0.070	0.040	0.035	0.035	0.075

表 3.3　许疃矿井 10-水 1 孔"底含"沉积物粒度特征值表

深度/m	5	16	25	50	75	84	95	平均粒径 M_Z	标准偏差 σ_I	偏度 SK_I	峰态 K_G	Sahu 判据 Y_C
338.00~338.20	-2.10	-0.80	0.50	2.75	3.75	5.32	8.12	2.423	3.078	0.214	1.288	6.19
339.80~340.00	-1.95	0.40	1.43	3.08	4.67	6.61	8.51	3.363	3.137	0.382	1.323	8.03
341.30~341.50	-2.25	-1.02	0.22	2.98	3.83	5.89	8.87	2.616	3.412	0.218	1.262	5.34
346.30~346.50	-2.20	-1.42	-0.35	2.60	3.60	4.80	9.20	1.993	3.282	0.160	1.182	4.43
347.00~347.20	-2.20	-1.46	-0.10	2.90	4.45	6.80	9.70	2.746	3.868	0.287	1.071	3.55
348.00~348.20	-2.35	-1.61	-0.46	1.85	3.39	3.95	7.95	1.396	2.950	0.149	1.096	4.30
349.00~349.20	-2.20	-0.30	1.02	3.21	4.98	7.30	9.50	3.403	3.672	0.350	1.210	5.78
350.20~350.40	-2.20	-0.40	1.15	3.45	4.65	6.70	9.15	3.250	3.494	0.263	1.329	6.23

注：表中 5、16、25、50、75、84、95 分别表示在粒度累计曲线图上所获得的累计含量，对应 5%、16%、25%、50%、75%、84%、95% 的粒度值。

由表 3. 3 可知，各样品的粒度均值 M_Z 差异很大，从 1. 396 到 3. 403 不等，说明 "底含" 沉积物颗粒大小悬殊；对于以上的所有实验样品均有 $M_Z>0$，说明 "底含" 砾石含量不是很多。而大多样品 M_Z 平均值为 2 ~ 4（即平均粒径一般为 0. 0625 ~ 0. 25mm），表明样品中细粒含量较高，大颗粒的含量微少，以粉质砂岩为主。样品绝大多数沉积物为 "极正偏" 和 "正偏"，表明 "底含" 的粒径级配构成不统一，粒度多集中于细颗粒部分。在分选性上，样品标准偏差（σ_1）分布在 2. 950 ~ 3. 868，全部属于分选性差类型。从峰态来看，"中等" 和 "窄" 峰形代表了所有的样品，这表明 "底含" 沉积物分选性并不是很好，在粒径分布上绝大多数呈双峰或者多峰形式，峰间一般跨度较大。这种双峰或者多峰形态表明许疃矿井 "底含" 沉积物的不同粒级颗粒相互混杂，分选性很差，反映出沉积物来源广泛、沉积速度较快，沉积物在搬运过程中未得到有效改造，且在沉积新环境中也基本未受到改造。上述所有参数都表明，"底含" 沉积物在总体上具有物源广泛，搬运介质具有大动量、高密度、搬运过程短暂的特点，符合山区洪积物的基本特性。

另外，Sahu 在对大量样本进行 Fisher 判别统计分析基础上，提出一个密度流（浊流与洪流）与牵引流（河流等）沉积物的判别函数（葛晓光，2002）：

$$Y_C = 0. 7215M_Z - 0. 4030\sigma_1^2 + 6. 7322SK_I + 5. 292K_G \qquad (3-1)$$

式中，$Y_C>9. 8433$ 时为牵引流；$Y_C<9. 8433$ 时为密度流。

根据表 3. 3 可知，全部样品都属于密度流成因的洪积物（<9. 8433），无样品表现出牵引流的特性。因此，根据本次 10- 水 1 孔 "底含" 沉积物粒度测试结果，许疃矿井 "底含" 与典型的常年性稳定河流的冲积物大相径庭，更符合山区季节性洪流作用多次堆积的结果。

2）分形特征

沉积物在结构性状上的自相似性，使沉积物粒度具有明显的分形特征，因此，分形维数逐渐成为描述沉积物粒度分布特征的另一个重要参数。分形维数作为一种新的粒度分布参数，与传统粒度参数（平均粒径、标准偏差、偏度、峰度）进行比较，可以更好地揭示出沉积物的粒度特征（马倩雯和来风兵，2020）。粒度分形维数代表沉积物粒度组成的复杂程度，分形维数越大代表沉积物的粒度组成越复杂（张广朋，2016）。本节在前述粒度特征分析的基础上，进一步分析许疃矿井底含沉积物样品的分维特征。

分维是分形几何学表示分形最基本、最关键定量指标，用 D 表示分维值的大小，在三维欧几里得空间，分形结构的分维值 D 的取值范围为（2，3）。在求取沉积物的分维值时，常用的方法是质量维数法。一般分维的定义式为

$$N = \left(\frac{1}{r}\right)^D \qquad (3-2)$$

式中，r 为标度；N 为在该标度度量下所得到的数量值；D 为分维值。

如果沉积物的粒度组成具有分形特征，记沉积物颗粒粒径为 r，粒径大于 r 的颗粒数目为 $N(r)$，则由式（3-2）可知：

$$N(r) \propto r^{-D} \qquad (3-3)$$

若 $M(r)$ 为粒径小于 r 的颗粒累积质量，M 为样品总质量，由沉积物颗粒大小与频度的经验关系——韦伯分布（Weibull distribution），可得

$$\frac{M(r)}{M} \propto r^{b} \tag{3-4}$$

对式（3-4）求导，有　　　　　　　$\mathrm{d}M \propto r^{b-1}\mathrm{d}r$ (3-5)

对式（3-3）求导，则有　　　　　　$\mathrm{d}N \propto r^{-D-1}\mathrm{d}r$ (3-6)

在假定沉积物颗粒密度不变的情况下，颗粒的质量与其粒径的立方成正比，即频度的增量与质量的增量满足以下关系：

$$\mathrm{d}M \propto r^{3}\mathrm{d}N \tag{3-7}$$

联立式（3-5）～式（3-7）解得

$$D = 3 - b \tag{3-8}$$

由于 $\frac{M(r)}{M}$ 为粒径小于 r 的颗粒累积百分含量，对式（3-4）两边取对数有

$$\lg\frac{M(r)}{M} \propto b\lg r \tag{3-9}$$

因此，如果 $\frac{M(r)}{M}$ 与 r 在双对数坐标图中具有很好的线性关系，则表明其粒度成分的分布具有分形特征。拟和直线得斜率 b，代入式（3-8），就能得到沉积物的分维值。

A. 几种典型沉积物的分形特征（聂建伟，2013）

a. 泥石流的分形特征

我国几处泥石流沟的现代泥石流堆积物、老泥石流堆积物及古泥石流堆积物的分维值以及相应的相关系数如表 3.4 所示，其粒度分形特征图见图 3.32。

表 3.4　泥石流堆积物粒度成分与分维值（聂建伟，2013）

地点	小于某粒径的累积百分含量（%）									斜率 b	分维值 D	相关系数 R	堆积物
	45mm	25mm	10mm	5mm	2mm	1mm	0.5mm	0.25mm	0.1mm				
云南蒋家沟	100.0	99.0	85.8	67.8	64.7	57.1	48.6	33.3	23.5	0.24	2.76	0.988	古泥石流
	100.0	97.0	85.4	73.8	60.7	54.8	44.7	35.0	23.2	0.23	2.77	0.985	
	100.0	99.0	90.1	74.7	52.3	47.8	39.1	30.3	20.7	0.26	2.74	0.982	
	100.0	96.7	83.5	66.8	48.1	44.0	34.7	24.8	17.7	0.29	2.71	0.986	
	93.6	87.3	64.1	53.6	42.8	39.7	30.9	21.0	14.6	0.29	2.71	0.987	老泥石流
	69.4	57.1	48.5	25.7	16.6	15.6	13.6	10.7	7.7	0.43	2.57	0.990	现代泥石流
西藏聂拉木	96.8	89.7	65.4	54.2	44.5	39.4	29.1	19.5	12.4	0.33	2.67	0.982	老泥石流
	100.0	89.8	64.4	53.7	44.3	39.9	30.8	20.7	13.8	0.32	2.68	0.983	
	76.2	60.8	51.3	30.0	19.9	16.2	14.1	10.4	7.1	0.39	2.61	0.993	
	79.9	66.2	55.9	30.2	21.8	16.5	13.8	10.4	6.3	0.42	2.58	0.994	现代泥石流
	76.5	64.9	57.1	30.0	21.4	17.7	14.1	10.0	6.8	0.41	2.59	0.992	
	80.9	67.7	60.3	31	21.3	17.0	13.6	10.9	5.8	0.43	2.57	0.994	
	80.8	68.9	60.8	35.1	27.6	22.5	19.6	11.0	4.9	0.42	2.58	0.985	
	89.6	78.8	66.1	39.4	26.0	19.2	14.5	11.2	7.1	0.43	2.57	0.995	

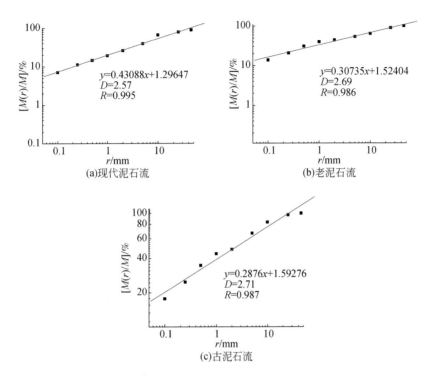

图 3.32　不同泥石流沉积物的粒度分形特征图

泥石流的粒度组成具有良好的分形特征，且各组样品的相关系数均在0.98以上，强相关关系说明泥石流堆积物粒度组成具有很好的分形结构特征。从表3.4可知，泥石流堆积物粒度分布之分维介于2.0～3.0，平均分维值为2.663，其中现代泥石流、老泥石流及古泥石流的堆积物粒度组成典型分维值分别为2.58、2.67及2.75左右。

b. 典型古冲洪积物、坡积物、残积物的分形特征

在对川藏公路培龙沟段堆积物分形特征进行研究时得出洪积物的分形特征见表3.5。古代冲洪积物的分维值为2.413，相关系数为0.989；坡积物的分维值为2.540，相关系数为0.950；残坡积的分维值为2.594，相关系数为0.991，其分维值和相关系数均高于坡积物。

表 3.5　坡积物、残积物与古冲洪积物分维值

地点	分维值 D	相关系数 R	类型
培龙沟	2.413	0.989	古冲洪积物
	2.540	0.950	坡积物
	2.594	0.991	残积物

c. 典型河流冲积物的分形特征

从河流冲积物的颗粒形式上看，包含有两种类型的沉积物质，分别为河床质沉积物

和悬移质沉积物。有学者对不同含量河床质和悬移质的混合样的分形特征做了研究分析（表 3.6）。

表 3.6　河床质与悬移质混合样的分维值

河床质比重/%	100	90	75	50	25	10	0
悬移质比重/%	0	10	25	50	75	90	100
相关系数 R	0.993	0.993	0.991	0.980	0.954	0.930	0.911
斜率值 b	0.923	0.751	0.609	0.473	0.386	0.346	0.322
分维值 D	2.077	2.249	2.391	2.527	2.614	2.654	2.678

由表 3.6 可知，随着河床质比重的减小，悬移质比重的增加，分维值逐渐增大，其最小值为 2.077，最大值为 2.678；相关系数逐渐减小，最小值为 0.911，最大值为 0.993；分维值与相关系数变化趋势正好相反，即分维值越大相关系数越低。

B. 许疃矿井"底含"样品分形特征

用上述方法对许疃矿 10-水 1 孔的 8 组"底含"沉积物样品进行计算，求得所有样品的分维值，计算结果见表 3.7，各样品的分形特征曲线详见图 3.33。由表 3.7 及图 3.33 可知，在不同深度所取 8 组样品中，分维值最小为 2.6714，最大为 2.7862，平均为 2.7356，相关系数最小为 0.9254，最大为 0.9766，平均为 0.9601。这种强相关关系说明"底含"沉积物样品具有明显的分形特征。

表 3.7　许疃矿 10-水 1 孔"底含"沉积物的粒度成分与分维

深度/m	小于某粒径的累积百分含量/%							b	D	R
	2	0.5	0.25	0.1	0.075	0.005	0.002			
338.00~338.20	87.7	75.1	61.9	36.89	24.91	19.1	11.2	0.3008	2.6996	0.9254
339.80~340.00	89.9	80.67	68.37	53.21	35.91	29.3	19.1	0.2328	2.7672	0.9719
341.30~341.50	88.7	71.5	55.9	46.3	29.1	21.2	11.5	0.2934	2.7066	0.9747
346.30~346.50	84.8	66.5	58.7	38.4	23.2	18.1	11.0	0.2955	2.7045	0.9455
347.00~347.20	87.7	67.35	58.71	45.5	30.4	25.6	19.8	0.2138	2.7862	0.9627
348.00~348.20	83.65	60.78	47	28.29	17.23	12.6	9.00	0.3286	2.6714	0.9496
349.00~349.20	89.68	79.81	66.61	49.99	39.71	21.0	0.2171		2.7829	0.9746
350.20~350.40	89.77	79.17	67.92	53	37.7	28.0	18.9	0.2334	2.7666	0.9766

将许疃矿 10-水 1 孔（位于许疃断层南侧古冲沟内）"底含"沉积物样品的分形特征与各种类型典型沉积物对比可获得如下结论。

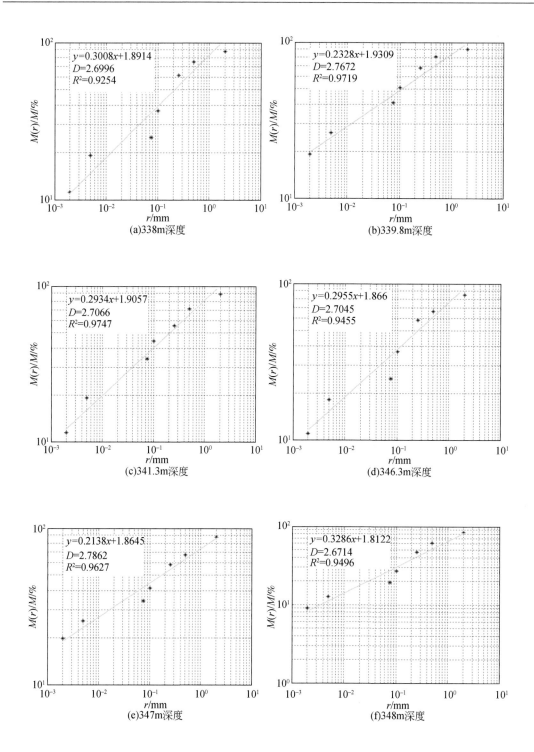

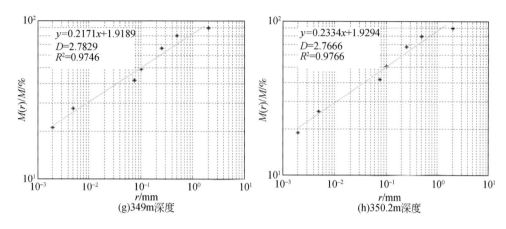

图3.33　许疃矿 10-水 1 孔 "底含" 沉积物样品的分形特征图

（1）用表 3.7 中数据与表 3.6 河流冲积物的数据分别从分维值和相关系数进行比较得知，样品中的最小分维值为 2.6714，与表 3.6 中悬移质比重 100% 时的分维值 2.678 近似，实测相关系数 0.9496 却远大于 2.678 所对应的相关系数 0.911。甚至大于悬移比重 90% 时，分维值为 2.654 所对应的相关系数 0.930。这表明 "底含" 样品完全不符合河流冲积物的分形规律，这说明所有检测样品均不是河流成因的。

（2）与表 3.5 中的古冲洪积物的分维值 2.413 和相关系数 0.989 相比较，"底含" 沉积物样品的平均分维值 2.7356 高于古冲洪积物的分维值，主要原因在于本次样品黏粒等细颗粒含量较高，导致分维值偏高。相关研究表明（柏春广和王建，2003；倪化勇和刘希林，2006；徐方建等，2011），粒度分维值代表沉积物粒度组成的复杂程度，并且分维值与分选系数有较好的正相关关系，即分维值越大，代表粒度组成越复杂，分选性越差；分维值越小，分选性则越好。因此，许疃矿井 10-水 1 孔 "底含" 沉积物经试验研究确定的分维值大，实际是 "底含" 沉积物颗粒混杂、分选性差、黏粒含量高的综合体现。

（3）"底含" 样品的分维值为 2.6714～2.7862，相比而言，更加符合洪积物（泥石流）的分布特点，与 Sahu 判据也吻合，因此推断 "底含" 沉积物属于洪积物。

3.3.2　测井响应标志

1. 测井曲线与沉积相关系

测井相是测井电测曲线对不同沉积环境的综合响应，测井曲线的组合形态能够反映研究区岩性类型、沉积相类型（尉中良和邹长春，2005）。常用的测井曲线类型包括视电阻率（RT）、自然电位（SP）、人工伽马、自然伽马（GR）、井径（CAL）、单收时差（DT）等，可根据测井曲线形状、幅度、突变和渐变关系、圆滑程度等特征，将沉积相对应划分出不同的类型。

1) 测井曲线形态特征

不同的沉积环境下，由于物源情况不同、水动力条件不同及水深不同，必然造成沉积物组合形式和层序特征（正旋回、反旋回、块状）的不同，反映在测井曲线上就是不同的测井曲线形态（谢其锋，2009）。依据曲线的形态特征可分为箱形、钟形、漏斗形、线形、指形及其他组合形。一般来说，箱形曲线的顶底起伏变化不大，但整体上呈现幅度高、宽度大的特征，表明由下向上沉积物颗粒粗细变化不大，反映沉积过程中物源供应丰富、水动力条件稳定下的快速堆积（徐兴松，2006）；钟形曲线中下部幅度高，上部幅度低，表示沉积过程具有由强变弱的水体能量或物源供应越来越少（韩虹，2009）；漏斗形曲线与钟形相反，中、上部幅度较高，向下幅度逐渐变低，表明沉积过程中水体能量由弱变强或物源区物质供应越来越丰富（魏登峰，2011）；指形曲线为在低幅的曲线上伴有高幅出现，曲线上、下均为渐变形，呈现指状，而且通常厚度不大，反映其整体背景为水动力条件相对较弱或快速变化（文晓峰，2006；袁芳政，2008）；近平直形曲线的幅度基本无变化，多反映整体稳定且较弱的水动力条件，沉积颗粒细；复合形曲线，表示由两种或两种以上的曲线形态组合，如下部为箱形，上部为钟形或漏斗形组成，表示一种水动力环境向另一种环境的变化（王雷，2000）。各类形态又可进一步细分为光滑形和锯齿形。

2) 测井曲线幅度特征

测井曲线幅度受地层的岩性、厚度、流体性质等因素控制，可以反映出沉积物粒度、分选性及黏土含量等（韩虹，2009）。一般来说，在强水动力环境中，水动力过于强烈，使粗颗粒的砾、砂被筛出来，在测井曲线上的反映是 SP 和 GR 表现为大幅度的负偏；反之，在弱水动力环境中，水体流速较慢，细粒沉积物沉淀下来，多为粉砂、黏土，在测井曲线上，该类粉砂、黏土的自然电位和基线保持一致，然而 GR 表现为大幅度的正偏移。根据曲线的起伏程度可将曲线分为低幅、中幅和高幅。

3) 接触关系

顶底接触关系反映砂体沉积初期、末期水动力能量及物源供应的变化速度，有渐变式和突变式两种（韩虹，2009）。其中，渐变式的接触关系（包括顶部渐变和底部渐变）表明沉积体在沉积作用发生的过程中，水动力条件和沉积物供应情况是逐渐变化的，顶部渐变式接触关系指示沉积环境中水动力强度逐渐减小和相对较粗的沉积物供给减少；底部渐变式接触与顶部渐变式接触相反，它反映的是水动力强度逐渐增强和相对较粗的沉积物供给逐渐增加。渐变式的接触关系又可细分为加速、线性和减速三种，反映曲线形态上的凸形、直线和凹形。突变式的接触关系也可分为顶部突变和底部突变，也可以反映沉积环境的变化，顶部突变往往表示物源的中断，底部突变往往表示冲刷作用或不整合界面。

4) 曲线光滑程度

属曲线形态的次一级变化，根据测井曲线的平滑程度分为光滑、微齿、齿化三级。测井曲线的平滑程度可在一定程度上反映沉积物的分选性（许琳，2012）。光滑指测井曲线表面的平滑程度高，平滑基本无起伏，反映出沉积物在沉积过程中分选好、物源丰富，水动力作用稳定；齿化表明沉积物的分选性较差，代表间歇性沉积的叠积，或沉积过程中能量快速变化或水动力环境的不稳定。齿形为辫状河、冲积扇和浊积扇所具有。

5）齿中线

齿的形态分为水平平行、上倾和下倾平行三类（谢其锋，2009）。当齿的形态一致时，齿中线相互平行，反映能量变化的周期性；当齿形不一致时，齿中线将相交，分为内收敛和外收敛，各反映不同的沉积特征。

2. 许疃矿井"底含"测井曲线特征

不同的沉积环境在测井曲线上有着不同的响应特征，每条测井曲线都能在一定程度上反映沉积环境，但是测井相的解释具有多解性，因此测井相与沉积相并不是一一对应的，可能有两个或者多个测井相对应一个沉积相，也可能一个测井相对应几个沉积相，因此必须根据研究区实际情况合理地选择测井曲线组合，才能准确地反映沉积环境（程子健，2018）。本书在通过与岩心资料中不同岩性的沉积进行对应的基础上，主要依据 SP、GR 测井曲线，并结合 RT 曲线等的形态特征，分析测井曲线的幅度、形态、光滑程度、接触关系等特点，综合许疃矿井地质钻孔岩心资料等将许疃矿井测井相划分为微齿化-齿化箱形、微齿化-齿化钟形、微齿化-齿化漏斗形、指形、近平直形等五种比较典型的测井曲线类型。研究区各种测井曲线形态的特征如下所述。

1）微齿化-齿化箱形曲线

箱形曲线反映沉积过程中物源供给和水动力条件都比较稳定，代表岩性较粗，多为砾石、砂砾、粗砂、中砂，曲线幅度值为高幅，具有一定厚度，光滑程度一般是微齿化-齿化箱形，顶底接触关系多为突变接触。在研究区中多处出现箱形测井曲线，但有所差别，代表不同的沉积相（程子健，2018）。研究区 RT、SP 或 GR 曲线呈微齿化-齿化箱形，指示洪积扇扇中辫状河沉积，原因是辫状河道的频繁迁移改道，导致物源充分但改造不彻底从而引起沉积物粒度的粗细变化，见图 3.34（a）；或者 SP 曲线表现为多个箱形的叠加，从下向上曲线幅度变化不大，反映由下向上沉积物颗粒粗细变化不大、水动力条件稳定，物源供给稳定，沉积厚度大，指示多期辫状水道叠置沉积，见图 3.34（b）；或者 GR 测井曲线表现为高幅值、高齿化，也指示洪积扇沉积中的泥石流沉积等，见图 3.34（c）。

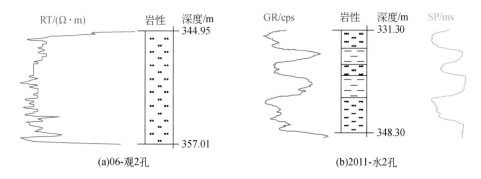

(a)06-观2孔　　　　　　　　　　　　(b)2011-水2孔

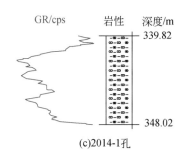

(c)2014-1孔

图 3.34　研究区"底含"箱形曲线

2) 微齿化–齿化钟形曲线

钟形测井曲线反映正粒序结构，一般岩性剖面由下向上变细，下部通常为砂砾、中砂、细砂，上部为黏土、砂质黏土或粉砂。曲线幅度值为中–高幅，光滑程度多为微齿化–齿化，顶底接触关系为顶部渐变接触和底部突变接触。研究区 GR 曲线形态为由下往上幅度增大，反映由下向上沉积物颗粒变细的正韵律、水动力条件变弱，物源供给变弱，多指示为辫状河道沉积；小型的钟形曲线还可能出现在洪积扇的扇中或扇端亚相沉积中（程子健，2018），如图 3.35 所示。

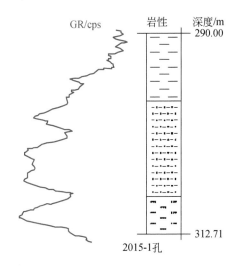

2015-1孔

图 3.35　研究区"底含"钟形曲线

3) 微齿化–齿化漏斗形曲线

漏斗形测井曲线反映反粒序结构，一般岩性剖面由下向上变粗，下部通常为黏土、砂质黏土或粉砂，上部为砂砾、中砂、细砂，表示沉积能量由弱到强的过程，如图 3.36 所示。曲线幅度值为中–高幅，光滑程度为微齿化–齿化，顶底接触关系为顶部突变接触和底部渐变接触。GR 漏斗形曲线反映了水动力条件逐渐增强的过程，研究区中一般指示洪积扇扇根亚相沉积。

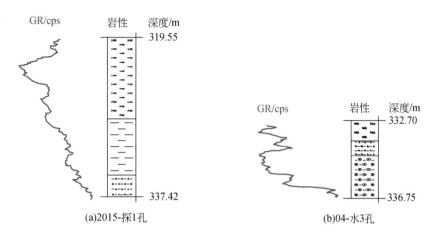

(a)2015-探1孔　　　　　　(b)04-水3孔

图 3.36　研究区"底含"漏斗形曲线

4）指形曲线

研究区内出现的指形测井曲线，曲线幅度值为中-小幅，光滑程度为光滑-微齿化，顶底接触关系为多为突变接触。该类型测井曲线厚度较薄，反映了水动力条件快速改变的沉积环境。研究区 SP 指形曲线特征为在低幅的曲线上伴有高幅出现，反映短期内沉积物颗粒在变粗，水动力条件强，沉积厚度较薄，在岩性剖面上呈黏土和较薄砂层互层，指示洪积扇沉积中的漫流沉积，如图 3.37 所示。

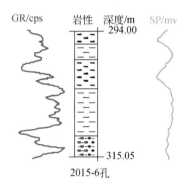

2015-6孔

图 3.37　研究区"底含"指形曲线

5）近平直形曲线

近平直形曲线整体呈现近平直线特征，反映低能水动力条件，岩性剖面上通常对应大套的厚层黏土、砂质黏土或粉砂。曲线幅度值为低幅，代表了弱水动力条件下的细粒沉积，光滑程度为微齿化或者光滑，顶底接触关系为顶部渐变接触和底部突变接触。研究区中直线形 SP 曲线一般指示洪积扇扇端沉积（程子健，2018），见图 3.38。

影响测井曲线形态的因素多种多样，因此在根据测井相标志厘定沉积相类型时，还应考虑沉积物发育位置、水动力条件等其他因素，最终确定合理的沉积环境。

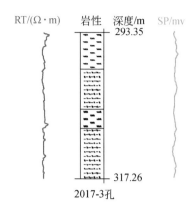

图 3.38　研究区"底含"近平直形曲线

3.4　沉积相类型及其特征

3.4.1　沉积相划分

　　根据前述各种相标志在研究区内的显示特征，结合矿井内古地形特征、"底含"岩性及厚度分布特征，建立研究区"底含"沉积体系，见表3.8。研究区"底含"沉积相为坡积–残积相、洪积扇相，且以洪积扇相沉积物为主，坡积–残积相主要分布在北部古潜山和西部、南部构造突起地段。

表 3.8　"底含"沉积体系划分

沉积相	沉积亚相	沉积微相	测井曲线特征	沉积物特征
坡积–残积相				沉积物颜色多为灰色、灰白色、浅灰绿色、土黄色等；岩性为砾石、黏土砾石、黏土夹砾石、砂砾、黏土、砂质黏土、钙质黏土；结构松散，分选差、磨圆差，不发育任何层理；沉积层数少，沉积厚度小，分布在北部古潜山和西部、南部构造突起地段
洪积扇相	扇根	泥石流沉积	箱形、漏斗形，高幅，微齿化–齿化，顶部突变，底部突变或渐变	沉积物颜色多为棕红色、黄色、棕黄色，砾石、砂、黏土混杂，沉积厚度不等，可见洪积层理，可见粒径具向上变粗的逆粒序，分选差，磨圆差，黏土夹砾石为其特征沉积物
		主河道沉积	箱形、钟形、漏斗形，中–高幅，微齿化–齿化，顶部突变，底部突变或渐变	沉积物颜色多为棕红色、黄色、棕黄色，以砾石、砂砾、砂为主，分选差或一般，磨圆差，分选、磨圆差的砾石、砂层在垂向上频繁交替沉积

续表

沉积相	沉积亚相	沉积微相	测井曲线特征	沉积物特征
洪积扇相	扇中	辫状河道沉积	箱形、钟形、中-高幅，微齿化-齿化，顶部突变或渐变，底部突变	沉积物颜色多为棕红色、黄色、棕黄色，以砂砾、粗-细砂为主，可见洪积层理、正向递变层理、斜层理，分选差-中等，磨圆为次棱角状-次圆
		漫流沉积	箱形、钟形、指形、近平直线形，中幅，微齿化，顶部突变或渐变，底部突变	沉积物颜色多为棕红色、黄色、棕黄色，以中-细砂、粉砂、黏土质砂为主，可见正向递变层理、斜层理，分选差-中等，磨圆为次棱角状-次圆状

3.4.2　沉积相特征

1. 坡积-残积相

由于许疃矿井特殊的古地形特征及干旱少雨的气候环境，在许疃矿井北部古潜山附近以及矿井南部和西部"底含"沉积较薄或缺失区域，存在一定规模的坡积-残积物沉积，分布不均匀，沉积厚度受古地形控制，但总体来说厚度较小。沉积物颜色多为灰色、灰白色、浅灰绿色、土黄色等；其岩性为砾石、黏土砾石、黏土夹砾石、沙砾、黏土、砂质黏土、钙质黏土等，砾石成分为石灰岩、石英岩、砂岩及燧石等，砾径为 $0.5 \sim 7.0 \mathrm{cm}$。

残积相沉积物是基岩经风化作用后发生物理破坏和化学成分改变，残留在原地的堆积风化产物，其岩石矿物成分与下伏基岩关系密切（杨仁超，2008）。一般存在于分水岭、山坡和低洼地带，其顶面较平坦，而底界起伏不平，而且常常被后期的其他成因类型的沉积物所覆盖。由于残积物是基岩风化破碎后残留在原地的风化物质，结构松散，未经搬运、磨圆，其碎屑一般为棱角状，碎屑颗粒往往大小不均，无分选，层理不发育，沉积厚度较小且具有明显的地带性。研究区内残积物岩性如图 3.39 所示，以 77-5 孔为例。

柱状图	岩性	厚度/m	岩性描述
	黏土质砂	1.4	橘黄灰白相杂，半固结，偶夹小砂岩砾
	砾石	1.2	砂质钙质黏土中夹较多灰岩、砂岩块，半圆状
	粉砂	3.8	土黄色-紫红色，以粉砂为主，底部具较多砾石，砾石成分多为灰岩，受强烈风化

图 3.39　典型残积相沉积柱状图（77-5 孔）

坡积相沉积物是高地基岩的风化产物，一般由于雨雪水流的地质作用将高处岩石风化产物缓慢地洗刷剥蚀，或由于本身的重力作用向下滚动，顺着斜坡向下逐渐移动、沉积在较平缓的斜坡或坡脚处而形成的沉积物（武刚，2012），其成分与残积物基本一致，但与下卧基岩无直接关系。由于坡积物形成于山坡，常常发生沿基岩倾斜面滑动；还由于受片流作用呈间歇性堆积，短距离搬运，组成物质粗细颗粒混杂，土质不均匀，分选差，结构较松散，呈次棱角–棱角状。研究区"底含"坡积物岩性如图 3.40 所示，以 2011-20 孔为例。

柱状图	岩性	厚度/m	岩性描述
•••　••• ○—○—○— ○—○—○— ○—○—○—	砂	1.3	棕黄色，细粒，主要成分为石英，结构松散
	黏土夹砾石	4.7	棕黄色，砾石含量占8%左右，砾石成分为砂岩、钙质砂姜等，结构较松散

图 3.40　典型坡积相沉积柱状图（2011-20 孔）

2. 洪积扇相

结合沉积背景及各种沉积相标志可知，研究区"底含"沉积物主要为显著干旱条件下近物源快速沉积的洪积扇沉积物。洪积扇是暂时性洪流或间歇性洪流流出山口时，由于地形急剧变缓，水流向四方散开，流速骤减，碎屑物质大量堆积而成的、形状近扇状的沉积体，主要发育在地势起伏较大且沉积物补给丰富的地区（王勇等，2007）。洪积扇主要特征有沉积物颜色多为棕红色、黄色，这是由于洪积扇是氧化条件下的沉积产物，故沉积物颜色带有红色色调，缺乏有机质和还原性沉积物；沉积物中生物化石缺乏，这与洪积扇恶劣的生态环境有关（李洁，2012）。扇积物的形成多伴有蒸发作用，常会出现盐类沉积物，如石膏和方解石等分布在扇端，并呈结核状或薄层状产出，矿井内 26 个钻孔揭露"底含"沉积物含碳酸盐、硫酸盐等矿物（如方解石、石膏等）。可见混杂堆积的砾石、砂，其结构成熟度偏低，分选较差，反映沉积物搬运距离较近、沉积较快。洪积扇沉积物由砾石、砂和黏土组成，粒度分布范围宽，分选差，且黏土普遍不纯，多为砂质黏土，这是洪水沉积的另一特点（李洁，2012）；沉积物中发育洪积层理构造，也可见不明显的交错层理、平行纹理和冲刷–充填构造，偶见不明显的递变层理。多发育向上变细的扇退沉积序列，也见向上变粗的扇进沉积序列，但较少。

根据洪积扇在形态及沉积物岩性等方面的特点，可以将洪积扇相从平面上划分为扇根、扇中和扇端三个亚相（李朝辉，2016），由于不同亚相的沉积物类型不同，进而又可以划分为多个沉积微相。洪积扇纵剖面一般为下凹曲线，纵向上为楔形、凹透镜形；横剖面一般表现为上凸曲线，横向上为凸透镜状，见图 3.41。因此，在洪积扇不同部位，不仅由于水动力强弱不同形成的沉积物岩性组合有明显差异，其沉积物厚度也具有明显的差异，总体来说从扇根到扇端，沉积物粒度变细、分选性和磨圆度变好、厚度变薄，见图 3.42（以 06-观 2 孔为例）。研究区洪积扇相测井曲线特征整体表现为高幅值、高齿化的特点，并且幅值震荡强烈，扇中、扇端亚相变化趋势大。SP 曲线可呈箱形或钟形，在扇中处出现最大幅值；所有测井曲线在扇端处整体幅度减小。

1）扇根亚相

扇根亚相分布于洪积扇体根部，顶端伸入山谷，沉积坡度角大，常发育有单一或 2~3 个直而深的主河道。沉积物由砾石、黏土质砾石、砂砾、砂、黏土质砂、黏土夹砾石等组成。扇根沉积粒序杂乱无章，分选和磨圆差；扇根处测井曲线的特点一般表现为强烈震荡

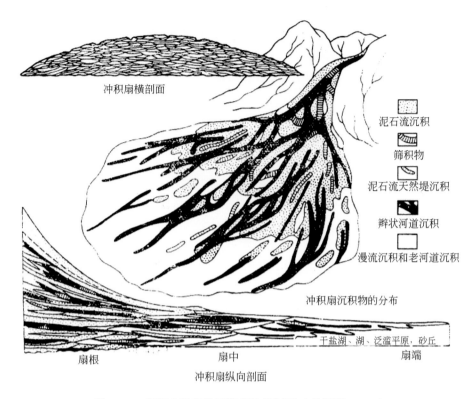

图 3.41　理想冲积扇的相模式及相剖面（李朝辉，2016）

相	亚相	微相	岩性柱状	岩性描述	测井曲线			
					RT/(Ω·m)	GR/cps	SP/mv	CAL/mm
洪积扇相	扇端	漫流沉积		粉砂：浅黄色，以石英为主，含黏土，分选性好，松散				
				黏土：浅黄色，含钙质，可塑性好，膨胀性强				
	扇中	辫状河道沉积		细砂：浅黄色，以石英为主，分选性一般，松散				
				砾石：肉红色，以灰岩为主，含砂岩碎块，次圆状-圆状，砾径为2~4cm。含黏土，分选性一般				
				砂砾：浅黄色-灰色，成分以灰岩为主，中粗粒砂，多为圆状，砾径为1~3cm				
				砾石：浅黄色，成分以灰岩、砂岩碎块为主，含有少量黏土，多为次圆状，砾径为3~5cm				
	扇根	主河道沉积		中砂：土黄色，以石英为主，分选性一般，松散，含有少量0.50~1cm的砾石				
				砾石：浅黄色，以灰岩-砂岩碎块为主，多为圆状-次圆状，砾径为2~4cm，含有少量黏土				

图 3.42　洪积扇相沉积特征（06-观 2 孔）

的高幅值，异常幅度高于扇中及扇端处，在自然电位曲线上表现为齿形漏斗形频繁交替组合的特征，反映出在洪积扇的形成过程中水流能量频繁变化、沉积粒序混杂的沉积特征；

电阻率曲线上表现为块状、高阻特征,因扇根部位是洪积扇最早接受沉积的部位,底部沉积物粗细混杂,黏土含量较高,故电阻率值由下而上增高,渗透率变化趋势使自然电位曲线的偏移幅度也向上变大,电阻率和自然电位曲线组成漏斗形态,自然伽马呈低值(曹国强,2005;赵东升,2006)。研究区扇根亚相可以进一步识别出泥石流沉积和主河道沉积两种沉积微相。

A. 泥石流沉积微相

泥石流沉积是洪积扇上具有代表性的主要沉积类型之一(李小冬,2006)。泥石流沉积是在洪水季节由于顺坡而下的洪流携带大量沉积物,形成高密度、高黏度的块体流,在重力作用下形成的一种沉积体。由于泥石流沉积是以块体流快速搬运和沉积的,所以其主要特点是粒度粗、无分选、无层理、磨圆程度差。沉积物岩性差别很大,其最显著的沉积特征是砂、砾、黏土互相混杂,所形成的沉积特征是分选性极差的混杂砂砾、砂质黏土和含砾黏土(黏土夹砾石、黏土砾石),土质含量高。总体来说,单层厚度不大,层理不清,常不成层。这些岩性特点使泥石流沉积的视电阻率曲线呈幅度较大的参差不齐的锯齿状或箱形(陈宁等,2008),顶、底界面的曲线类型常为渐变型,自然伽马曲线与视电阻率曲线基本上有一一对应的关系。以06-观1孔为例,如图3.43所示。

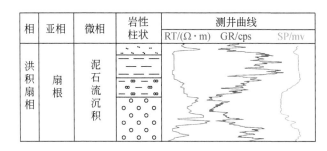

图 3.43 泥石流沉积微相沉积特征 (06-观1孔)

B. 扇根主河道沉积微相

扇根主河道沉积发育在早期的泥石流沉积之上,是切入洪积扇的暂时性河道充填沉积。扇根发育有单一或2~3个直而深的河道,水流的冲刷搬运力强,能较迅速充填,常对已形成的沉积物造成冲刷,底部常可见冲刷面(曹国强,2005)。沉积粒度较粗,主要由砾石、砂砾、砂等组成,多为砾质河道,与泥石流沉积十分相似,其主要区别是砾石排列具有一定方向性,有时可见砾石的叠瓦状排列(仲翔,2017);洪积层理发育,虽没有明显的界面,但可清楚地看到分选差的沉积物在平面上频繁地粗细交替。扇根主河道沉积在横断面上呈透镜状,并常呈多个透镜体的互相叠置,每期的河道沉积厚度不大。测井曲线多表现为高幅齿化箱形或钟形,见图3.42。

研究区的扇根泥石流沉积常与主河道沉积相伴生。洪积扇的不同发育阶段或不同部位两者所占的比例不同,有时以泥石流沉积为主,有时以主河道沉积为主。

2）扇中亚相

扇中亚相位于洪积扇体中部，是各期洪积扇中最发育的部分，同时也保存最多，构成洪积扇沉积的主体部分，以坡度角较小和辫状河道发育为特征（李宇志，2009）。与扇根亚相相比，沉积物粒度逐渐变细，砂与砾的比值较大，砂级碎屑含量逐渐增加，岩性以砾石、砂砾、粗砂、中砂、细砂为主，夹杂有薄层粉砂、黏土质砂、砂质黏土、黏土等。相对于扇根亚相，砂砾、砂的分选、磨圆变好，但依旧很差。河道冲刷–充填构造发育，这也是扇中亚相沉积特征之一（张明军，2006）。研究区扇中亚相可以进一步识别出辫状河道沉积和漫流沉积这两种沉积微相。

A. 扇中辫状河道沉积微相

扇中辫状河道发育特征为水流浅、流速急，河道堆积快，造成河道迁移速度也快。沉积粒度较粗，以砾、砂砾、砂为主，形成砾质河道和砂质河道，从靠近扇根部位至靠近扇端部位，由砾质河道渐变为砂质河道。与扇根亚相相比，扇中辫状水道的砾石分选和磨圆都变好，但总体依旧很差，也显示出定向排列的特征，有较为清晰的底部冲刷面。由于河道侧向迁移作用和流体能量的降低，扇中辫状河道沉积中一般具有由粗到细的正粒序，可见不明显的平行层理和交错层理。扇中辫状河道迁移较快、频繁摆动，导致多期河道相互叠置在一起形成一厚层，在剖面上可见砂层或砾石层和不纯黏土的交替，但总体上砂体厚度较大，砂体连通性较好，如图 3.44 所示。扇中亚相辫状河道沉积的自然电位曲线的异常幅度往往为整个洪积扇中最大的部位，多呈钟形或箱形；自然伽马曲线呈齿化的中高幅钟形或箱形，在垂向上表现为多个箱形或钟形的组合。扇中辫状河道沉积与一般的辫状河沉积有很多相似之处，水流分散、不稳定，河道摆动频繁，易形成多个成因单元砂体垂向叠置或侧向连接成大面积连通的砂体。

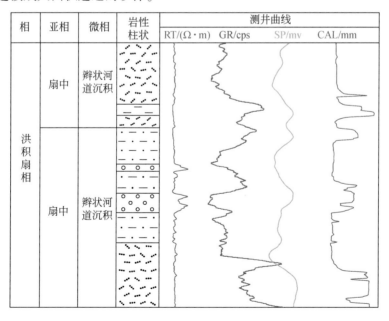

图 3.44　扇中辫状河道沉积微相特征（2015-3 孔）

B. 扇中漫流沉积微相

扇中漫流沉积是在洪水期漫出辫状水道在部分扇面上大面积流动形成的一种席状洪流沉积物（陆亚秋，2002）。当洪峰过后，又迅速变为辫状水道。因此，扇中辫状水道沉积常与漫流沉积共生。扇中漫流沉积物成分主要为细砂、黏土质砂、砂质黏土、黏土等，以细–粉砂或黏土质砂与黏土、砂质黏土的互层沉积为主，并常具小型透镜状砾石夹层和冲刷构造，砂层的分选、磨圆相对较好，与扇中辫状河道沉积相比砂层含量减少，砂质黏土或黏土含量增多。扇中漫流沉积的测井曲线特征多表现为微齿中幅箱形或小型钟形，如图3.45所示，扇中漫流沉积物反映了沉积过程中水动力条件较弱条件下的堆积（张世杰，2013）。

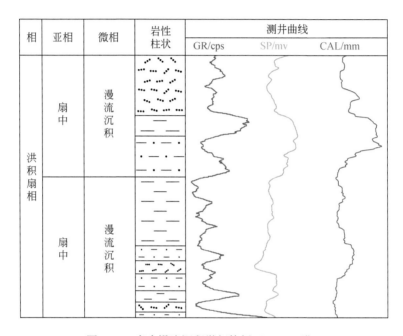

图3.45　扇中漫流沉积微相特征（2015-4孔）

3）扇端亚相

扇端亚相发育在洪积扇的趾部，地形相对平缓，沉积坡度角小，沉积范围大（吴昊，2016）。研究区扇端亚相主要发育漫流沉积微相，沉积物组成以细砂、粉砂、黏土质砂、砂质黏土、黏土为主，局部可见膏盐层，沉积物与扇根、扇中亚相相比，粒度较细、分选较好，黏土含量高，砂层含量减少，总体表现为"土多砂少"的特征，为弱水动力条件下沉积产物，如图3.46所示。在砂层和黏土层中可见平行层理、交错层理、冲刷–充填构造等。扇端漫流沉积微相的RT曲线、SP曲线表现为近平直线形或指形，曲线幅度异常远小于扇根和扇中，是整个洪积扇上曲线幅度最小的部位，偶见的薄砂层使曲线具有尖指状突起而曲线整体较为平滑或呈微齿状。

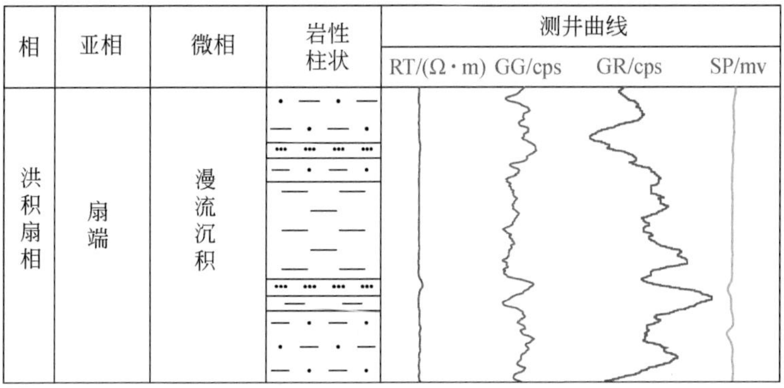

相	亚相	微相	岩性柱状	测井曲线			
				RT/(Ω·m)	GG/cps	GR/cps	SP/mv
洪积扇相	扇端	漫流沉积					

图 3.46 扇端漫流沉积微相特征（2019-1 孔）

3.5 "底含"沉积演化特征

研究区"底含"沉积环境主要为干旱气候条件下的洪积环境和坡积–残积环境，但沉积物的形成具有不等时性。基于沉积相特征分析，可将许疃矿井"底含"的形成划分为四个沉积阶段，选取多条沉积剖面，确定各剖面中不同沉积相及其亚相的横向展布特征与纵向演化规律，分析"底含"沉积过程，研究了"底含"沉积相在剖面和平面上的展布特征，建立"底含"沉积模式，并最终确定"底含"优势相分布。

3.5.1 "底含"沉积相剖面展布

由前述研究区沉积背景和物源分析可知，煤系地层与盆地周围的碳酸盐岩地层及其中夹含的含碎屑物地层共同提供了许疃矿井"底含"沉积物的物质来源，许疃矿井"底含"具有多物源的特点，其主要物源方向为西部、西北部和北部。为分析"底含"沉积相展布规律，在单孔相分析的基础上，结合古地形特征，选取了矿井不同区域的六条连孔剖面，包括矿井南部西东向的 $C1$–$C1'$ 剖面，矿井中部西东向的 $C2$–$C2'$、$C3$–$C3'$ 剖面，矿井北部近西东向的 $C4$–$C4'$ 剖面，以及横贯矿井南北向的 D–D' 剖面和西北–东南向的 E–E' 剖面（图 3.47 和图 3.48），确定各剖面中不同沉积相及其亚相的横向展布特征与纵向演化规律。

1. 东西方向剖面

1）矿井南部

由剖面图 3.48（a）可知，西部古地形高，东部古地形低。$C1$–$C1'$ 剖面上"底含"厚度总体较小，表现为"西薄东厚"；沉积物沉积层数少，多为 1~2 层，颜色为灰色、灰白色、浅灰绿色、土黄色，岩性主要为砾石、黏土夹砾石、砂、砂质黏土、黏土等，结构松散，分选差、磨圆差，不发育任何层理。分析认为，该剖面上"底含"主要为坡积–残积

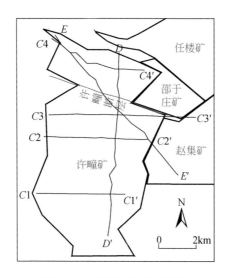

图 3.47 各剖面位置示意图

相。由于气候干旱，西部基岩地层长期裸露并受强烈风化、剥蚀，一部分风化产物残留在原地堆积形成残积物；一部分风化产物，滑塌在邻近的坡地沉积形成坡积物。因干旱气候不具有长流水的搬运作用，坡积-残积物逐渐增多，但具有明显的地带性，在地势低洼平坦的地方沉积厚度增大。坡积-残积物的单层砂体厚度小，砂体横向展布很不稳定，多为孤立分布或呈透镜状分布，叠置程度也不高，砂体连通性很差。

2）矿井中部

由于许疃矿井特殊的古地形，在许疃断层南部附近形成了一条平行于许疃断层的古冲沟，冲沟顶端对着山口，平面外形似喇叭状向矿井东部延伸展宽至赵集矿。由 C2-C2′剖面、C3-C3′剖面和图 3.48（b）、（c）可知，矿井中部"底含"沉积物不等时沉积的特征明显，表现为"填平补齐"样式，剖面西部主要为西部物源控制下形成的坡积-残积物，剖面中东部主要为西部及北部物源控制下形成的多期洪积扇沉积物退积叠置而成，主要受控于古地形，在 C3-C3′剖面中可见三期洪积扇叠置，在 C2-C2′剖面中可见两期洪积扇叠置。

以 C3-C3′剖面为例，剖面东西向地形标高相差将近 40m。"底含"沉积初期，由于古地形高差较大，基岩地层长期裸露并遭受强烈的风化剥蚀，各种成分的砾石、砂、黏土等滑塌在邻近的坡地沉积，因干旱不具有长流水的搬运作用，坡积物逐渐增多，但干旱气候季节性暴雨洪水的来临，巨大的搬运力使得聚集在坡地的黏土、砂、砾石等形成密度流。由于坡度很快减小或消失，大量碎屑在古冲沟低洼处迅速充填沉积，"底含"底部砾石大小呈现形态悬殊、粗细混杂、排列无序的现象，为典型的扇根泥石流微相沉积。之后，由于地形仍存在较大高差，季节性暴雨洪水袭来后形成第二期洪积扇，在 C3-C3′剖面上可见完整的扇根、扇中、扇端亚相，其中扇中、扇端部分叠置于前期扇根泥石流微相之上。第二期洪积扇形成的沉积物颜色为棕红色、黄色、棕黄色，岩性主要为砾石、砂砾、砂、黏土质砂、黏土砾石、砂质黏土，扇根部位粗细混杂、分选磨圆差，可进一步划分为泥石

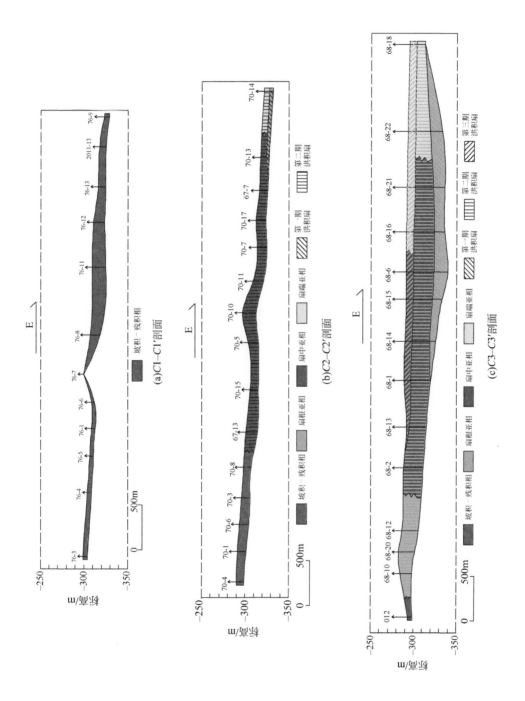

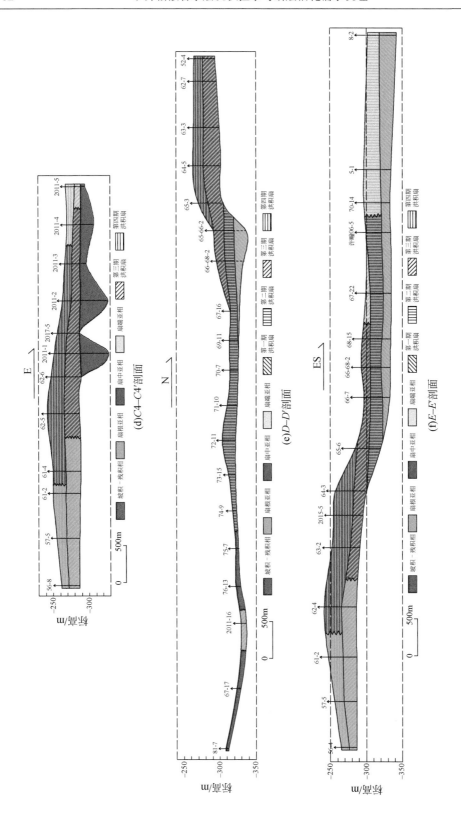

图3.48 许疃矿井"底含"沉积剖面图

流沉积微相和主河道沉积微相；扇中部位砾石含量减少、砂层增多，分选磨圆较扇根变好，但依然很差，可进一步划分为辫状河道沉积微相和漫流沉积微相，而辫状河道由于水流浅流速急，河道迁移较快，导致多期河道相互叠置，在剖面上表现为砂、砾层与砂质黏土的多次交替；扇端部位为漫流沉积，岩性以细砂、黏土质砂及砂质黏土为主，沉积物粒度变细，分选磨圆逐渐变好，厚度变薄。第二期洪积扇沉积后，许疃断层南北两侧附近的地形高差基本消失，处于较高古地形的许疃断层北侧开始沉积"底含"。第三期暴雨洪水从矿井西北部袭来，堆积形成第三期洪积扇沉积物，部分扇中、扇端部位叠置于 $C3$–$C3'$ 剖面中第二期洪积扇扇中、扇端之上。

3）矿井北部

矿井北部古地形较高，但局部地区出现低洼凹坑。邻近西北及北部物源区，"底含"厚度大。由 $C4$–$C4'$ 剖面和图 3.48（d）可知，2011-1 孔以东为较高古地形内的低洼处，较高基岩的风化剥蚀物首先被沉积物选择性充填沉积，直至"填平补齐"，以杂乱充填方式为主，为坡积–残积物。当这些低洼处被填平后，第三期暴雨洪水从矿井西北部袭来，堆积形成第三期洪积扇沉积物，由西向东依次分布扇根、扇中、扇端亚相，扇根亚相主要为主河道沉积微相，扇中亚相可进一步划分为扇中辫状河道沉积微相和漫流沉积微相，扇中部位辫状河道频繁摆动，形成了剖面上较粗碎屑（砾石、砂砾、砂）和砂质黏土的交替。扇端亚相主要为扇端漫流沉积微相。第三期洪积扇部分扇中、扇端叠置于早期的坡积–残积物之上。第四期洪积扇又叠置在第三期洪积扇沉积物之上，第四期洪积扇的扇根叠置于第三期洪积扇的扇根之上，第四期洪积扇的扇中叠置于第三期洪积扇的扇根、扇中之上，第四期洪积扇的扇端叠置于第三期洪积扇的扇中、扇端之上。

2. 南北方向剖面

D–D' 剖面横贯矿井南北走向，具有典型性和代表性。由 D–D' 剖面和图 3.48（e）可知，"底含"厚度由南向北逐渐增大，南部"底含"沉积物厚度薄且沉积层数多为单层，主要为坡积–残积物。2011-16 孔附近古地形低洼，沉积物为棕黄色–棕褐色的黏土夹砾石，分选磨圆差，砾石含量为 30%~40%，为泥石流微相沉积物。许疃断层以南附近古冲沟内先充填沉积了扇根泥石流沉积微相沉积物，然后其上沉积了第二期洪积扇的扇中亚相，扇中亚相向南延伸到矿井中部（74-9 孔附近）；之后，第三期洪积扇的部分扇中叠置于第二期洪积扇的扇中部位之上，第四期洪积扇的部分扇中叠置于第三期洪积扇的扇中部位之上。由南向北，多期洪积扇表现出由南向北不断迁移的后退式沉积特征。

3. 北西–南东方向剖面

E–E' 剖面为北西–南东方向，综合反映了西部和北部物源方向以及古地形对"底含"沉积物的影响。由图 3.48（f）可知，在该剖面上从下往上依次沉积了四期洪积扇，沉积初期在暴雨洪水的巨大搬运力作用下在古冲沟内充填沉积了扇根泥石流沉积物。古冲沟两侧的限制和冲沟出口处平坦的低地形，有利于洪水的不断向前，导致这一时期扇根泥石流沉积物的分布范围较大。然后，其上沉积了第二期洪积扇的部分扇中和扇端。此时，许疃断层两侧附近高差基本消失，许疃断层北侧开始沉积"底含"，即第三期洪积扇的部分扇中和扇端叠置于第二期洪积扇的扇中部位之上，第四期洪积扇的部分扇根叠置于第三期洪积扇的扇根部位之上，扇中又叠置于第三期洪积扇的部分扇根和扇中部位之上。四期洪积扇表现出由东南向西北不断迁移的后退式沉积，在垂向上岩性总体表现为向上变细的特征。由该剖面可以看出，许疃断层南北两侧地形存在明显高差，但"底含"沉积厚度总体相差不大的原因在于许疃断层南侧附近在垂向上沉积了第一、第二、第三期共三期洪积扇，许疃断层北侧附近在垂向上沉积了第三、第四期共两期洪积扇，且这四期洪积扇由断层南侧向北侧呈退积式叠置。

3.5.2 "底含"沉积相平面展布

基于单孔沉积相和六条剖面沉积相分析，并结合物源分析及古地形特征，进一步分析不同沉积阶段"底含"沉积相平面展布。

1. 沉积阶段一

煤系地层形成后，经过构造地质作用，以及长期的风化剥蚀作用，形成了南北以许疃断层为界，总体上呈现北高南低、西高东低的古地形，但在矿井北部较高地形处，局部地区又出现低洼的凹坑；在矿井中、南部低洼处，局部地区又出现古地形较高的现象。同时，在许疃断层南部附近形成了一条深度较大且平行于许疃断层的古冲沟，冲沟顶端对着山口，西北向坡度大，向东南部逐渐变平坦，冲沟平面外形似喇叭状向矿井东部延伸展宽至赵集矿。

"底含"沉积物直接覆盖在基岩面之上，呈不整合接触。凹凸不平的古地形对早期"底含"沉积物的分流具有重要的引导作用。由于古地形高差较大，西部、北部以及南部构造凸起地带基岩地层长期裸露并遭受强烈的风化剥蚀，各种成分的砾石、砂、黏土残留在原地堆积形成残积物，并有一部分滑塌在邻近的坡地沉积形成坡积物，如图3.49所示。许疃断层北部低洼的凹坑内也沉积了坡积-残积物，岩性主要为砾石、砂、黏土，粗细混杂，直至北部较高地形处的低洼凹坑被"填平补齐"。由于干旱气候和季节性暴雨洪水的来临，在洪水巨大的搬运下矿井北部和西部沉积的坡积-残积物就近堆积，或选择性地在许疃断层南侧附近的古冲沟内的低洼处迅速沉积，形成泥石流沉积物，这里沉积物粗细混杂、黏土含量高。古冲沟两侧的限制和冲沟出口处平坦的低地形，导致这一时期泥石流沉积物的分布范围较大，仅部分扇根位于许疃矿井内，同时使得古冲沟的深度变浅，冲沟坡度变缓。因此，这一阶段的"底含"沉积物在横向不连续，为在古冲沟及低洼处的简单堆积，内部结构简单，以杂乱充填方式为主，而在凸起处沉积厚度较薄或存在地层缺失。因受古地形的控制，空间形态不是严格意义上的"扇形"。

2. 沉积阶段二

由于气候干旱，不具有长流水的搬运作用，矿井西部、北部以及南部构造凸起地带形成的坡积-残积物逐渐增多。当第二期较大的暴雨洪水来临，在许疃断层以南区域由矿井西北部向东南部形成了一处形态完整的大型洪积扇体，如图3.50所示，扇体南部延伸至

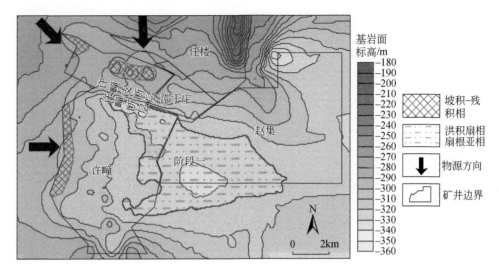

图 3.49 阶段一沉积相平面分布

矿井中部，北部继续充填古冲沟，由许疃断层以南至矿井中部，"底含"地层开始连续沉积。该阶段扇根部位沉积物岩性主要为砾石、砂砾、黏土夹砾石、砂、黏土等，粗细混杂，分选磨圆差，主要为泥石流沉积微相和主河道沉积微相；扇中部位岩性主要为砂砾、砂、砂质黏土、黏土等，可进一步划分为辫状河道沉积微相和漫流沉积微相；扇端部位岩性主要为细砂、黏土质砂、砂质黏土、黏土等，为漫流沉积微相。第二期洪积扇的扇中、扇端叠置于阶段一中的古冲沟内的泥石流沉积物之上。该阶段中，"填平补齐"作用已将基岩面之上的古冲沟及洼地逐渐填平，与阶段一类似，洪积物在古冲沟及洼地处的沉积也以杂乱充填方式为主。由于物源丰富且西北-东南向地形高差仍较大，该阶段形成的洪积扇由西北向东南在平面上呈"扇形"撒开，扇体规模虽较大，但南北端厚度受地形影响，在横剖面上不是严格意义上的"两端薄-中间厚"的"凸透镜"形状。此后，许疃断层南北两侧古地形高差基本消失，古地形对"底含"沉积的控制作用减弱。

3. 沉积阶段三

许疃断层南侧古冲沟被填平之后，许疃断层南北两侧古地形高差基本消失，"底含"沉积主要受西北部物源方向的控制，"底含"逐渐在矿井北部连续沉积。当第三期较大的暴雨洪水来临，在许疃断层以北区域由西北谷口向东南部形成了一处形态完整的洪积扇体，规模较第二期洪积扇小，如图 3.51 所示。该阶段扇根部位沉积物岩性主要为砾石、砂砾、砂、黏土质砂等，分选磨圆差，洪积层理发育，河道充填冲刷构造特征较明显，为扇根主河道沉积微相；扇中部位岩性主要为砂砾、砂、黏土质砂、砂质黏土等，可进一步划分为辫状河道沉积微相和漫流沉积微相；扇端部位岩性主要为细砂、黏土质砂、砂质黏土、黏土等，为漫流沉积微相。这一阶段的洪积扇体在横向上连续沉积，南部延伸过许疃断层，叠置于第二期洪积扇之上，在平面及纵向上呈退积式叠加。而在矿井南部和西部坡积-残积物不再发育，在其上开始沉积湖相静水环境下的沉积物即第三隔水层（"三隔"），

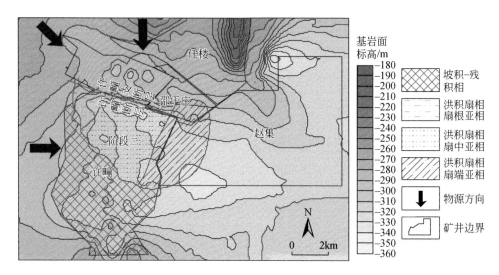

图 3.50　阶段二沉积相平面分布

如图 3.51 所示,沉积范围逐渐由矿井南部向北部延伸扩展,叠加于"底含"之上,"三隔"岩性较杂,以黏土、砂质黏土、泥灰岩、钙质黏土为主。

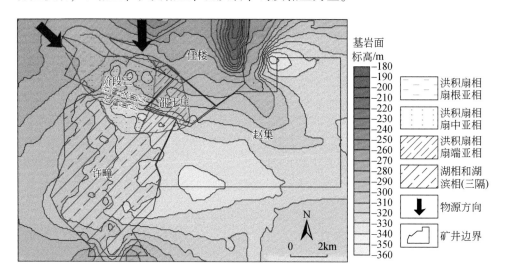

图 3.51　阶段三沉积相平面分布

4. 沉积阶段四

由于矿井北部距离物源近,当第四期较大的暴雨洪水来临时,由西北谷口向东南部形成一处形态完整的洪积扇体,如图 3.52 所示。这一阶段的洪积扇体完全由许疃断层南侧向北转移至许疃断层以北,叠置于第三期洪积扇之上,在平面及纵向上呈退积式叠加。其中,该阶段扇根部位沉积物岩性主要为砾石、砂、黏土质砂、砂质黏土等,分选磨圆差,洪积层理发育,主要为主河道沉积微相;扇中部位岩性主要为砂砾、砂、黏土质砂、砂质黏土、黏土等,可进一步划分为辫状河道沉积微相和漫流沉积微相;扇端部位岩性主要砂质黏土、黏土等,为漫流沉积微相。该阶段矿井南部和西部的"三隔"继续沉积,沉积范围不断向矿井北部延伸扩展(图 3.52)。

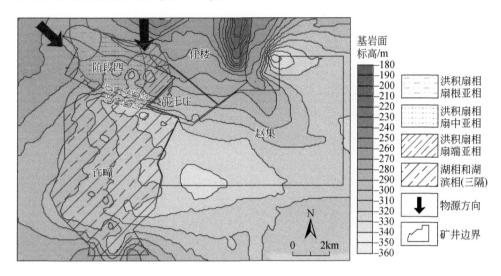

图 3.52 阶段四沉积相平面分布

3.5.3 "底含"沉积模式

基于研究区"底含"沉积物源分析以及对各钻孔的"底含"厚度、岩性、沉积构造、粒度及测井资料等的分析,对研究区"底含"沉积相类型、单孔相、连孔剖面相等进行了研究,分析了"底含"沉积过程,将研究区"底含"沉积物的形成划分为四个沉积阶段,并分析了不同沉积阶段"底含"沉积相的平面展布特征,通过总结概化最终建立了不同沉积阶段"底含"沉积模式,见图 3.53。阶段一、阶段二沉积过程中"底含"的沉积物源方向主要为西部、西北部和北部,随着沉积过程的推进,"底含"洪积扇沉积物由东向西、由南向北退积,阶段三、阶段四沉积过程中,"底含"的沉积物源方向主要为西北部和北部。

3.5.4 "底含"优势相分布

由前述分析,研究区北部古潜山和西部、南部构造突起地段,"底含"为坡积-残积环境下的产物,"底含"沉积物厚度薄,岩性结构相对简单;而在矿井中部以北区域为洪积环境下多期扇体叠加的产物,"底含"沉积厚度较大,为多种岩性的复合结构,不同沉积阶段的岩性对应着不同的洪积扇亚相,多种亚相又在空间上叠置,相变迅速,规律性极

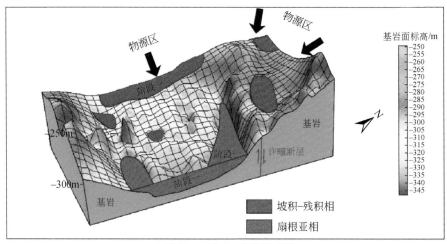

(a)阶段一"底含"沉积模式图

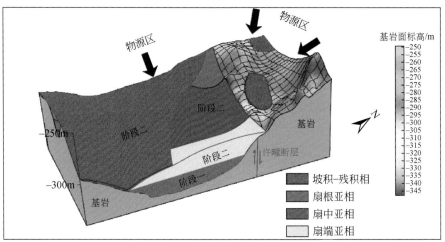

(b)阶段二"底含"沉积模式图

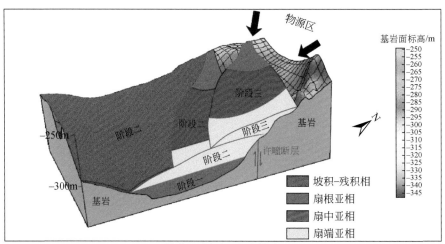

(c)阶段三"底含"沉积模式图

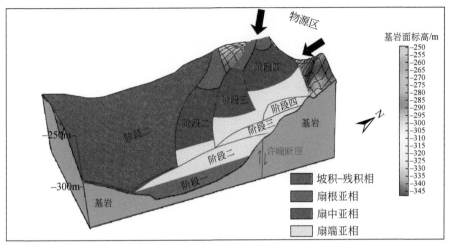

(d)阶段四"底含"沉积模式图

图 3.53　"底含"沉积模式图

差，也很难研究其在平面上的沉积相分布，因此需要确定主要的、具有代表性的沉积相，即优势相。本书根据各个钻孔揭露的"底含"在垂向上所属多种沉积相或亚相的厚度占比，并结合"底含"砂砾层厚度及含砂砾比率等的分布特征，确定该钻孔所属的优势相类型，并以此作为该钻孔"底含"的沉积相或亚相，最终确定许疃矿井"底含"沉积相的分布，如图 3.54 所示。

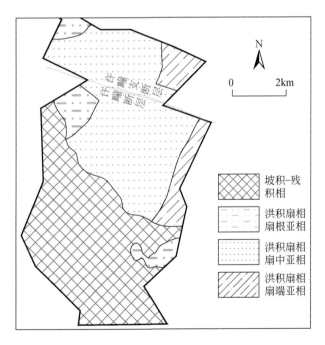

图 3.54　许疃矿井"底含"沉积相分布

3.6　"底含"沉积控水规律

沉积相决定了含水层砂体类型、砂体粒度、砂泥组合特征及宏观空间分布规律，因此控制了含水沉积物的赋水规律。研究区"底含"沉积物基本不受断裂等构造因素的影响，其富水性本质上取决于沉积环境及含水层的储水能力（李立尧，2019）。本节基于钻孔岩心、测井资料的分析，结合沉积相特征，总结"底含"砂体在垂向和平面上的接触类型及其连通性，开展"底含"沉积物取样、测试获得"底含"水理性质的基本特征，并结合抽（注）水试验获得的单位涌水量 q 值、渗透系数 K 值，进一步阐述不同沉积相沉积物与其富水性之间的对应关系，总结"底含"沉积控水规律，建立沉积控水模式，揭示"底含"沉积控水机理。

3.6.1　"底含"砂体接触类型分析

钻孔与钻孔之间的砂体接触类型是含水层赋水空间研究的重要组成部分，研究砂体的接触类型可以从根本上解释砂体之间的连通关系，进而分析地下水连通性，为矿井水害的防治提供水文地质基础（李立尧，2019）。由前述沉积相分析，研究区"底含"沉积物主要为坡积–残积物和多期洪积扇体叠加的产物，在分析钻孔岩心及测井资料的基础上，结合沉积相分析，从垂向和平面上总结了同一沉积阶段内研究区钻孔揭露的"底含"砂体的接触类型及其连通性。研究区"底含"砂体垂向叠置类型可分为四种，分别为孤立分布类型（单砂体、多期砂体）、垂向叠置类型、错位叠置类型、水平搭接类型；砂体平面展布类型分为三种，分别为孤立散点分布类型、孤立条带式分布类型、交切条带式分布类型。

1. 砂体垂向叠置类型

1）孤立分布类型

砂体孤立分布类型可进一步划分为单砂体孤立分布类型和多期（两期及以上）砂体孤立分布类型两种。

A. 单砂体孤立式分布类型

单个钻孔钻遇坡积–残积成因砂体时多出现单砂体孤立式接触形式，砂体以离散的形式存在，其顶、底界面清晰，厚度一般较薄，在横剖面上为透镜状，具有的储水空间有限，与附近砂体不连通，如图 3.55（a）所示。

B. 多期砂体孤立式分布类型

单个钻孔钻遇洪积扇扇根主河道沉积砂体、扇中辫状河道砂体及漫流沉积砂体、扇端漫流沉积砂体时会出现多期砂体孤立式接触形式，主要表现为多期单砂体被厚度较大且稳定分布的黏土夹层分离，砂体间主要为黏土、砂质黏土。研究区洪积成因的砂体多发育垂向分离式，多为扇根主河道沉积微相砂体、扇中漫流沉积砂体以及扇端漫流沉积砂体，这些砂体在横向上成层性差、纵向上两段砂体相互间不接触，且有一段隔层分开，因此砂体间几乎不存在连通性。在横剖面上为多个分离的透镜体，如图 3.55（b）所示。

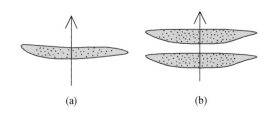

图 3.55　"底含"砂体垂向孤立分布示意图

2）垂向叠置类型

当多个钻孔揭露的砂体位于扇中辫状河道沉积微相时，可见到垂向叠置型砂体，如图 3.56 所示。垂向叠置型砂体是由多期辫状河道垂向冲刷切割所形成的，相邻两期河道砂体垂向上紧密相邻、相互叠置或者两砂体之间发育一层不稳定的且厚度很薄的黏土或砂质黏土相隔。总体来说，这种类型砂体连成片状，垂向叠置程度很高，储水空间大，且砂体相互连通性好，砂体间的横向和纵向的渗流能力往往较好，砂体间发育的薄层不稳定隔水层对连通性影响不大。

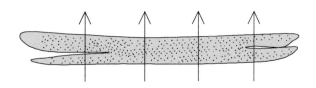

图 3.56　"底含"砂体垂向叠置示意图

3）错位叠置类型

当多个钻孔揭露的砂体位于扇中辫状河道沉积微相时，还可见到错位叠置型砂体，如图 3.57 所示。该类型砂体是由位于扇中亚相中多期辫状河道侧向迁移形成的，其垂向叠置程度较高，一般呈现两端薄中间厚的不对称透镜状。总体来说，砂体范围较大，具有一定的储水空间，砂体连通性也较好。

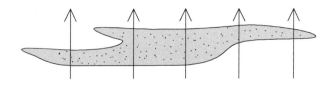

图 3.57　"底含"砂体错位叠置示意图

4）水平搭接类型

当多个钻孔揭露的砂体位于扇中辫状河道沉积微相时，还可见到水平搭接型砂体，如图 3.58 所示。该类型砂体也是由位于扇中亚相多期辫状河道侧向迁移形成的，但其垂向叠置程度较弱，侧向迁移明显。该类型砂体具有一定的储水空间和连通性，但连通性能较垂向叠置类型砂体和错位叠置类型砂体差。

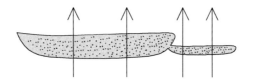

图 3.58 "底含"砂体水平搭接示意图

根据孙宇（2014）的研究，洪积成因的砂体随着扇中辫状河道向扇端方向迁移，砂体叠置程度减弱，河道侧向迁移和改道能力增强，单支河道砂体规模逐渐减小且河道分叉程度增高，叠置方式由垂向叠置、错位叠置向水平搭接、孤立分布演化。造成这一现象的主要原因是在洪水流出山口时，携带了大量的粗碎屑物质，扇根—扇中区域可容纳空间低，河道具有较强的下切作用，河道作为携带粗碎屑物质的输送通道较为稳定，多期次河道砂体垂向叠置程度必然较高，随着向扇中—扇端方向迁移可容纳空间增大，河道水动力减弱，携带的粗碎屑物质变少，河道下切能力减弱，故河道更容易分叉改道，侧向迁移能力强。因此，就研究区"底含"赋水空间和地下水连通性能方面考虑，应重点关注属于洪积扇扇中部位的"底含"沉积物。

2. 砂体平面展布类型

研究区"底含"砂体的平面展布类型根据"底含"沉积成因可以分为坡积-残积成因的孤立散点分布类型和洪积成因的孤立条带式分布类型、交切条带式分布类型，如图 3.59 所示。其中，坡积-残积成因的砂体具有明显的地带性，多为孤立散点分布，横向上不连续；孤立条带式砂体呈单一的条带状，多出现在扇中—扇端过渡区域或扇端区域，河道与河道之间不存在较大范围的连通区，砂体粒度细，范围较小且连通性较差；交切条带式砂体特征为各分支河道砂体在平面上存在一定范围的连通，河道分叉、合并现象频繁，多出现在扇根—扇中过渡区域至扇中主体部分，砂体粒度较粗，分布范围大，且连通性好。

砂体成因	平面展布样式	示意图	砂体发育环境
坡积-残积	孤立散点分布		坡积-残积环境
洪积扇	孤立条带式分布	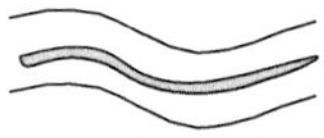	扇中-扇端过渡区域
	交切条带式分布	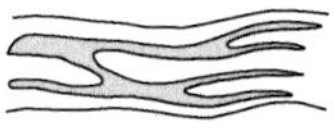	扇根-扇中过渡区域

图 3.59 "底含"砂体平面展布类型划分

综上分析可知，同一沉积阶段位于洪积扇扇中部位的"底含"砂体分布范围较广，粒度较粗，具有较大的储水空间，地下水在横向和纵向上连通性能好，应作为防治"底含"

水害的重点靶区。经过不同沉积阶段多期扇体叠置形成的"底含"沉积物，也通过每一期扇中砂体在空间上的叠置，使得砂体在横向和纵向上获得了良好的水力连通性能。

3.6.2 "底含"水理性质

不同沉积相的沉积物具有不同的沉积特征，而沉积特征又是控制沉积物水理性质的基础因素。沉积物的水理性质是反映含水沉积物赋水规律的重要依据，对分析"底含"富水性有重要意义（张朱亚，2009）。通过对许疃矿井 2010-水 1 孔 "底含"沉积物进行取样、测试，分析"底含"水理性质的基本特征。

"底含"沉积物的取样钻孔 2010-水 1 孔位于许疃断层南侧的古冲沟内，"底含"顶底界埋深 317.74 ~ 355.14m，根据前述沉积相分析，此处"底含"为三期洪积扇叠置的产物，由下至上分别为扇根泥石流沉积微相、扇中漫流沉积微相、扇中辫状河道沉积微相，见图 3.60。本次研究共取"底含"砂土样 8 组，取样深度为 338.0 ~ 350.4m（如图 3.60 中蓝色框所标出），其中属扇中漫流沉积微相沉积物样品有 2 组（样品编号 1 ~ 2），属扇根泥石流沉积微相沉积物有 6 组（样品编号 3 ~ 8），测试内容主要包括沉积物含水性、孔隙压实性、可变形性、膨胀性以及分维值，水理性质测试结果如表 3.9 所示。

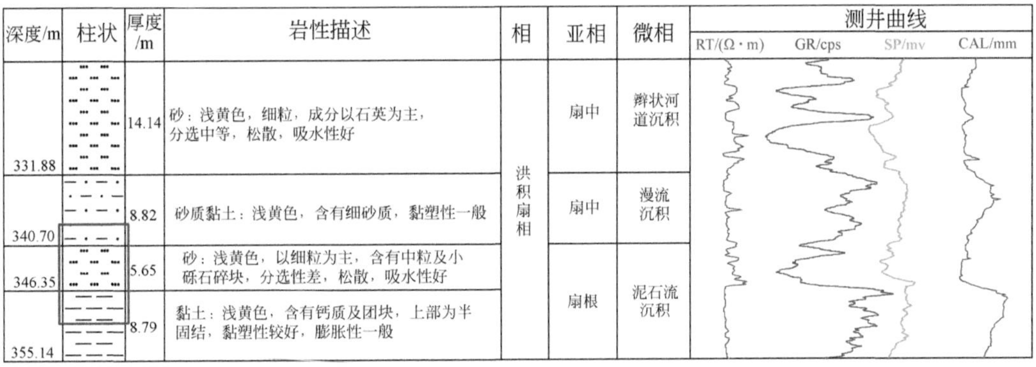

图 3.60　研究区"底含"沉积物取样钻孔

表 3.9　10-水 1 孔 "底含"沉积物样品水理性质测试结果

样品编号	深度/m	土类名称	重度 G	孔隙比 e	饱和含水量 W_c/%	分维值	液限 W_L	塑限 W_P	液性指数 I_P	塑性指数 I_P	可塑性分类	饱和液性指数 I_L	饱和稠度分类	无压力状态下膨胀率/%
1	338.00 ~ 338.20	砂质黏土	2.818	0.515	18.27	2.6996	33.5	18.5	-0.45	15	固态	-0.45	坚硬	40
2	339.80 ~ 340.00	砂质黏土	3.037	0.543	17.87	2.7672	32.6	17.3	-0.4	15.4	固态	-0.4	坚硬	30
3	341.30 ~ 341.50	砂	2.789	0.538	19.29	2.7066	33.6	19.2	-0.54	14.4	固态	-0.54	坚硬	48

样品编号	深度/m	土类名称	重度 G	孔隙比 e	饱和含水量 W_C/%	分维值	液限 W_L	塑限 W_P	液性指数 I_P	塑性指数 I_P	可塑性分类	饱和液性指数 I_L	饱和稠度分类	无压力状态下膨胀率/%
4	346.30~346.50	砂	2.807	0.440	15.67	2.7045	31.5	18.3	-0.87	13.2	固态	-0.87	坚硬	32
5	347.00~347.20	黏土	3.004	0.536	17.84	2.7862	29.5	16.9	-0.45	12.6	固态	-0.45	坚硬	62
6	348.00~348.20	黏土	2.521	0.408	16.18	2.6714	31.4	15.4	-0.57	16	固态	-0.57	坚硬	48
7	349.00~349.20	黏土	2.684	0.420	15.64	2.7829	31.5	18.5	-0.56	13	固态	-0.56	坚硬	30
8	350.20~350.40	黏土	2.833	0.431	15.21	2.7666	30.4	16.7	-0.52	13.7	固态	-0.52	坚硬	88

1. 含水性

饱和含水量 W_C 可以反映"底含"砂土的含水性（聂建伟，2013）。由表 3.9 可知，2010-水 1 孔"底含"沉积物含水量 W_C 值为 15.21%~19.29%，平均值为 17%，最大值不足 20%，反映出取样钻孔处"底含"缺乏典型的富水性较强的砂层，先天性含水、导水性能较差，加上各层黏土含量较高，透水性较差，沉积物含水性不强。其中，属扇中漫流沉积微相的样品 W_C 值为 17.87%~18.27%，平均值为 18.07%；属扇根泥石流沉积微相的样品 W_C 值为 15.21%~19.29%，平均值为 16.64%，表明扇中漫流沉积微相的沉积物的含水性总体强于扇根泥石流沉积微相沉积物。

2. 孔隙压实性

从表 3.9 可知，2010-水 1 孔"底含"沉积物孔隙比 e 为 0.408~0.543，平均值为 0.4789，均为符合砂性土<0.7 的样品，按照工程地质分类，属于高密实土，这反映出研究区"底含"埋藏深度大，其沉积物已经被高度压密，因此总体上"底含"沉积物孔隙比低、富水性不强（聂建伟，2013）。其中，属扇中漫流沉积微相的样品孔隙比 e 为 0.515~0.543，平均值为 0.529；属扇根泥石流沉积微相的样品孔隙比 e 为 0.408~0.538，平均值为 0.462，表明扇中漫流沉积微相的沉积物的孔隙比值总体高于扇根泥石流沉积微相沉积物。

3. 可变形性

沉积物可变形性反映了其在含水条件下释放水能力的强弱（聂建伟，2013）。通常可以利用含水量与塑限的关系，判断外力作用下的土体的抗塑性变形能力。具体指标有依据含水量与塑限关系的稠度分类法和依据液性指数的稠度分类法。由表 3.9 可知，在所测的"底含"样品中绝大多数的含水量低于塑限，所测样品的液限指数都小于 0，表明土体处于固体或半固体状态。这说明，"底含"沉积物比通常含水层的孔隙率低得多，含水率低，非常"板结"，其原因是地层被长期强烈压实的结果。

4. 膨胀性

黏性土由于含水量的增加而发生体积增加的性能称膨胀性（聂建伟，2013）。本次试验选用无荷载膨胀率指标（即在无荷载作用情况下，黏性土吸水膨胀后，体积之增量与原体积之比）表示黏性土膨胀性。由表 3.9 可知，本次测试所测样品的无荷载膨胀率为 30%~88%，主要集中在 30%~62%，样品编号 8 最大达到 88%。根据相关研究，在"底含"中黏粒成分中伊利石、蒙脱石等具有膨胀性的黏土矿物占有相当比例，又长期处于超固结状态，这是导致研究区"底含"土体呈现自由膨胀性的直接原因。由于膨胀性发生的机理来自于黏土矿物的双电层作用，而黏土矿物双电层越发育意味着透水性越低，因此"底含"土的高膨胀性其实意味着"底含"地层的富水性弱。其中，属扇中漫流沉积微相的样品膨胀性为 30%~40%，平均值为 35%；属扇根泥石流沉积微相的样品膨胀性为 30%~88%，平均值为 51.33%，表明扇中漫流沉积微相的沉积物的膨胀性总体低于扇根泥石流沉积微相沉积物，因此扇中漫流沉积微相的沉积物的富水性强于扇根泥石流沉积微相沉积物。

5. 分维值

根据钱凯等（2006）研究，分维值除了可表示沉积物粒度特征以外，还可以作为表征沉积物分选程度和水理性质的一个参数，从而为沉积物的水理性质研究提供新的参考指标。分维值与黏土质量分数和不均匀系数成正相关关系，而与渗透系数呈负相关关系。分维值越大，不均匀系数也越大，沉积物分选越差；分维值越大，黏土质量分数越高，渗透系数越小，沉积物的透水性越差，富水性越差。由表 3.9 可知，本次测试所测样品的分维值为 2.6714~2.7862，平均为 2.7356，与河流相沉积物等相比分维值较大（聂建伟，2013），表明其富水性总体较弱。其中，属扇中漫流沉积微相的样品分维值为 2.6996~2.7672，平均值为 2.7334；属扇根泥石流沉积微相的样品分维值为 2.6714~2.7862，平均值为 2.7364。表明扇中漫流沉积微相的沉积物的分维值总体小于扇根泥石流沉积微相沉积物，因此扇中漫流沉积微相的沉积物的富水性强于扇根泥石流沉积微相沉积物。

3.6.3 "底含"单位涌水量分析

研究区"底含"主要为坡积–残积物和多期洪积扇体叠加的产物，由于沉积特征不同，岩性结构差异较大，造成沉积物含水性能也具有明显的差异。以往关于沉积相划分及其与富水性的关系、岩性组合与富水性的关系等的研究大多集中于定性研究，主要依据砂体厚度对比、井下疏放水情况等定性分析沉积相与富水性的关系（冯洁等，2021，2022）。单位涌水量 q 值是评价含水层富水性最直接、准确的参数，本书从单位涌水量着手定性和定量分析不同沉积相–亚相–微相沉积物的富水性强弱程度。

通过收集许疃矿井历年来所进行的"底含"抽（注）水试验资料获得了抽（注）水

层段的单位涌水量 q 和平均渗透系数 K 值，并基于沉积相分析确定了抽（注）水层段的沉积相-亚相-微相类型，见表 3.10。由表 3.10 可知，不同沉积相的沉积物与其富水性之间具有明显的对应关系。研究区"底含" q 值为 $0.00062\sim0.33580\mathrm{L/(s\cdot m)}$，$K$ 值为 $0.00596\sim0.98790\mathrm{m/d}$，表明"底含"总体富水性不强，属于弱-中等富水性级别，但 q 值、K 值分布差异极大，富水性极不均一。坡积-残积成因的"底含"沉积物 q 值和 K 值很小，q 值为 $0.00062\sim0.00253\mathrm{L/(s\cdot m)}$，$K$ 值为 $0.00596\sim0.00850\mathrm{m/d}$；洪积成因的"底含"沉积物由于形成于不同沉积微相，导致 q 值和 K 值具有明显的差异，q 值为 $0.00600\sim0.33580\mathrm{L/(s\cdot m)}$，$K$ 值为 $0.01120\sim0.98790\mathrm{m/d}$。其中，扇中辫状河道沉积微相沉积物砂体粒度较粗、砂体厚度大、渗透性和连通性好，q 值最大、K 值最大；扇根泥石流沉积微相沉积物粒度虽粗，但粗颗粒间被大量黏土等细粒充填，粗细混杂，导致砂体储水空间有限、连通性差，q 值和 K 值很小。不同沉积相-亚相-微相"底含"沉积物的抽水试验段岩性（柱状图 3.61 中红色框出部分）与其单位涌水量 q 值的对应关系，见图

岩性柱状	厚度/m	岩性描述	沉积相	抽水试验段q值/[L/(s·m)]
	6.95	砾石: 灰色、浅黄色，砾石成分为鲕状石灰岩，砾径为3~5cm，大小不均一，呈圆状、次圆状	坡积-残积相	0.00062

(a)坡积-残积相"底含"沉积物q值(以2019-水2孔为例)

岩性柱状	厚度/m	岩性描述	相	亚相	微相	抽水试验段q值/[L/(s·m)]
	2.70	砂质黏土: 浅黄色，含粉砂质，可塑性较好	洪积扇扇相	扇中	漫流沉积	0.02635
	8.15	中细砂: 浅黄色，成分以石英为主，松散，分选性较差				
	1.60	砾石: 以灰色为主，成分为灰岩、砂岩，分选差，次圆状-圆状				

(b)洪积扇扇中漫流沉积沉积微相"底含"沉积物q值(以06-观1孔为例)

岩性柱状	厚度/m	岩性描述	相	亚相	微相	抽水试验段q值/[L/(s·m)]
	1.39	砂质黏土: 棕黄色，上部见钙质团块，含细砂质，黏塑性一般	洪积扇扇相	扇中	漫流沉积	—
	9.23	黏土: 浅黄色，局部含灰白色，钙质团块，黏塑性好				
	1.97	砂: 棕黄色，以细粒为主，成分以石英为主，分选性差，松散		扇根	泥石流沉积	0.00600
	6.89	砾石: 浅黄-浅灰色，成分以灰岩为主，含少量砂岩碎块，多为次圆状，夹黏土质，砾径3~5cm				

(c)洪积扇扇根泥石流沉积微相"底含"沉积物q值(以2015-观2孔为例)

岩性柱状	厚度/m	岩性描述	相	亚相	微相	抽水试验段q值/[L/(s·m)]
	8.8	钙质黏土质砂: 灰白色、棕红色，含有较多的钙质团块及钙质砂姜结核和少量的铁锰质成分	洪积扇扇相	扇中	辫状河道沉积	0.33580
	1.9	棕黄色、暗红色，质较纯，分选较好，中部夹有0.20m砂砾				
	4.3	棕红色，质不纯，无分选，砂岩灰岩砾石				
	4.3	灰色，砾石成分为石英、灰岩，圆度较好				

(d)洪积扇扇中辫状河道沉积微相"底含"沉积物q值(以70-71-3孔为例)

岩性柱状	厚度/m	岩性描述	相	亚相	微相	抽水试验段q值[L/(s·m)]
	4.84	粉砂：浅黄色，成分以石英为主，含黏土，分选性好，松散		扇端	漫流沉积	—
	1.71	黏土：浅黄色，含钙质，可塑性好，膨胀性强				
	3.20	细砂：浅黄色，成分以石英为主，分选性一般，松散				
	3.37	砾石：肉红色，成分以灰岩为主，含砂岩碎块，次圆-圆状，含黏土，分选性一般	洪积扇相	扇中	辫状河道沉积	—
	9.82	砂砾：浅黄-灰色，成分以灰岩为主，中粗粒砂，多为圆状，砾径为1~3cm				
	6.28	砾石：浅黄色，成分以灰岩、砂岩碎块为主，含有少量黏土，多为次圆状，砾径为3~5cm				
	12.06	中砂：土黄色，成分以石英为主，分选性一般，松散，含有少量0.5~1cm砾石		扇根	主河道沉积	0.01111
	3.63	砾石：浅黄色，以灰岩、砂岩碎块为主，多为圆状-次圆状，砾径为2~4cm，含黏土				

(e)洪积扇扇根主河道沉积微相"底含"沉积物q值(以06-观2孔为例)

图3.61　不同沉积相-亚相-微相"底含"沉积物 q 值

3.61。总体来说，洪积成因的"底含"沉积物的富水性明显强于坡积-残积物。

3.6.4　"底含"沉积控水模式

由以上分析可知，许疃矿井"底含"沉积相对其富水性具有明显的控制作用。许疃矿洪积成因的"底含"沉积物富水性明显强于坡积-残积物，但洪积成因的"底含"沉积物富水性具有明显的非均质性。同一沉积相、不同沉积亚相之间和同一沉积亚相、不同沉积微相之间，沉积物富水性均具有明显的差异。在不同类型的砂体中，由于沉积亚相和微相的差异，砂层展布和储集性能会有明显的差异。基于钻孔取心资料、抽（注）水试验资料以及"底含"粒度测试、水理性质测试结果等，从岩性结构特征、砂体接触类型及连通性、储水性等方面入手，结合"底含"沉积相-亚相-微相特征分析，总结研究区"底含"不同沉积相沉积物与富水性的关系，见表3.11。由表3.11可知，洪积扇扇中辫状河道沉积物富水性好，坡积-残积物富水性最差，中间依次为扇中漫流沉积、扇根主河道沉积、扇端漫流沉积、扇根泥石流沉积。

根据相对富水程度及单位涌水量的大小，将"底含"划分为两种控水模式，即坡积-残积相沉积控水模式和洪积扇相沉积控水模式。

1. 坡积-残积相沉积控水模式

在该沉积控水模式下，"底含"岩性分选差、磨圆差，结构松散，岩性混杂，颗粒间充填大小不一的其他颗粒，砂砾层沉积层数少（多为1~2层），沉积厚度薄，且其分布具有明显的地带性；砂体间不连通，在垂向上以孤立分布类型为主，在平面上以孤立散点分布为主；具有的储水空间有限，透水性差；富水性极弱。

表 3.10　研究区抽（注）水试验层段"底含" q 值与其所属沉积相类型

钻孔号	"底含"厚度/m	沉积成因	抽（注）水层段岩性	q/[L/(s·m)]	K/(m/d)	抽（注）水段沉积物沉积相
62-4	35.60	洪积扇扇根+洪积扇扇中	黏土质砂：土黄色及浅红色，砂质为粉砂，似半固结状 砂砾：土黄色，上部含泥质较多，砂质为石英，长石等中粗砂，砾石为灰质硅质岩块，砾径为2~5cm，磨圆度差	0.17480	0.36940	洪积扇扇中辫状河道沉积微相
66-68-4	48.25	洪积扇扇根+洪积扇扇中+洪积扇扇端	细粉砂：棕黄色，质纯，分选好并夹有黏土质砂 粗砂：棕黄色，以粗砂为主，含有细砂，夹有黏土质砂并含有砂砾和砂姜结核	0.23280	0.40070	洪积扇扇中辫状河道沉积微相
70-71-3	34.40	洪积扇扇中	细砂：棕黄色，暗红色，质较纯，分选较好，中部夹有0.20m砂砾石 砂砾：棕红色，质不纯，无分选，砂岩、石灰岩砾石	0.33580	0.98790	洪积扇扇中辫状河道沉积微相
74-75-6	24.80	坡积-残积相	砾石：灰色，砾石成分为石英、石灰岩，圆度较好	0.00253	0.00596	坡积-残积相
检2	12.10	坡积-残积相+洪积扇扇中	粉砂：深黄色，疏松状 砂砾：深黄色，松散状，砂以不同粒级粗砂、细砂、粉砂组成，砾为石灰岩块，砾径为1~10cm	0.00349	0.01120	坡积-残积相
06-观1	9.75	洪积扇扇中	砂：浅黄色，中、细粒，成分以石英为主，松散，分选性较差 砾石：以灰色为主，成分为石灰岩，砂岩，砾石的长轴为2~3cm，分选性差，次圆状-圆状，底部0.20m为半固结状	0.02635	0.08546	洪积扇扇中漫流沉积微相
06-观2	43.20	洪积扇扇根+洪积扇扇中+洪积扇扇端	中砂：土黄色，成分以石英为主，分选性一般，松散，含有少量0.50~1cm的砾石，346.53~346.83m为0.30m半固结砂 砾石：浅黄色，成分以石灰岩，砂岩碎块为主，多为圆-次圆-一次圆状，含有少量黏土，砾径为2~4cm	0.01111	0.05800	洪积扇扇根主河道沉积
2010-水1	37.40	洪积扇扇根+洪积扇扇中+洪积扇扇中	砂：浅黄色，细粒，分选中等，松散，吸水性好 砾石：浅灰-浅黄色，成分以石英为主，分选以石英为主，含有少量砂石灰岩为主	0.30330	0.59100	洪积扇扇中辫状河道沉积微相
2010-水2	16.85	洪积扇扇中+洪积扇扇中	砂：浅黄色，细粒，成分以石英为主，松散 砾石：浅灰-浅黄色，成分以石英碎块为主，含有少量砂石灰岩为主，夹有次黏土，多为次圆状，砾径为3~5cm，最大十孔径	0.03317	0.04944	洪积扇扇中漫流沉积微相

续表

钻孔号	"底含"厚度/m	沉积成因	抽（注）水层段岩性	$q/[\text{L}/(\text{s}\cdot\text{m})]$	$K/(\text{m}/\text{d})$	抽（注）水层段沉积物沉积相
2011-水 1	13.80	洪积扇扇中	粉砂：棕红色、棕黄色、粉砂，局部含少量黏土，半固结状，吸水性较好	0.02047	0.04515	洪积扇扇中漫流沉积微相
2011-水 2	51.20	洪积扇扇根+洪积扇扇中	砂：棕黄色、细粒，结构松散，分选性较好	0.13690	0.20400	洪积扇扇中辫状河道沉积微相
2013-补勘孔	21.80	洪积扇扇根+洪积扇扇中+洪积扇扇中	砂：棕黄色，细粒，成分以石英为主，分选较好，局部夹有黏土质，较松散；砂：棕黄色，成分以石英为主，分选差，夹有 1～2cm 砾石碎块，松散	0.00752	0.13300	洪积扇扇根泥石流沉积
2015-观 2	8.86	洪积扇扇根+洪积扇扇中	砂：棕黄色，以细粒为主，成分以石英为主，分选性差，松散；砾石：浅黄-浅灰色，成分以石灰岩为主，含有少量砂岩碎块，多为次圆状，砾径为 3～5cm	0.00600	0.08000	洪积扇扇根泥石流沉积
2019-水 1	6.70	洪积扇扇根+洪积扇扇中	砾石：浅黄色，砾石母岩为石灰岩、石英砂岩，砾径大小为 5～20cm，分选中等，次圆状	0.02700	0.04142	洪积扇扇中漫流沉积
2019-水 2	6.95	坡积-残积相	砾石：灰色，砾石成分为砾状石灰岩，砾径为 3～5cm，大小不均一，呈圆状、次圆状	0.00062	0.00850	坡积-残积相

表 3.11 不同沉积相沉积物与富水性的关系

沉积相	亚相	微相	岩性结构特征	砂体接触类型及连通性		储水性	相对富水性
				垂向上	平面上		
坡积-残积相			分选差，磨圆差，结构松散，颗粒间充填大小不一的其他颗粒，沉积物层数少（多为1~2层），具有明显的地带性	以单砂体孤立分布类型为主，砂体间不连通	以孤立散点分布为主，砂体间不连通	具有的储水空间有限，透水性好	富水性极差
洪积扇相	扇根	泥石流沉积	分选差或无分选，磨圆差，粗颗粒混杂，粗颗粒间充填一定量的黏土，具有明显的"土包砾"或"土包砂"的特征，沉积厚度不等	以多期砂体孤立式分布类型为主，砂体间不连通或连通性差	以孤立散点分布为主，砂体间不连通或连通性差	具有的储水空间有限，透水性差	富水性差
		主河道沉积	分选差-中等，磨圆差，粒度较粗，主要由砾石、砂砾、砂及黏土质砂组成，但这些粗颗粒间充填少量黏土、细粉砂	以多期砂体孤立式分布和垂向叠置类型为主，砂体间具有一定连通性	呈交切条带式与扇中砂体连通	具有一定的储水空间，透水性较差	富水性中等
	扇中	辫状河道沉积	分选差-中等，磨圆为次棱角-次圆状，粒度较粗，以砾石、砂砾、粗-细砂为主且相对较纯，这些粗颗粒间充填的黏土等细颗粒少	以垂向叠置类型为主，砂体间连通性好	以交切条带式分布为主，连通性好	具有较好的储水空间，透水性好	富水性好
		漫流沉积	分选差-中等，磨圆为次棱角-次圆状，以粗、中、细砂、粉砂、黏土质砂为主	以水平搭接类型为主，砂体间连通性较差	以交切条带式分布为主，连通性好	具有较好的储水空间，透水性较好	富水性较好
	扇端	漫流沉积	分选中等-好，磨圆为次棱角-圆状，以细砂、粉砂、黏土质砂及黏土为主，砂道不发育，总体上"土多砂少"，表现为"土包砂"的特征	以水平搭接类型为主，砂体间连通性较差	以孤立条带式分布为主，连通性较差	具有储水空间有限，透水性较差	富水性较差

2. 洪积扇相沉积控水模式

该沉积控水模式下"底含"岩性复杂，不同沉积亚相与微相沉积特征不同，沉积物富水性具有明显的非均质性，其控水特征也具有明显差异。根据控水特征差异，可以进一步划分为五种类型，分别为扇中辫状河沉积中等富水型、扇中漫流沉积较弱富水型、扇根主河道沉积较弱富水型、扇端漫流沉积微弱富水型、扇根泥石流沉积微弱富水型。

1）扇中辫状河沉积中等富水型

该沉积控水模式下"底含"岩性分选差–中等，磨圆为次棱角状–次圆，粒度较粗，以砾石、砂砾、粗–细砂为主，且成分相对较纯，粗颗粒间充填的黏土等细颗粒少；砂体间连通性较好，在垂向上以垂向叠置类型和错位叠置类型为主，在平面上以交切条带式分布为主；以成分较纯的粗颗粒为主，具有较好的储水空间，透水性好，相较于其他类型富水性强。

2）扇中漫流沉积较弱富水型

该沉积控水模式下"底含"岩性分选差–中等，磨圆为次棱角状–次圆，以粗、中、细砂、粉砂、黏土质砂、黏土、砂质黏土为主，粒度较扇中辫状河道沉积较细；砂体在垂向上以水平搭接类型为主，连通性较差，在平面上交切条带式分布为主，连通性好；粗砂、中砂、细砂等砂层发育，具有较好的储水空间，透水性较好；富水性较洪积扇扇中辫状河沉积中等富水型弱。

3）扇根主河道沉积较弱富水型

该沉积控水模式下"底含"岩性分选差–中等、磨圆差，粒度较粗，主要由砾石、砂砾、砂及黏土质砂组成，但这些粗颗粒间充填少量黏土、细–粉砂等；砂体间具有一定的连通性，在垂向上以多期砂体孤立式分布和叠置类型为主，在平面上以交切条带式分布为主；沉积颗粒粒度粗，但成分不纯，被部分细颗粒充填，因此具有一定的储水空间，透水性较差；富水性较洪积扇扇中漫流沉积弱富水型弱。

4）扇端漫流沉积微弱富水型

该沉积控水模式下"底含"岩性分选中等–好，磨圆为次棱角状–圆状，以细砂、粉砂、黏土质砂及黏土等细颗粒为主，总体上"土多砂少"；砂体间连通性差，在垂向上以水平搭接类型和孤立分布类型为主，在平面上以孤立条带式分布为主；沉积粒度细，且表现为"土包砂"的特征，因此具有的储水空间有限，透水性较差；富水性较洪积扇扇根主河道沉积弱富水型弱。

5）扇根泥石流沉积微弱富水型

该沉积控水模式下"底含"岩性分选差或无分选，磨圆差，砾石、砂、黏土等粗细颗粒混杂，粗颗粒间充填一定量的黏土，具有明显的"土包砾"或"砾包土"的特征；砂体间不连通或连通性差，在垂向上以多期砂体孤立式分布类型为主，在平面上以孤立散点分布为主；具有的储水空间有限，且由于粗细颗粒混杂，透水性差；富水性较洪积扇扇端漫流沉积微弱富水型弱。

综上分析可知，沉积相对"底含"富水性具有明显的控制作用，研究区"底含"富水差异性的沉积控制作用主要表现在两方面：一方面，不同沉积相–亚相–微相的"底含"沉积物富水性表现出明显的非均质性，同一沉积相的不同沉积亚相之间和同一沉积亚相的不同沉积微相之间，沉积物富水性均具有明显的差异；另一方面，研究区洪积成因的"底含"沉积物由于不同沉积亚相叠覆造成含水层具有垂向非均质特征，其富水性也表现出明显的非均一性。为客观反映和确切查明"底含"的综合富水强弱程度，还需在确定"底含"沉积相分布的基础上，运用沉积控水理论，合理筛选评价指标和预测方法，从多因素融合分析的角度对"底含"富水性进行综合评价。

3.7　本章小结

本章基于区域沉积背景分析，开展了"底含"沉积物的物源分析研究，系统分析了"底含"沉积特征，划分了沉积相–亚相–微相及沉积演化特征，建立了"底含"沉积模式，确定了优势相分布；总结了不同沉积相–亚相–微相砂体的接触类型及连通性；通过分析"底含"水理性质，结合单位涌水量 q 值、渗透系数 K 值，分析了沉积相对其富水性的控制规律，并建立了"底含"沉积控水模式，揭示了"底含"富水差异性的沉积控制机理，主要得到以下结论。

（1）通过恢复古地形和分析"底含"沉积物物质成分组成特征，确定了煤系地层与盆地周围的碳酸盐岩地层及其中夹含的含碎屑物地层共同提供了许疃矿井"底含"沉积物的物质来源，许疃矿井"底含"的主要物源方向为西部、西北部和北部。

（2）系统分析了研究区"底含"的厚度分布、各岩性组成及其厚度分布、岩性组合结构等发育特征，结果显示：①"底含"沉积厚度为 0～76.35m，平均厚度为 14.6m，厚度沉积差异大，在矿井北部古潜山和西部、南部构造突起地段"底含"沉积缺失或沉积厚度薄，厚度主要为 0～5m；矿井中部沉积厚度较薄，厚度主要为 5～10m；许疃断层以北及许疃断层南部附近区域"底含"厚度大，厚度主要为 20～50m。"底含"沉积物的形成具有明显不等时沉积的特点。②"底含"岩性复杂，按其成分组成可以将其划分为三大类，即砾石类、砂类和黏土类，不同岩性厚度分布具有明显的地带性。③"底含"沉积物沉积层数差异较大，垂向上具有单层结构和多层复合结构，主要以多层复合结构为主。

（3）基于沉积物的颜色、岩性、沉积构造、沉积结构（粒度特征、分形特征等）以及测井曲线特征，确定了"底含"沉积环境主要为干旱气候条件下的洪积环境和坡积–残积环境，从而将矿井"底含"划分为坡积–残积相和洪积扇相两大类，并将洪积扇相进一步划分为扇根、扇中、扇端等三种亚相以及扇根泥石流沉积、扇根主河道沉积、扇中辫状河道沉积、扇中漫流沉积、扇端漫流沉积等五种微相。

（4）分析了"底含"的沉积演化特征，将"底含"形成划分为四个阶段，分析了"底含"沉积相在剖面和平面上的展布特征，建立了沉积模式，并确定了优势相分布。矿井南部"底含"主要为坡积–残积相，矿井中部和北部的"底含"主要为多期洪积扇相由东向西、自南而北呈退积式叠覆而成。

（5）从垂向和平面上总结了"底含"砂体的接触类型及其连通性。其中，砂体垂向叠置类型包括孤立分布类型（单砂体、多期砂体）、垂向叠置类型、错位叠置类型、水平搭接类型；砂体平面展布类型包括孤立散点分布类型、孤立条带式分布类型、交切条带式分布类型。同一沉积阶段位于洪积扇扇中部位的"底含"砂体分布范围较广，粒度较粗，具有较大的储水空间，地下水在横向和纵向上连通性能好，应作为防治"底含"水害的重点靶区。经过不同沉积阶段多期扇体叠置形成的"底含"沉积物，也通过每一期扇中砂体在空间上的叠置，使得砂体在横向和纵向上获得了良好的水力连通性能。

（6）分析了"底含"水理性质，并结合单位涌水量值分析了不同沉积相–亚相–微相沉积物的富水程度，建立了坡积–残积相和洪积扇相两种沉积控水模式，划分了扇中辫状河中等富水型、扇中漫流和扇根主河道较弱富水型、扇端漫流和扇根泥石流微弱富水型以及坡积–残积相极弱富水型等六种富水类型，揭示了"底含"富水差异性沉积控制机理。

第4章　基于沉积控水特性的
"底含"富水性精细评价

对影响与威胁煤层安全回采的含水层富水性进行客观、合理的预测评价是矿井防治水工作的重要前提，不仅可以有针对性布置防治水工程，同时也能有效避免局部富水性较强区域发生水害事故的可能性（王洋，2017）。以往的含水层富水性评价研究大多围绕基岩中的裂隙含水层、石灰岩中的岩溶含水层等开展，对于新生界松散含水层的富水性评价研究相对较少。淮北矿区"底含"大多直接覆盖在煤系地层之上，当开采浅部煤层时，采动裂隙可能会导通上部"底含"，造成顶板涌突水事故。该含水层是顶板突水的物质基础，其富水程度直接决定了涌突水的水量大小和持续时间（毕尧山等，2020）。因此，对"底含"富水性进行客观、合理、准确的预测评价，对于保障矿井浅部煤层水体下安全开采和地下水资源保护具有重要意义。

由前述章节内容可知，沉积特征是含水层形成及地下水赋存最基本的控制因素，不同沉积环境中形成的"底含"沉积物厚度、岩性结构、砂体空间展布特点不同，其富水性也具有明显差异，且表现出复杂的控制机理与非线性特征（王洋，2017）。在以往研究中，对于含水层富水性评价，大部分学者采用一些方法计算参评指标权重和综合值，建立了富水性与评价指标之间的线性关系，但忽略了富水性与评价指标间非线性部分的有用信息，影响了评价结果的精确性。同时，传统的多指标问题分析方法是建立在指标数据总体服从正态分布这个假定基础之上的，但实际上许多高维数据并不满足高维正态分布的假设（金菊良等，2020）。含水层富水性评价问题中评价指标数据具有高维、非线性且不一定符合正态分布的特征，致使很多优秀的模型与方法并不能适用于富水性研究计算中，需要用稳健的或非参数的方法来解决。投影寻踪模型既可作探索性分析，又可作确定性分析，尤其适用于高维、非线性、非正态分布指标数据的分析与处理（王凯军，2009），可以保证含水层富水性评价结果的客观性和科学性。

本章基于沉积控水规律，构建由含水层厚度、砂砾层厚度、砂砾层层数、砂地比、岩性-厚度指数这五个因素组成的富水性评价指标体系，并提出一种基于投影寻踪模型的含水层富水性评价模型。采用复合形法进行优化求解投影寻踪模型最佳投影方向，根据最佳投影方向计算投影值，将投影值大小作为表征"底含"富水性强弱程度的依据，并对"底含"富水性进行精细化的分级、评价，然后通过单位涌水量值对富水性评价结果进行验证。

4.1　投影寻踪方法简介

4.1.1　投影寻踪模型

投影寻踪法是一种处理多指标复杂问题的新型数理统计方法，是统计学、应用数学和计算机技术的交叉成果，在高维度、非线性、非正态数据分析处理方面有独到之处（王凯军，2009）。它的特点是可以在未知权重系数的情况下，从不同的角度去观测高维数据特性，将高维数据向低维空间投影，通过分析低维空间的投影特性来研究高维数据的特征，从而找到反映数据结构特征的最优投影，在低维空间上对数据结构进行分析，以达到分析研究高维数据的目的，具有稳健性好、抗干扰能力强和准确度高等优点。其具体思路是将影响问题的多因素指标通过投影寻踪分析得到反映其综合指标特性的最优投影特征值，然后建立投影特征值与因变量的一一对应的函数关系，从而完成高维数据向低维数据的转换，即将多个评价指标集成为一个综合评价指标，用于对样本做出更加合理的分级和评价（谢贤健等，2015；张彬等，2020）。

作为一种直接由样本数据驱动的处理多指标复杂问题的综合评价方法，该方法依据样本自身的数据特征寻求最佳投影方向，以此判断各评价指标对综合评价目标的贡献度，并通过最佳投影方向与评价指标的线性投影得到投影值，根据投影值的大小实现对研究对象的综合评价（姜秋香等，2011）。该模型集特质提取与数据压缩于一体，具有数学意义清晰、模型稳健性好、抗干扰能力强和准确度高等优点（顾志荣等，2015），评价结果与实际相符率高，且具有极强的跨学科通用性。目前已在边坡稳定性评价（徐飞等，2011）、泥石流危险度评价（谷复光等，2010）、滑坡危险性评价（谢贤健等，2015）、地下水水质评价（巩奕成等，2015a）、洪水灾情综合评价（董四辉等，2012）等诸多领域得到了广泛应用，并取得了良好效果，但在矿井含水层富水性评价问题中未见报道。该模型基于数据构造投影目标函数，利用优化算法寻找最优投影方向，建立富水性样本值与投影值之间一一对应的非线性关系，能够更好反映富水性的非均一性及其数据的结构特征，保证评价结果的客观性和科学性，提升评价结果的可信度（张彬等，2020）。基于此，本章将投影寻踪方法引入到矿井含水层富水性评价中，以期为涉及多因素的含水层富水性综合评价提供一种新的研究方法和思路。

4.1.2　投影寻踪建模步骤

根据投影寻踪原理，建立含水层富水性投影寻踪综合评价模型，主要包括六个步骤，具体算法步骤如下所述（姜秋香等，2011；顾志荣等，2015；谢贤健等，2015；张彬等，2020）。

1. 建立评价指标矩阵

设待评价样本集的样本容量为 n，评价指标集（变量）的指标个数为 p，第 i 个样本

的第 j 个评价指标值为 x_{ij}^*（$i=1$，2，…，n；$j=1$，2，…，p），则所有待评价样本的全部指标数据可以用 $n{\times}p$ 的矩阵 X^* 表示：

$$X^* = (x_{ij}^*)_{n{\times}p} \tag{4-1}$$

2. 归一化处理

当各评价指标的量纲不同时，需对其进行无量纲化处理。为消除不同量纲的影响，统一各评价指标的变化范围，对数值越大越优的评价指标及数值越小越优的指标分别按式（4-2）和式（4-3）进行归一化处理：

$$X_{ij} = \frac{x_{ij}^* - \min(x_j^*)}{\max(x_j^*) - \min(x_j^*)} \tag{4-2}$$

$$X_{ij} = \frac{\max(x_j^*) - x_{ij}^*}{\max(x_j^*) - \min(x_j^*)} \tag{4-3}$$

式中，$\max(x_j^*)$、$\min(x_j^*)$ 分别为第 j 个指标的最大值和最小值；x_{ij} 为归一化处理后的数据。

由此得到无量纲化后的 $n{\times}p$ 的标准化评价矩阵 X：

$$X = (x_{ij})_{n{\times}p} \tag{4-4}$$

3. 线性投影

投影寻踪分析能够最大程度地反映数据特征和最能充分挖掘数据信息的最优投影方向，从而实现数据降维，其实质是把 p 维数据 (x_{ij})（$i=1$，2，…，n；$j=1$，2，…，p）综合成 1 维向量 $a = (a_1, a_2, a_3, \cdots, a_p)$ 投影方向的投影值 z_i：

$$z_i = \sum_{j=1}^{p} a_j \cdot x_{ij} \tag{4-5}$$

投影寻踪与其他非参数方法一样可以用来解决某种非线性问题。虽然它是以数据的线性投影为基础，但寻找的却是线性投影中的非线性结构，因此它可以用来解决一定程度的非线性问题（尹鹏，2011）。

4. 构造投影目标函数

根据分类原则，投影值的分布特征应该尽可能满足以下要求：局部投影点应尽可能密集，最好凝聚成若干点团；整体投影点团之间应尽可能散开，即应使 p 维数据在 1 维空间散布的类间距离 S_z 和类内密度 D_z 同时取得最大值，由此将投影目标函数表示为类间距离和类内密度的乘积：

$$Q(a) = S_z \cdot D_z \tag{4-6}$$

式中，S_z 为投影特征值 z_i 的标准差，也称为类间距离；D_z 为投影特征值 z_i 的局部密度，也称为类内密度。S_z 和 D_z 分别按式（4-7）、式（4-8）计算：

$$S_z = \sqrt{\frac{\sum_{i=1}^{n} (z_i - \bar{z})^2}{n-1}} \tag{4-7}$$

$$D_z = \sum_{i=1}^{n} \sum_{j=1}^{p} (R - r_{ij}) \times u_t(R - r_{ij}) \tag{4-8}$$

式中，$\bar{z}$ 为序列 $(z_i | i=1, 2, 3, \cdots, n)$ 的平均值；R 为局部密度窗口半径，其取值原则是既要使包含在窗口内的投影点的平均个数不能太少，避免滑动平均偏差太大，又不能使它随着样本容量 n 的增大而增加太高，在实际运算当中取 $R = \alpha \cdot S_z$，α 依据投影点 z_i 在区域间的分布情况进行适当调整，可取 0.1、0.01、0.001 等，多取 0.1；$r_{ij} = |z_i - z_j|$ 为样本之间的距离；u_t 为单位阶跃函数，随着 r_{ij} 的增大而下降的单调密度函数，当 $t = (R - r_{ij}) \geqslant 0$ 时，其值为 1；当 $t = (R - r_{ij}) < 0$ 时，其值为 0。

5. 优化投影目标函数，确定最佳投影方向

不同的投影方向反映不同的数据结构特征，最佳投影方向即为最大可能地暴露高维数据某类特征结构的投影方向。对于给定的样本集指标值，投影目标函数 $Q(a)$ 只随投影方向的变化而变化，因此，在一定的约束条件 (s. t.) 下，可运用目标函数最大化对其进行优化，由此估计最佳投影方向。最大化目标函数为

$$\begin{cases} \max[Q(a)] = S_z \cdot D_z \\ \text{s. t.} \quad \sum_{j=1}^{p} a_j^2 = 1, |a_j| \leqslant 1 \end{cases} \tag{4-9}$$

式 (4-9) 是一个以 a_j 为优化变量的复杂非线性优化问题，目前 Matlab、DPS 等数学软件中的相应模块均能够实现投影目标函数的优化（顾志荣等，2015）。本章应用 DPS 软件通过非线性优化算法求解最佳投影方向以及投影值（张文丽，2007）。

6. 建立投影寻踪综合评价模型

根据式 (4-9) 可求得最佳投影方向 a_j^*，将 a_j^* 取值进行大小排列，可以得到各评价指标对样本贡献程度的大小；将 a_j^* 代入式 (4-5) 中即可求得各样本的最佳投影值 z_j^*，根据投影值 z_j^* 的分布特征及大小来对原评价对象进行综合评价。

4.2　基于沉积特性的含水层富水性评价指标体系

影响含水层富水性的因素是多方面的，合理恰当地选取影响含水层富水性的主控因素，直接影响到富水性评价模型建立和评价结果的准确性（王洋，2017）。根据对华北型隐伏煤田新生界松散层底部含水层岩性结构和沉积特征的认识（王洋，2017；），发现"底含"富水性在大面积范围内很少受到断裂构造的控制，在某一井田范围内几乎可以忽略断层的影响，主要与含水层的沉积特征和古地形条件相关联（王祯伟，1993）。

研究区北部古潜山和西部、南部构造突起地段，"底含"为坡积-残积环境下的产物，厚度薄，岩性结构相对简单；而在矿井中部及以北区域为洪积环境下多期扇体叠加的产物，沉积厚度较大，为多种岩性的复合结构。沉积相对"底含"富水性具有明显的控制作用，不同的沉积相环境下，其沉积物在平面上和剖面上相差甚远，如洪积扇的辫状河道沉

积，其砂砾层厚度大，分选性相对较好，富水性较好；坡积-残积相沉积物厚度薄，分选差或无分选，成分混杂，富水性极差。

　　由于研究区"底含"沉积物具有不等时沉积的特点，不同沉积阶段的沉积特征对应着不同沉积相-亚相-微相，多种沉积相-亚相-微相又在空间上叠置，相变迅速，规律性极差，有限的抽（注）水试验受试验层位的限制，所得到的 q 值往往只反映了试验钻孔揭露层段的富水性强弱，试验层段沉积相-亚相-微相不同，富水性差异极大，这也是造成"底含"富水性表现极不均一的重要原因之一。为客观反映和评价"底含"的综合富水性强弱程度，在对"底含"发育厚度、岩性组合结构等沉积特征及沉积相分析的基础上，基于沉积控水规律，选取含水层厚度、砂砾层厚度、岩性-厚度指数、砂地比、砂砾层层数（砾石类和砂类的总层数）作为"底含"富水性的主控因素，构建由以上五个主控因素组成的评价指标体系，对"底含"富水性进行定量评价。各主控因素与含水层富水性的关系如下所述，其中含水层厚度、砂砾层厚度、岩性结构指数、砂地比均为影响含水层富水性的正向指标，砂砾层层数为影响富水性的负向指标。

4.2.1　含水层厚度

　　含水层厚度是影响含水层富水性的重要因素，地下水赋存情况与含水层厚度密切相关。一般来说，在其他因素一定的情况下，含水层的富水性与含水层厚度成正比，含水层厚度越大，则储水空间越大，含水层富水性越强（许珂，2016；武强等，2017；韩承豪等，2020）。研究区"底含"厚度分布趋势见图 4.1，"底含"厚度表现为由北向南逐渐减

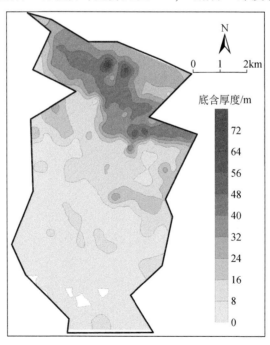

图 4.1　"底含"厚度分布趋势图

薄的趋势,西部、南部的"底含"主要为坡积-残积物,厚度较小;矿井中部、北部主要为多期洪积扇叠置形成的产物,厚度较大。

4.2.2　砂砾层厚度

砂砾层厚度是指砾石类和砂类两种含水介质的累加厚度,砂砾层厚度作为决定含水层富水性的先决条件,是地下水主要的赋存空间和径流通道,厚度大的区段在单位面积上地下水的赋存空间较大,富水性较强(王洋,2017)。研究区"底含"砂砾层厚度分布趋势见图 4.2,研究区"底含"砂砾层厚度也表现为由北向南逐渐减薄的趋势,西部、南部的"底含"砂砾层厚度较小;矿井中部、北部"底含"砂砾层厚度较大。

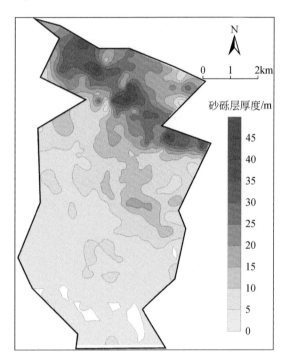

图 4.2　"底含"砂砾层厚度分布趋势图

4.2.3　岩性-厚度指数

研究区"底含"物质组成成分复杂,按其成分组成可以将其划分为三大类,即砾石类(主要包括砾石和砂砾)、砂类(主要包括粗砂、中砂、细砂、粉砂和黏土质砂)和黏土类(主要包括黏土砾石、砂质黏土、黏土、钙质黏土)。根据相关研究,岩层粒度不同,其内部孔隙大小及储水空间不同,粒度越粗,赋水空间越大(林磊,2020)。一般来说,就各岩性沉积物赋水条件而言,砾石类、砂类和黏土类这三大类沉积物的赋水程度依次减弱。考虑到相同层段地层岩性(粒度)和厚度的差异,分析"底含"地层的厚度和粒度组成特征，结合以往相关研究，选取岩性–厚度指数这一定量指标来表示其对富水性的影响。岩性–厚度指数指通过对岩性赋值，计算岩性赋值和岩层厚度的乘积，然后进行多层结构的累加计算（林磊，2020）。研究区"底含"沉积相不同，岩相组合及厚度不同，岩性–厚度指数同时考虑了岩性（粒度）、厚度的影响，可以反映不同沉积相对富水性的影响，其值越大，富水性越强。

不同岩性岩层富水性存在差异，富水性一般表现为砾石>砂砾>粗砂>中砂>细砂>粉砂>黏土质砂>黏土，通过对岩性进行赋值（换算等效系数），根据其岩性差异，对各岩性厚度进行等效换算（林磊，2020），本章以砾石层为基准，将砂砾、粗砂、中砂、细砂、粉砂、黏土质砂、黏土等岩层厚度分别乘以一个等效系数，从而折算成砾石层的厚度，计算公式为

$$A = \sum_{i=1}^{n} B_i \cdot C_i \qquad (4\text{-}10)$$

式中，A 为岩性–厚度指数，m；n 为"底含"沉积物总的层数；B_i 为第 i 层单层厚度；C_i 为第 i 层单层岩性赋值换算等效系数，本章中对砾石、砂砾、粗砂、中砂、细砂、粉砂、黏土质砂、黏土类依次赋值为 1.0、0.9、0.8、0.7、0.6、0.5、0.4、0。

研究区"底含"岩性–厚度指数值分布趋势图见图 4.3。研究区"底含"岩性–厚度指数值差异较大，总体表现出由北向南逐渐减小的趋势，反映了北部较粗粒度的砾石含量较高、厚度较大，岩性组合结构相对较好，富水性较强，而南部富水性相对较弱。

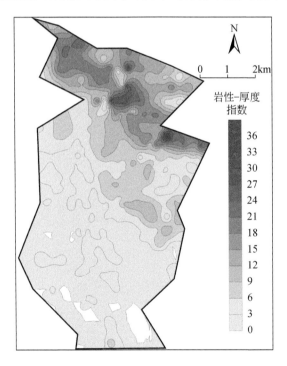

图 4.3　"底含"岩性–厚度指数分布趋势图

4.2.4　砂地比

　　砂地比是指砂砾石层总厚度与"底含"地层厚度的比值，反映了地层中砂砾类、黏土类的相对含量。如果"底含"中砂砾类的百分含量较大，砂地比值较大，含水层的储水空间大，且渗透性能较好，含水层富水性较强；反之，含水层富水性较弱（王洋，2017）。研究区"底含"地层的砂地比值分布趋势图见图 4.4，研究区"底含"砂地比值总体表现为中部大、南北部较小的特征，砂地比值总体较大，且量化差异性不明显，反映了"底含"沉积成因的复杂性。

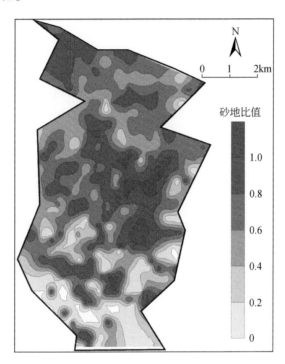

图 4.4　"底含"砂地比分布趋势图

4.2.5　砂砾层层数

　　一般来说，在含水层厚度相近时，砂砾层层数较多意味着单层砂砾层厚度较薄，使含水层中地下水的水力联系减弱，含水层富水性减小。反之，如果砂砾层层数较少，相应的单层砂砾层厚度增加，在平面上易形成连通砂体，使含水层的富水性增大（武强等，2017）。研究区"底含"具有单层结构和多层复合结构，以多层复合结构为主，砂砾层层数分布趋势图见图 4.5。由图 4.5 可知，研究区"底含"砂砾层层数表现为由南向北不断增加的趋势，南部砂砾层层数主要为单层或双层，北部砂砾层层数较多，多为 4 层以上，反映了南部"底含"沉积过程相对简单、北部"底含"沉积过程相对复杂，结合前述沉积环境分析可知，南部"底含"主要为坡积–残积物，砂砾层层数虽少（多为单层或双层）但总厚度薄，富水性相对较弱；北部"底含"主要为洪积物，砂砾层层数虽多但总厚度大，富水性相对较强。

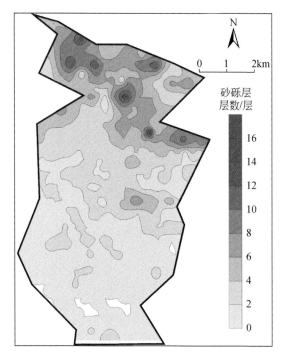

图4.5 "底含"砂砾层层数分布趋势图

4.3 基于投影寻踪方法的含水层富水性评价模型

4.3.1 模型的建立

　　针对含水层富水性评价指标数据具有高维、非线性、非正态分布的特征，引入了能有效反映富水性与评价指标间非线性特征，同时又对数据结构特征具有高包容性的投影寻踪模型，对"底含"富水性进行综合评价，突破了传统综合评价方法一般只能用于正态分布数据处理的限制，同时又克服了一般评价方法中权值确定存在较大主观性等缺点（巩奕成等，2015b）。投影寻踪方法能将高维数据降维，能较好地解决复杂的非线性问题，最大限度地反映原始数据的内在结构特点，避免一些影响数据本质的无关变量的干扰，因此避免了主观因素的影响，更具客观性。

　　结合前述构建的"底含"富水性评价指标体系，根据投影寻踪模型原理，将研究区384组钻孔数据进行归一化处理后，通过DPS软件建立含水层富水性评价模型。采用复合形法来对投影目标函数进行优化求解。优化算法复合形法具有全局收敛性，能快速计算出反映高维数据特征结构的最佳一维投影指标方向值，是处理中、小规模优化问题最有效的一种算法，可以作为投影寻踪评价模型的辅助寻优工具（胡乃利，2008）。

经过优化处理后，得到最大投影指标函数 $Q(a) = 2017.4179$，最佳投影方向为 $a = (0.4665、0.5963、0.5901、0.2795、0.0235)$，如图 4.6 所示。最佳投影方向各分量绝对值的大小实质上反映了各评价指标对"底含"富水性评价结果的影响程度，各分量绝对值越大则对应的评价指标对"底含"富水性的影响程度就越大，反之越小（赵小勇等，2006；胡乃利，2008）。虽然最佳投影方向和指标权重有着本质的区别，但是它们之间也存在着联系和共性，即最佳投影方向和权重均是反映数据自身内在联系的纽带，都反映了指标对评价结果的影响程度。唯一不同的是最佳投影方向之和不为 1，而权重之和为 1（岳荣宾，2009；尹鹏，2011）。

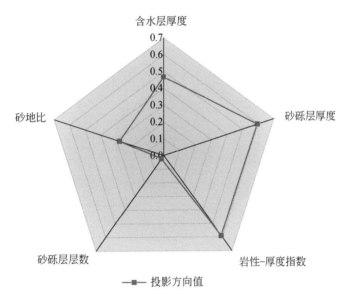

图 4.6　"底含"富水性投影寻踪模型的最佳投影方向

本次最佳投影方向 $a = (0.4665、0.5963、0.5901、0.2795、0.0235)$，表明砂砾层厚度、岩性–厚度指数、含水层厚度、砂地比和砂砾层层数对研究区"底含"富水性的影响程度依次减小，其中砂砾石层厚、岩性–厚度指数、含水层厚度是影响研究区"底含"富水性的最主要因素，砂砾层层数的影响最小。

将得到的最佳投影方向 a 带入到式（4-5）中，得到能反映各评价指标信息的投影特征值 z_i，如式（4-11）所示，并以 z_i 的差异水平作为评估依据，分析确定评价结果。通过对投影特征值进行可视化处理得到"底含"富水性投影特征值等值线图，见图 4.7。投影特征值的大小反应了"底含"的富水性程度，即投影特征值越大，"底含"富水性越强（谢贤健等，2015；张彬等，2020）。将投影特征值作为"底含"富水程度评价依据，能直观地比较出研究区各个区域的富水性强弱，具有一定的科学性及可操作性。由图 4.7 可知，研究区北部"底含"富水性投影特征值较大，南部较小，总体呈现出由南向北逐渐减小的趋势。

$$z_i=0.4665*x_{i1}+0.5963x_{i2}+0.5901x_{i3}+0.2795x_{i4}+0.0235x_{i5}(i=1,2,\cdots,384)\quad(4\text{-}11)$$

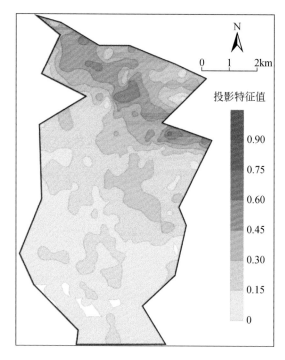

图 4.7　研究区"底含"富水性投影特征值等值线图

4.3.2　富水性分区评价

　　研究区"底含"富水性投影特征值大小范围为 0~1,表明"底含"富水性分布不均、差异较大。为了进一步客观、定量化"底含"富水性的空间分布特征,采用自然间断分级法对投影特征值进行分级评价(侯恩科等,2019a)。这有利于精细表征含水层富水性强弱等级情况,细化含水层富水性内部差别,圈定矿井"底含"水害防治的重点靶区。表征含水层富水性的投影特征值反映的是含水层的自然属性,自然间断分级法以数据内在的自然分组为依据,通过选择组内最大相似值或组间最大化差异识别自然断裂点,强调自然断点和分组,人为干预较少,因此选用自然断点分级法进行分级是合理和科学的(谢保鹏等,2014)。

　　在矿井生产实践中,对于矿井含水层富水性等级划分一般根据钻孔单位涌水量的大小,按照《煤矿防治水细则》中的划分标准进行划分(侯恩科等,2019a)。通过分析研究区范围内 15 个"底含"抽(注)水试验钻孔资料发现,其单位涌水量值为 0.00062~0.33580L/(s·m),富水性属弱–中等级别,其中弱富水性的钻孔占 66.67%,中等富水性的钻孔占 33.33%,未发现极强富水性、强富水性的抽水钻孔资料,但单位涌水量值变化范围很大,相差几百倍之多。为了能更客观反映"底含"富水性的相对强弱,同时也为了使富水性分区预测结果更便于矿井防治水工作开展,充分考虑"底含"富水性的极不均一性，将弱富水性这一级别进一步细分为较弱富水性、微弱富水性、极弱富水性，即利用自然间断分级法将投影特征值划分为四个自然级，分别为中等富水区（投影特征值＞0.5101）、较弱富水区（投影特征值 0.3155～0.5101）、微弱富水区（投影特征值为0.1821～0.3155）、极弱富水区（投影特征值为＜0.1821），并绘制了研究区"底含"富水性分区图（图 4.8）。由图 4.8 可知，研究区"底含"富水性总体表现为由北向南富水性逐渐减弱的趋势，其中，中等富水区分布在矿井北部及许疃断层南侧附近区域，矿井中部主要为较弱富水区和微弱富水区，矿井南部主要为极弱富水区。

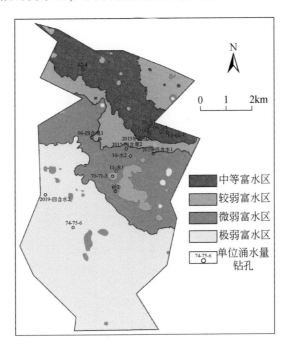

图 4.8　研究区"底含"富水性分区图

　　结合前章沉积相分析内容（图 3.54），南部"底含"主要为坡积–残积相沉积物，富水性极弱；中部、北部"底含"主要为多期洪积扇相沉积物逐渐由东向西、由南向北退积叠置而成，富水性总体较坡积–残积相沉积物强，但由于不同沉积亚相与微相叠置，平面和垂向上相变快，岩性结构复杂，富水性不均一，为微弱–中等富水性。本次富水性评价分区结果反映了沉积相对"底含"富水性的控制作用。

4.4　富水性评价模型的验证

　　单位涌水量是含水层富水性强弱最直接的评判依据。根据研究区 15 个"底含"抽（注）水试验钻孔单位涌水量值的大小检验本次富水性评价模型的可靠性。各富水性分区对应的抽水试验钻孔分布见表 4.1，中等富水区内共有五个单位涌水量钻孔，其中 62-4孔、10-水 1 孔、11-水 2 孔、66-68-4 孔这四个孔单位涌水量范围 0.13690～0.30330L/（s・m），根据相关规范富水性等级划分应为中等富水性级别，与本次判别结果吻合，仅06-观2孔 $[q$ 为 0.01111L/(s·m)]，判别有误；较弱富水区内共有六个单位涌水量钻孔，其中06-观1孔、10-水2孔、2019-水1孔、11-水1孔、2013-水1孔这五个孔单位涌水量范围为 0.00752 ~ 0.03317L/(s·m)，q 值明显小于中等富水区内 q 值，仅 70-71-3 孔 $[q$ 为 0.33580L/(s·m)] 判别有误；微弱富水区内共有两个单位涌水量钻孔，分别为检2孔、2015-观2孔，单位涌水量范围为 0.00349 ~ 0.00600L/(s·m)，q 值均小于较弱富水区内 q 值；极弱富水区内共有两个单位涌水量钻孔，分别为2019-水2孔、74-75-6孔，单位涌水量范围为 0.00062 ~ 0.00253L/(s·m)，q 值均小于微弱富水区内 q 值。

表 4.1　评价分区与抽水试验钻孔分布判别

评价结果分区	区内分布单位涌水量钻孔	q 值 /[L/(s·m)]	根据规范富水性等级划分	本次分区 q 值范围 /[L/(s·m)]	判别结果
中等富水区	62-4	0.17480	中等富水性	中等富水性 (0.13690 ~ 0.30330)	符合
	10-水1	0.30330	中等富水性		符合
	11-水2	0.13690	中等富水性		符合
	66-68-4	0.23280	中等富水性		符合
	06-观2	0.01111	弱富水性		不符合
较弱富水区	06-观1	0.02635	弱富水性	较弱富水性 (0.00752 ~ 0.03317)	符合
	10-水2	0.03317	弱富水性		符合
	2019-水1	0.02700	弱富水性		符合
	11-水1	0.02047	弱富水性		符合
	70-71-3	0.33580	中等富水性		不符合
	2013-水1	0.00752	弱富水性		符合
微弱富水区	2015-观2	0.00600	弱富水性	微弱富水性 (0.00349 ~ 0.0060)	符合
	检2	0.00349	弱富水性		符合
极弱富水区	2019-水2	0.00062	弱富水性	极弱富水性 (0.00062 ~ 0.00253)	符合
	74-75-6	0.00253	弱富水性		符合

经抽（注）水试验钻孔资料验证，本章划分的中等富水区、弱富水区、微弱富水区、极弱富水区内包含的抽（注）水钻孔的单位涌水量值大小依次存在量化差异（仅70-71-3孔、06-观2孔判别有误），中等富水区 q 值大于 0.1L/(s·m)，较弱富水区、微弱富水区、极弱富水区内 q 值均小于 0.1L/(s·m)，且极弱富水区 q 值<微弱富水区 q 值<较弱富水区内 q 值<0.1L/(s·m)。评价模型对于相对富水性的判别结果与根据单位涌水量判别的富水性等级结果吻合度较高，并对弱富水性等级进行了进一步的细致划分，富水性评价结果与前述"底含"沉积相分布及沉积控水规律相符，且全过程避免了人为因素的影响，模型评价结果较为理想。

本章将投影寻踪模型引入矿井"底含"富水性评价中，取得了比较合理的评价结果，原因主要在于以下几个方面：该模型不受高维、非线性、非正态分布评价指标数据的影响，突破了传统综合评价方法一般只能用于正态分布数据处理的限制。虽然它是以数据的线性投影为基础，但寻找的却是线性投影中的非线性结构，因此它可以用来解决一定程度的非线性问题（尹鹏，2011）。该模型将高维的指标数据转化到一维空间上进行数据分析，完全依据数据本身的结构特征寻找最优投影方向，避免了在权重给定中的人为主观性，减少了人为因素干扰，使评价结果可以最大程度地反映出原始数据的特点，提高了研究结果的科学性、精准性（肖长来等，2011）。该模型可以排除与数据结构和特征无关的或关系很小的变量的干扰（柴岩和鄢长伟，2012）。将投影特征值作为富水性强弱程度评价的依据，能直观地比较出各区域富水性的大小。结合矿井抽（注）水试验钻孔单位涌水量资料确定划分富水性等级的级数，采用 ArcGIS 软件中基于地统计学的自然间断法对投影特征值进行分级，具有一定的科学性和可操作性，得到的富水性分区预测结果更便于矿井防治水工作的开展。该模型可实现对矿井含水层富水性的准确评价，而且模型相对简单、直观和易于理解。因此，该模型具有较强的可操作性及有效性，在含水层富水性评价领域有较好的应用价值。本研究为涉及多因素的含水层富水性评价提供了一种新的研究方法和思路。

此外，含水层富水性指岩层能给出水的能力，主要决定于含水层的补给量、储存量和含水层的导水性（曾一凡等，2020）。针对本章而言，影响"底含"富水性的因素也是多方面的，受控于含水层的水力特征、含水层厚度、岩性结构以及沉积特征等因素，具有复杂的控制机理与非线性特征。但目前，对于评价指标的选取尚缺统一的理论指导。限于研究水平和数据资料的可得性，仅基于沉积控水规律，从"底含"的沉积特征和岩性结构入手，构建了仅由含水层厚度、砂砾层厚度、砂砾层层数、砂地比、岩性–厚度指数这五个因素组成的富水性评价指标体系，指标体系中未能涉及"底含"富水性评价过程中应当具备的全部指标。考虑到评价指标的选取对综合评价结果的影响具有不确定性，因此在今后的矿井含水层富水性综合评价过程中，应进一步构建更加全面的评价指标体系以进一步改善本模型的评价性能。此外，不同投影方向优选算法也可能会影响评价结果的客观性（张彬等，2020），今后可以开展采用其他优化算法（如粒子群优化算法、遗传优化算法等）优化结果与采用复合形法优化结果的对比分析研究，进一步探讨不同优化算法对模型富水性评价结果的影响。

4.5　本章小结

本章针对以往含水层富水性评价研究中的不足，将沉积学与水文地质学相结合，基于沉积控水规律，构建了"底含"富水性评价指标体系，提出了一种基于投影寻踪方法的含水层富水性评价模型，并对"底含"富水性进行了精细分级、评价，然后通过单位涌水量值对富水性评价结果进行了验证，主要得到以下结论。

（1）构建了由含水层厚度、砂砾层厚度、岩性–厚度指数、砂地比、砂砾层层数这五个因素组成的"底含"富水性评价指标体系。

（2）将投影寻踪方法引入到矿井含水层富水性评价中，建立了基于投影寻踪方法的"底含"富水性评价模型，并采用复合形法来对投影目标函数进行了优化求解，求得的最佳投影方向表明砂砾层厚度、岩性-厚度指数、含水层厚度、砂地比和砂砾层层数对研究区"底含"富水性的影响程度依次减小，其中砂砾石层厚、岩性-厚度指数、含水层厚度是影响"底含"富水性的最主要因素，砂砾层层数的影响最小。

（3）将投影特征值作为"底含"富水性强弱程度评价的依据，同时为了能更客观反映"底含"富水性的相对强弱和使富水性分区预测结果更便于矿井防治水工作开展，根据单位涌水量 q 值的分布范围，将弱富水性这一级别进一步细分为较弱富水性、微弱富水性、极弱富水性，采用自然间断分级法将投影特征值划分为四个自然级，分别为中等富水区（投影特征值>0.5101）、较弱富水区（投影特征值为 0.3155~0.5101）、微弱富水区（投影特征值为 0.1821~0.3155）、极弱富水区（投影特征值<0.1821）。

（4）根据富水性分区结果，研究区"底含"富水性总体表现为由北向南富水性逐渐减弱的趋势。中等富水区分布在矿井北部及许疃断层南侧附近区域，矿井中部主要为较弱富水区和微弱富水区，矿井南部主要为极弱富水区。结合沉积相分析，南部"底含"主要为坡积-残积物，富水性极弱；中部、北部"底含"主要为多期洪积扇相沉积物逐渐由东向西、由南向北退积叠置而成，富水性总体较坡积-残积物强，但由于不同沉积亚相与微相叠置，平面和垂向上相变快，岩性结构复杂，富水性不均一，为微弱-中等富水性。富水性评价结果反映了沉积相对"底含"富水性的控制作用。

（5）根据研究区 15 个"底含"抽（注）水试验钻孔的分布和单位涌水量值的大小检验了本次富水性评价模型的可靠性。结果表明本章划分的中等富水区、较弱富水区、微弱富水区、极弱富水区内包含的抽（注）水钻孔的单位涌水量值大小依次存在量化差异（仅 70-71-3 孔、06-观 2 孔判别有误），评价模型对于相对富水性的判别结果与根据 q 值判别的富水性等级结果吻合度较高，且富水性分区结果与"底含"沉积相分布及沉积控水规律分析结果相符，模型评价结果较为理想。

第5章 近松散层下开采含断层覆岩采动破坏特征

近松散含水层下采煤由于断层的存在，覆岩采动破坏特征变得更加复杂。正确认识和分析松散含水层下煤层采动过程中断层影响下的采动覆岩采动破坏特征对保障松散含水层下工作面安全回采具有重要意义（师本强，2012）。

为研究断层对近松散含水层下工作面开采的影响以及断层对含水层基底的影响，基于第2章32采区 3_2 煤层顶板工程地质特征分析，构建松散层下含断层工作面开采的物理相似模型和数值模型，开展近松散层下开采不含断层覆岩和含断层覆岩采动破坏特征研究，分析不含断层工作面开采和含不同落差断层工作面开采过程中的导水裂缝带发育高度、覆岩破坏特征、应力演化特征和位移变化特征，并基于多因素融合分析的方法建立了导水裂缝带高度预测模型，为后续松散含水层涌水机理研究奠定基础。

5.1 近松散层下开采含断层覆岩采动破坏相似模拟

物理相似模拟试验是研究工作面覆岩移动和变形及应力分布规律的重要手段（高琳，2017）。以32采区开采工作面为工程地质背景，搭建一架物理相似模拟试验模型，开展近松散层下开采含断层覆岩采动效应物理相似模拟试验研究，再现含断层工作面沿倾向过断层开采时覆岩宏观运动特征，分析覆岩运移和应力传递规律，为现场开采提供有效指导。

5.1.1 相似模型构建与试验过程

1. 相似模拟试验原型工程背景

基于第2章工程地质背景分析，以许疃煤矿32采区 $3_2$20 工作面、$3_2$22 工作面的工程地质条件、开采条件为本次相似模拟的工程地质背景，以 3_2 煤开采为研究对象，考虑断层影响，建立概化模型，见图5.1。该模型取地层倾角12°，煤层厚度为3.0m，倾斜煤层平均埋深为400m，断层为正断层，断层倾角为60°，平均落差为5m，断层带宽度为1m，基岩面深度为350m，考虑基岩面下风氧化带厚度为10m，基岩面以上"底含"厚度为15m。

2. 模型参数设定与材料选取

1）相似常数设定

相似材料模拟试验以相似原理为理论研究基础，在进行原型与相似材料模型转换时，需同时遵循和满足一定的相似条件，主要包括岩体物理力学性质相似、原型和模型几何尺寸相似、开采边界条件相似、时间相似等（于秋鸽，2020）。基于现场地质资料及实验室

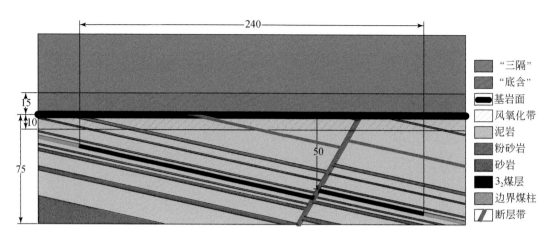

图 5.1　地质模型示意图（单位：m）

条件，本次相似模拟试验相似比的选取详见表 5.1。

表 5.1　相似常数设定

相似常数	公式计算	各参数注释		相似常数值
		模型	原型	
几何相似比 C_l	$C_l = \dfrac{X_m}{X_p} = \dfrac{Y_m}{Y_p} = \dfrac{Z_m}{Z_p}$	几何尺寸：X_m、Y_m、Z_m	几何尺寸：X_p、Y_p、Z_p	0.0100
强度相似比 $C_{\sigma c}$	$C_{\sigma c} = \dfrac{\sigma_{cmi}}{\sigma_{cpi}} = C_l \times C_r$	各岩层单轴抗压强度：σ_{cmi}	各岩层单轴抗压强度：σ_{cpi}	0.0061
弹性模量相似比 C_E	$C_E = \dfrac{E_{mi}}{E_{pi}} = C_l \times C_r$	各岩层的弹性模量：E_{mi}	各岩层的弹性模量：E_{pi}	0.0061
容重相似比 C_r	$C_r = \dfrac{r_{mi}}{r_{pi}}$	各岩层容重：r_{mi}	各岩层容重：r_{pi}	0.6080
泊松相似比 C_μ	$C_\mu = \dfrac{\mu_{mi}}{\mu_{pi}}$	各岩层的泊松比：μ_{mi}	各岩层的泊松比：μ_{pi}	1.0000
时间相似比 C_t	$C_t = \sqrt{C_l}$	—	—	10.0000

2）相似模型材料的选择及制作

本次相似模拟试验相似材料选取筛分后的河砂作为骨料，选取石膏、石灰作为胶结材料，断层破碎带的骨料为云母粉及河砂；按照一定的比例加水进行搅拌，将搅拌好的材料按照原型层位进行铺设。为达到相似材料强度设计要求，采用正交试验方法进行原材料配比试验，并测试胶结材料强度，根据 3_2 煤层顶板覆岩的岩石物理力学参数最终确定本次相似材料的强度及配比号，确定材料配比后，基于原始地层转换后的相似模型岩层厚度及模型尺寸，并计算出每一岩层及断层带各材料（河砂、石灰、石膏、水、云母）所需用量。

3. 应力和位移监测点的布设

1) 应力监测点布置

为监测煤层采动过程中覆岩及断层带两侧岩体的应力变化规律，在本次试验过程中，通过在模型中埋设 BW 微型土压力传感器，并选用日本进口的数据采集仪 TDS-540（图 5.2）来进行应变监测，解析获得在煤层采动过程中围岩微应变，再经公式进一步求出应力，应变至应力换算公式为

$$P = \mu\varepsilon \times K \tag{5-1}$$

式中，P 为压力值，kPa；$\mu\varepsilon$ 为应变量；K 为率定系数（出厂前测定）。

图 5.2　数据采集仪（TDS-540）

本次试验共铺设 36 个压力传感器、7 条测线。其中，测线 1 横向布置于"底含"底部；测线 2 垂直布置距模型右侧边界 48.9m；测线 3、测线 4 分别布置于断层两侧 3m 处；测线 5 垂直布置于距模型右侧边界 154.5m 处；测线 6 布置于距模型右侧边界 198.5m 处；测线 7 布置于距模型右侧边界 237.2m 处。应力监测点布置见图 5.3。

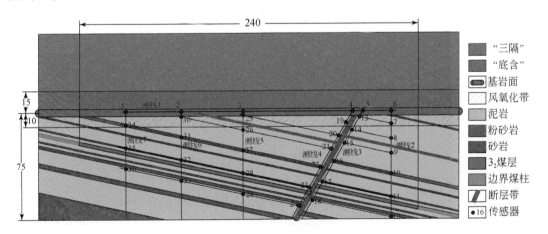

图 5.3　应力监测点布置图（单位：m）

2）位移监测点布置

为监测煤层采动过程中覆岩及断层带两侧岩体的位移变化规律，本次试验布置平行煤层和平行断层带的测线，在两测线交点处设置位移监测点。其中，A线位于含水层底部以上5m处；B线位于含水层底部；C线位于风氧化带底部；断层下盘平行煤层布置D线、E线、F线、G线、H线、I线共六条，分别距离煤层50m、40m、30m、20m、15m、5m，煤层底板距离煤层10m处布置一条J线；断层上盘平行煤层布置K线、L线、M线、N线、O线共五条，分别距离煤层40m、30m、20m、15m、5m，煤层底板距离煤层10m处布置一条P线。平行断层带方向上，距离下盘分别5m、15m、30m、40m、50m、62.5m、75m布置测线；距离上盘分别5m、15m、30m、40m、50m、63m、75m、90m、105m、122.5m、140m布置测线。位移监测点布置见图5.4。在试验过程中，使用佳能高清数码相机对覆岩变化过程进行位移监测，后续采用相关算法来进行图像处理获得位移变化数据。

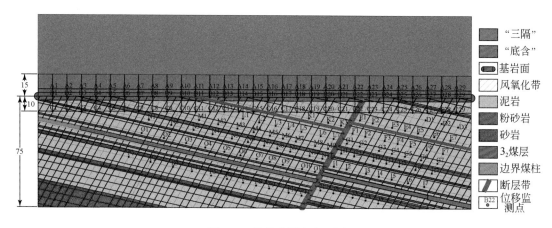

图5.4　位移监测点布置图

4. 模型搭建过程

本次相似模型的构建，采用自行研制的二维平面试验架进行，框架尺寸为300cm×20cm×200cm（长×宽×高），设计模型尺寸为300cm×20cm×150cm（长×宽×高）。根据试验目的和设计，进行相似材料选取、相似材料配比及用量计算、模型顶部补偿荷载计算。在实验所需的材料及工具准备好后，根据模型设计图进行模型铺设。在铺设前，打印出与模型设计图同样比例的图布，把实验台框架后方的槽钢安装在框架上，将图布固定在模型的前后框架上，以便铺设模型时进行参照。

配料时运用电子秤严格按照材料配比对各个材料进行称量，将各材料称好后倒入搅拌机搅拌均匀，按配比称重用水量，加水均匀搅拌，使其呈均匀松散状。为尽量避免在搅拌过程中出现材料结块的现象，应将水分多次倒入搅拌机中，倒完水后继续搅拌几分钟，直至材料混合均匀。由于试验台后方的槽钢已安装并作为参照，所以本次实验的铺设仅在试验台前方进行。因断层的存在使得模型在铺设时需将上、下盘分开，错层同步铺设，先铺设下盘，后铺设上盘，两盘交替进行。断层面需单独构造。为增强实验效果，需将较厚的岩层利用云母粉分为多层进行铺设，一般单层厚度以 1～2cm 为宜，尽可能地按设计厚度进行。各层要分层压实，层面需刮平整，之后铺设下一分层。将云母片均匀地分撒在各分层界面，以更好地模拟结构面，并保证有较好的分层（界）效果。在铺设过程中，按设计要求将应力盒埋设进去，并在压实时注意不得将应力盒砸坏。模型制作好后，及时拆下挡板，在通风的条件下干燥完全。铺设完成后的模型见图 5.5。

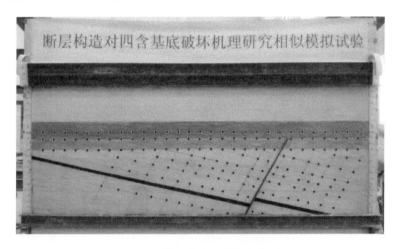

图 5.5　铺设完成后的相似模型

5. 模型开挖与监测方案

考虑空气湿度等因素，将铺设完成的模型在自然条件下进行 10 天的阴干处理，然后拆除槽钢及护板。在模型前方中央处固定架设一台摄影设备，以用来实时记录开挖过程全景变化现象，另准备一台摄影设备随时用来对开挖过程中产生的裂隙和垮落现象进行近距单景拍摄。

一切布置完毕后对模型实施开采，为消除边界效应，设计在切眼外侧留设 30cm（实际 30m）的煤柱。由于正断层落差较小，为减少工作面搬家次数、提高开采效率，本模型直接过断层开采，试验先从断层下盘开始采，即从右往左向断层开挖，刚开始开采 10cm（实际 10m），之后每次开采 5cm（实际 5m）。开挖时严格遵循几何相似比和时间相似比，并结合以往经验，两次开采之间应间隔 2h，以保证覆岩在每次开采后可以充分运动。煤层开挖时，应遵循慢、稳、准的原则，尽量避免对顶板覆岩产生不必要的影响。每次开采过程中，需两人配合使用钢尺及锯条等工具在模型的前后同时开挖，并及时清理实验中模拟开采出的煤层，以避免清理不及时导致对上覆岩层垮落的影响。每次开挖完毕待覆岩充分运动后，利用高清相机、实验记录本对实验图像及实验过程中的现象、状况进行记录。重复上述步骤，直至模型开挖完毕。

5.1.2　采动影响下覆岩应力传递规律分析

开采过程中，应力的监测采用微型压力盒，通过数据采集仪 TDS-540 获得其微应变，再计算出对应的应力值。本次共布置应力测点 36 个，有效应力测点 32 个，顶板内有效应力测点为 26 个。

1. 采动应力在横向上的传递规律

1）断层下盘横向上覆岩应力演化特征

以分别距煤层 2.5m、18m、32m、42m 的四条测线为例，说明在断层下盘覆岩应力演化特征。采动应力在横向上的变化曲线见图 5.6。由图 5.6 可知，断层下盘煤层顶板布置的各测线上的测点的应力变化规律基本一致，总体变现为压力先增大后减小，然后又增大的趋势，且随着距煤层的远近不同受采动影响的程度不同。

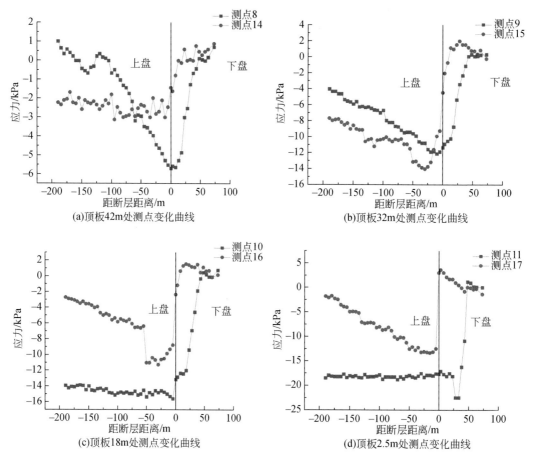

图 5.6　断层下盘顶板应力在横向上的变化曲线图

以图 5.6 (d) 为例，测点 11、测点 17 距离煤层顶板 2.5m，在工作面开挖初期，两个应力测点没有明显的应力变化。测点 11 出现应力变化是在工作面推进 15m 处，随着工作面继续向前推进，应力值逐渐升高并在推进距离 25m 时，该测点应力达到峰值，随后逐渐降低；当工作面推进步距为 28m 时，测点 11 出现负值，说明工作面已经推过测点 11 所处位置，测点 11 失效。测点 17 在工作面推进到 35m 时出现应力反应，并在推进距离为 70m 时达到峰值，随后降低，并在工作面推进到 75m 应力值呈现负值，测点失效，工作面已经推过该位置。图 5.6 (d) 显示，测点 11 和测点 17 在工作面推进过程中都会有应力峰值出现，且测点 17 应力峰值明显高于测点 11，分析原因是断层带对应力传递具有阻隔效应造成的，集中应力随着工作面推进向断层侧转移并被断层限制在工作面一侧，因此距离断层带越近，应力集中程度越大，这一效应越明显。据此可以解释测点 16、测点 15、测点 14 的应力峰值大于测点 10、测点 9、测点 8 的应力峰值。此外，由图 5.6 中还可以看出在测点 11 到达峰值之前，推进相同距离时，距离工作面越近，其测点应力值越大，这是因为集中应力此时出现在测点 11 后方，因此距离测点 11 越近测点应力数值越大。

　　2) 断层上盘横向上覆岩应力演化特征

　　在断层下盘煤层顶板共布置四条测线，分别距煤层 2.5m、18m、32m、42m。断层上盘煤层顶板布置的各测线上的测点的应力变化规律见图 5.7。由图 5.7 可知，断层上盘煤层顶板布置的各测线上测点的应力变化曲线与下盘各测点的应力变化曲线不同，但上盘各测点的应力变化曲线基本一致，总体变化为煤层推进至断层以前，各测点应力变化不大，过断层以后应力先增大后减小。以图 5.7 (d) 为例，测点 23、测点 28、测点 32 距离煤层顶板 2.5m，当工作面推进到上盘之前，三个测点的应力变化较小，随着推进距离的增大，测点 23 在推进距离为 78m 处（断层上盘开挖 5m）达到应力峰值，随后在 83m（断层上盘开挖 10m）出现负值，表明工作面已经推过测点 23 所处位置，测点 23 失效；测点 28 在推进距离为 128m 处（断层上盘开挖 55m）达到应力峰值，随后在推进距离为 143m（断层上盘开挖 70m）处应力为负值，表明工作面已经推过测点 28 所处位置，测点 28 失效；测点 32 在推进距离为 173m（断层上盘开挖 100m）处达到应力峰值，随后在推进距离为 178m 处（断层上盘开挖 105m）应力为负值，表明工作面已经推过测点 32 所处位置，测

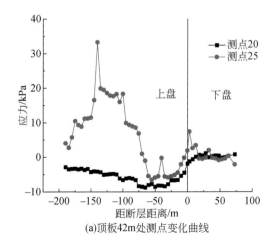

(a)顶板42m处测点变化曲线

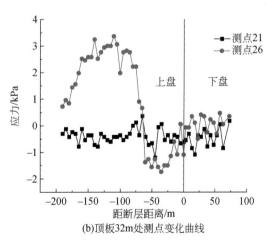

(b)顶板32m处测点变化曲线

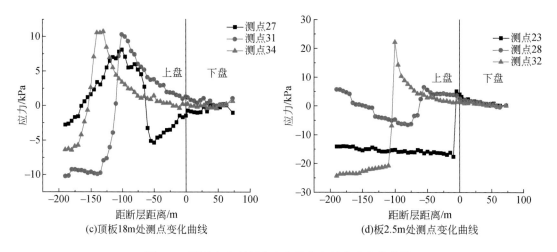

图 5.7　断层上盘顶板应力在横向上的应力变化曲线

点 32 失效。这三个测点越靠近断层带顶板应力峰值越小,与断层下盘开采时煤柱顶板应力变化规律相反。这是因为过断层后,煤层推进过程中没有断层对应力传递的屏障作用。

通过比较断层上下盘横向上各测点应力变化可知,在工作面推进过程中,上盘煤层顶板各测点应力峰值的变化幅度明显高于下盘煤层顶板应力峰值变化幅度,说明由于正断层的上盘煤层赋存更深,其上覆荷载更大,工作面推过断层后顶板来压更剧烈,顶板岩层冒落、产生裂隙及弯曲下沉的速度加快,顶板活动更不稳定。

2. 采动应力在纵向上的传递规律

1) 断层下盘覆岩应力在纵向上的传递规律

在断层下盘煤层顶板纵向上布置了应力测点(测线 2)和在平行断层下盘附近处布置了应力测点(测线 3),各测点的应力变化曲线见图 5.8。由图 5.8 可知,在同一纵向测线上,顶板应力变化总体表现为先增加后减小,然后再增大,应力总体以负值为主。测线 2 上各测点的应力,约在断层带附近应力减为最小值,随着回采工作面推过并逐渐远离断层时,断层下盘围岩重新被上覆岩层压实,各应力稍有回升。顶板采动应力变化规律按距离煤层远近成正相关关系,即距离煤层越近,应力反应越明显。测线 3 距离断层带较近,各测点的应力变化规律与测线 2 基本一致,只是达到应力峰值的距离位置更靠近断层处,且约在过断层后 50m 范围内应力开始回升。

2) 断层上盘覆岩应力在纵向上的传递规律

断层上盘煤层顶板纵向上布置了应力测点(测线 5 和测线 6)和在平行断层下盘附近处布置了应力测点(测线 4),各测点的应力变化曲线见图 5.9。测线 4 距离断层带较近,各测点的应力变化规律与下盘测线 3 基本一致。由于受煤层采动、断层以及煤层倾斜等的综合影响,测线 5 上各测点的应力变化较为复杂,反映了该区域覆岩破坏活动的不稳定性

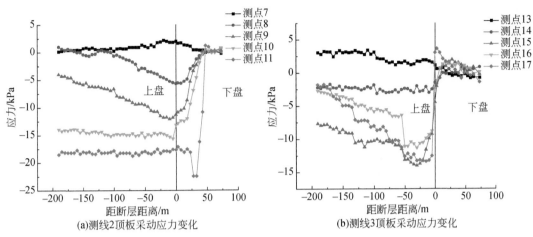

图 5.8　断层下盘顶板采动应力在纵向上的应力变化曲线

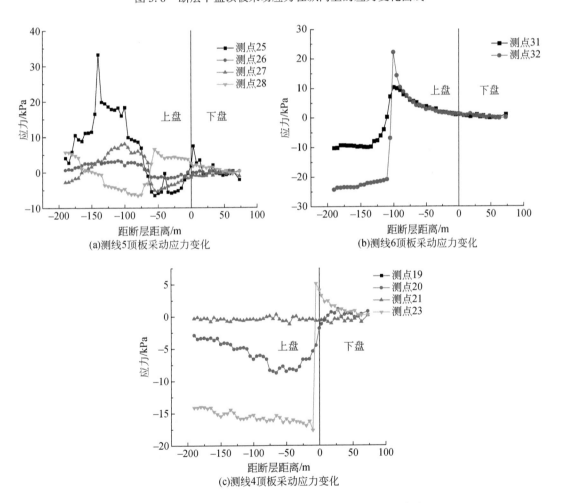

图 5.9　断层上盘顶板采动应力在纵向上的应力变化曲线

和复杂性，但总体表现出先增加后减小，然后再增大的规律。测线 6 上的测点 32 和测点 31 远离断层，受断层影响较小，应力变化表现为随着推进距离的增大而先增加后减小，当断层上盘推进 100m 时达到应力峰值，而后减小，且距离煤层越近应力峰值越大。

通过比较断层上下盘纵向上各测点应力变化可知，工作面推进过程中，上盘煤层顶板各测点应力峰值的变化幅度明显高于下盘煤层顶板应力峰值变化幅度，也说明工作面推过断层后顶板岩层冒落、产生裂隙及弯曲下沉的速度加快，顶板活动更不稳定。

5.1.3　采动影响下覆岩位移变化特征分析

为定量分析顶板位移的变化特征，使工作面推进过程中顶板的运动趋势及规律能更加直观地展现出来，选取工作面上方的位移测线监测、分析开采扰动对覆岩运动的影响规律。

1. 断层上、下盘覆岩位移变化特征

1）断层下盘覆岩位移变化

以下盘覆岩中距煤层 15m、30m 的 H 线和 F 线为例，考察下盘覆岩的位移变化特征。测点 H7、H6、H5、…、H1 与 F7、F6、F5、…、F1 为推进方向上的测点。本书主要考虑采动过程中覆岩在竖向上的沉降量，不考虑岩层的水平位移变化量。

下盘顶板两条测线上各测点的位移曲线图见图 5.10，由图 5.10 可知 H 线和 F 线的沉降规律基本一致。工作面推进前期，测线上各测点的位移变化不大；在同一工作面推进距离条件下，煤层上覆岩层随着高度的增加，下沉范围及下沉位移值都有相应的减小。另外，随着工作面的推进，上覆岩层下沉范围及下沉位移值都有不同程度的增加。当工作面推进至断层附近，高位覆岩位移量变化不明显，低位覆岩位移量显著增大；而在推过断层后，高位覆岩和低位覆岩位移量均明显增加。

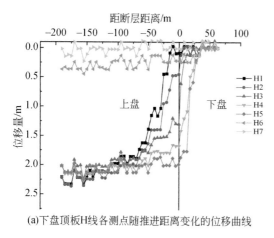
(a)下盘顶板H线各测点随推进距离变化的位移曲线

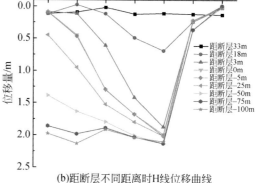
(b)距断层不同距离时H线位移曲线

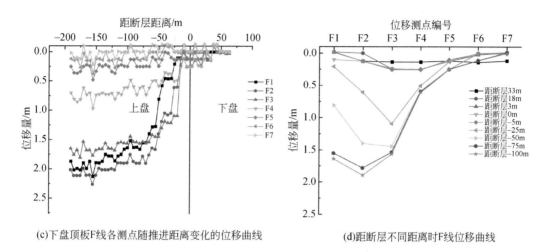

(c)下盘顶板F线各测点随推进距离变化的位移曲线　　　(d)距断层不同距离时F线位移曲线

图 5.10　下盘顶板测线位移曲线图

2）断层上盘覆岩位移变化

以上盘覆岩中距煤层 15m、30m 的 N 线和 L 线为例，考察上盘覆岩的位移变化特征。本书主要考虑采动过程中覆岩在竖向上的沉降量，不考虑岩层的水平位移变化量。测点 N11、N10、N9、…、N2 与 L7、L6、L5、…、L1 为推进方向上的测点。

上盘顶板两条测线上各测点的位移曲线图如图 5.11 所示，由图 5.11 可知，N 线和 L 线的沉降规律基本一致。当工作面推进前期直至断层下盘煤层全部采完，上盘测线上各测点的位移变化不大，表明由于断层阻隔效应，上盘未受下盘煤层开采的影响。随着工作面不断向前推进，上盘覆岩发生沉降。与下盘覆岩位移变化规律类似，在同一工作面推进距离条件下，上盘煤层上覆岩层随着高度的增加，下沉范围及下沉位移值都有相应的减小。另外，随着工作面的推进，上盘上覆岩层下沉范围及下沉位移值都有不同程度的增加。

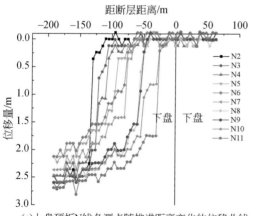

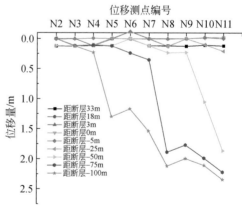

(a)上盘顶板N线各测点随推进距离变化的位移曲线　　　(b)距断层不同距离时N线位移曲线

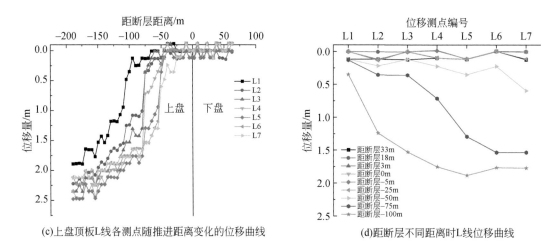

(c)上盘顶板L线各测点随推进距离变化的位移曲线　　　(d)距断层不同距离时L线位移曲线

图5.11　上盘顶板测线位移曲线图

2. 含水层底部位移监控点位移变化特征

风氧化带底部位移测线（C线）上各位移监测点的位移变化曲线如图5.12（a）和（b）所示。由图5.12（b）可知，距断层不同距离时C线位移曲线总体呈现"V"形。当工作面推进初期，C线上各测点的位移变化不明显；随着工作面不断向前推进，测线上测点逐渐发生沉降，当工作面推过断层上盘50~75m期间，C线中位于断层附近的测点发生较大的突然沉降，呈现"V"形，之后随着推进距离的增大，曲线"V"形谷增大。

含水层底部位移测线（B线）上各位移监测点的位移变化曲线如图5.12（c）和（d）所示。由图5.12（d）可知，距断层不同距离时B线位移曲线与C线基本一致，总体呈现"V"形。当工作面推进初期，B线上各测点的位移变化不明显，直至工作面推过断层上盘50~75m期间，B线上测点B20发生较大的突然沉降，呈现"V"形，之后随着推进距离的增大，曲线"V"形谷增大。

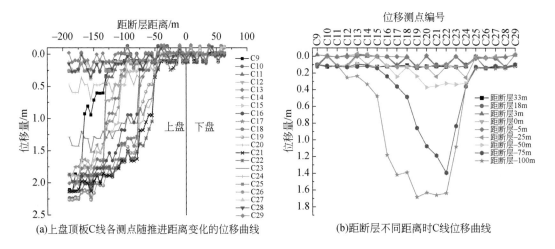

(a)上盘顶板C线各测点随推进距离变化的位移曲线　　　(b)距断层不同距离时C线位移曲线

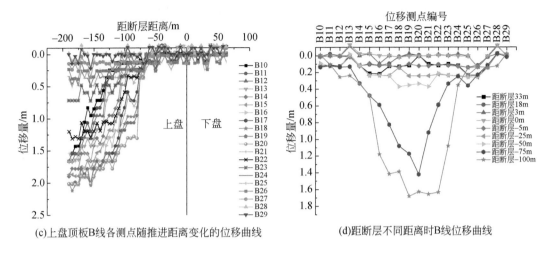

(c)上盘顶板B线各测点随推进距离变化的位移曲线　　　(d)距断层不同距离时B线位移曲线

图 5.12　风氧化带底部和含水层底部测线位移曲线图

3. 断层带两侧岩体位移变化特征

考虑到断层上下盘的测线 L 和测线 G 距离较近，近似看出同一条水平线。该测线上各测点的位移曲线如图 5.13（a）所示。提取断层两侧位移监测点（断层上盘 L7，断层下盘 G1）位移，得到两测点位移及其相对位移变化曲线，如图 5.13（b）所示。由图 5.13 可知，断层附近两盘覆岩运移趋势总体上相似。下盘工作面过断层前，受断层阻隔效应影响，上盘覆岩不受采动影响；过断层后，由于受断层影响、上盘覆岩压力作用以及煤层倾斜的影响，顶板岩层冒落、产生裂隙及弯曲下沉的速度加快，上、下盘位移先后突增，两盘明显错动，相对位移较大，导致了断层的活化，其中在过断层 40m 时达到最大，为 0.78m。过断层约 75m 后，两盘覆岩运移变缓，相对位移量较小或无相对位移。因此，断层的影响区域主要集中在过断层后 75m 范围内。

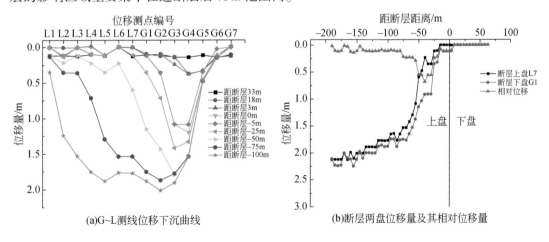

(a)G~L测线位移下沉曲线　　　　　　　(b)断层两盘位移量及其相对位移量

图 5.13　断层两侧位移监测点位移及其相对位移量

综上分析可知，工作面从断层下盘往上盘方向推进，工作面推过断层前后，断层带先受拉后又受压。当工作面向前推进在未到达断层前，由于推进速度相对比较均匀，且推进距离相对较短，顶板不具备集中来压的条件，老顶下沉、冒落的规模也相对稳定；当工作面推进至断层附近时，采空区顶部岩层开始产生较小的位移，断层上下盘岩层也开始产生较小的相对位移；当工作面推过断层后，受采动作用和断层的影响，使得顶板岩层冒落、产生裂隙及弯曲下沉的速度加快，当工作面推过断层上盘50m时，采空区内断层上盘冒落，顶部岩层随之下沉、移动，对断层面产生拉伸，且煤层的倾斜加剧了这种拉伸效果，断层两盘产生较大的相对位移，导致断层活化。当工作面推过断层上盘50m时，风氧化带底部和含水层底部位移测线均发生较大的沉降，表明此时受采动影响断层构造已经破坏了"底含"基底。

5.1.4　含断层覆岩采动破坏特征

在工作面推进过程中，煤层上部岩层发生垮落、弯曲、下沉等变化，覆岩采动变形特征如表5.2和如图5.14所示。

表 5.2　推进过程中覆岩采动变形特征

工作面推进距离	覆岩采动变形特征
推进10m	开切眼，覆岩状态稳定
推进30m（距断层43m）	煤层上方顶板未发现有任何裂隙及离层，此时顶板状态稳定，说明开采初期的扰动对煤层顶板没有任何明显的影响
推进35m（距断层38m）	由于煤层顶板悬露面积增大，直接顶发生初次垮落，垮落高度约为8m，裂隙向上发育至距煤层15m
推进45m（距断层28m）	第二次垮落，同时上部未垮落岩层出现明显的离层现象
推进50m（距断层23m）	老顶断裂，裂隙向上发展至26m处，出现较大的离层空间①，随后出现离层空间②
推进65m（距断层8m）	裂隙继续向上发展至33m，离层空间①逐渐闭合，离层空间②逐渐变大
推进73m（至断层）	横向裂隙延伸至断层附近，离层空间②闭合，出现离层空间③，上覆岩层继续垮落，并伴随离层裂隙向上发育，最大垮落高度及最大裂隙发育高度分别为10m、35m。在该状态下，已经可以初步测量出岩层破断角，工作面端和开切眼端的岩层破断角分别为61°及50°，在地层倾斜方向上，采空区上部岩层破断角要比采空区下部大。在缓倾斜煤层情况下，地层倾角影响，使得采空区岩层破断线形成形状为梯形
推进88m（距断层-15m）	断层上盘垮落，离层向高位转移，离层空间③闭合，出现离层空间④，断层出现横向裂纹，断层位于顶板破裂围岩范围内
推进103m（距断层-30m）	离层持续向高位转移，离层空间④闭合，出现离层空间⑤，断层附近的风氧化带中出现一条细长裂隙；断层下盘裂隙延伸至上盘，断层带附近岩体明显被拉裂，导水裂缝带和断层内部裂隙沟通，导水裂缝带发育高度约为41m
推进123m（距断层-50m）	覆岩整体垮落，原有裂隙延伸变大，并有新生裂隙，风氧化带发育大裂缝三条，顶部大裂缝约从断层处穿过上盘岩层，横向延伸距离约为51m，裂缝最大张开度为0.5cm，裂缝导通含水层底部，断层构造开始破坏"底含"基底。此时，导水裂缝带发育高度约为44.7m

续表

工作面推进距离	覆岩采动变形特征
推进 153m（距断层–80m）	上盘顶板垮落，下盘裂隙带高度继续上升，下盘中部原有裂隙基本被压实；断层对"底含"基底的破坏程度增大，含水层水平裂缝延伸、变大，原有风氧化带中大裂缝逐渐闭合；断层附近含水层底部与风氧化带接触部位出现一条横向大裂缝，右边斜向下切割断层延伸至风氧化带底部；左边斜向下部延伸切割风氧化带并延伸至顶板原有横向裂缝；沿风氧化带底部出现横向裂纹。此时，冒落带高度约为 12m，导水裂缝带发育高度约为 45.4m
推进 173m（距断层–100m）	断层对"底含"基底的破坏程度增大，断层与"底含"基底交界处完全被破坏
推进 183～233m（距断层–170～–110m）	煤层顶板覆岩出现较大的斜向裂缝，含水层底部与风氧化带的破坏范围进一步增大。此时，距离断层越来越远，受断层影响越来越小，该区段主要受煤层采动影响，垮落带高度为 8～9m，导水裂缝带发育高度最大约为 40m

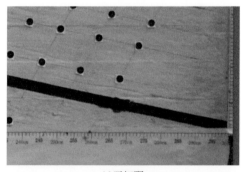

(a)开切眼

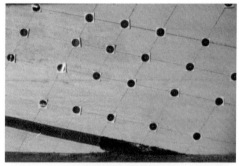

(b)推进30m(距断层43m)

(c)推进35m(距断层38m，直接顶垮落)

(d)推进45m(距断层28m，第二次垮落)

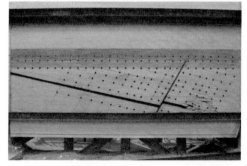

(e)推进50m(距断层23m，老顶断裂，出现较大离层空间①，随后出现离层空间②)

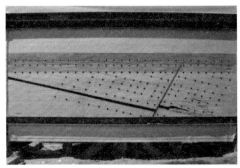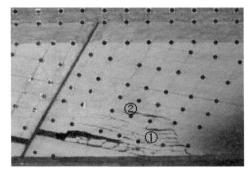

(f)推进65m(距断层8m，裂隙发育，离层变化)

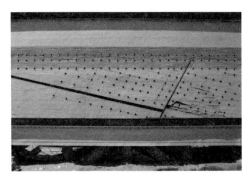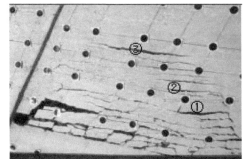

(g)推进73m(至断层)

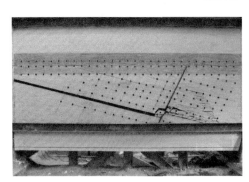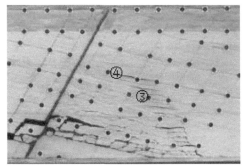

(h)推进88m(距断层-15m)

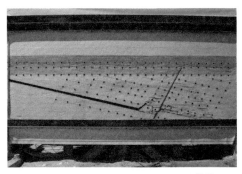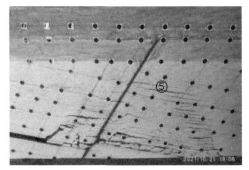

(i)推进103m(距断层-30m)

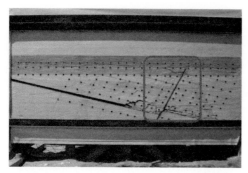
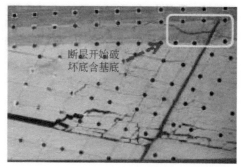

(j)推进123m(距断层–50m)

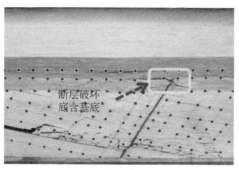
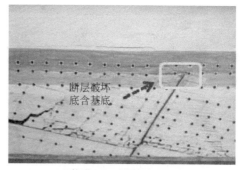

(k)推进153m(距断层–80m)　　　　　　　　(l)推进173m(距断层–100m)

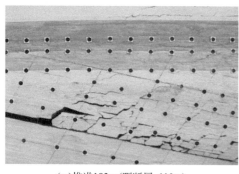
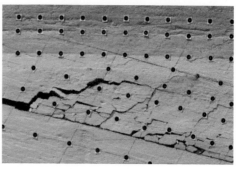

(m)推进183m(距断层–110m)　　　　　　　(n)推进203m(距断层–130m)

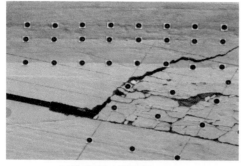
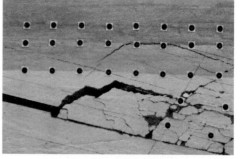

(o)推进223m(距断层–150m)　　　　　　　(p)推进233m(距断层–170m)

图 5.14　煤层开采过程中覆岩变形破坏特征

5.2 近松散层下开采含断层覆岩采动破坏数值模拟

本节通过 FLAC³ᴰ 5.01 版本（Fast Lagrangian Analysis of Continua in Three-Dimension）数值模拟软件建立近松散层下不含断层工作面开采和含断层（不同落差断层）工作面开采两类数值模型，开展近松散层下开采不含断层覆岩和含断层覆岩采动效应数值模拟试验研究。FLAC³ᴰ是由美国 Itasca 公司开发的三维显式有限差分计算程序软件，它可以模拟岩土体或其他材料的三维力学行为特征，特别是材料达到屈服极限后产生的塑性破坏。FLAC³ᴰ将计算区域划分为若干个六面体单元，每个单元在给定的边界条件下，遵循指定的线性或非线性应力−应变关系产生力学响应。

5.2.1 数值模型构建与试验过程

1. 模型建立原则

1）模型设计

建立数学模型是数值模拟的首要任务，模型建立得是否合理正确，是保证模拟结果准确的必要条件之一。但由于井下岩体结构的复杂性和岩体所处空间环境的特殊性，模型的设计要完全考虑全部影响因素是不可能的。实际模型的建立则必须要合理抽象，概化得当。

2）边界条件

针对模型边界条件，模型底部边界采用全约束边界条件；左右边界、前后边界为约束边界条件；模型上边界为自由边界，不予约束，并施加上覆岩土荷载。

3）本构关系的选取

岩石一般具有较高的抗压强度和较低的抗拉强度，其应力−应变关系也呈现出复杂的非线性特征。在煤层开采过程中，煤岩体破坏一般理解为"塑性破坏"，但在屈服之前将岩体近似地视为弹性体，在达到屈服极限后则显示为塑性。所以煤系地层顶底板岩体本构关系选择理想弹塑性本构模型，采用摩尔−库仑（Mohr-Columb）塑性本构模型和摩尔−库仑屈服准则。

4）力学参数选择

本节数值模拟所选取的岩体物理力学参数是以实验室物理力学参数为基础，但由于通过实验室直接测试的岩块力学参数值，实际上并未考虑地质岩体中节理、裂隙、结构面等的影响，如直接作为模拟参数，则模拟结果将会产生较大的误差，因此，需要对参数进行适当的修正（葛如涛，2021），并进行反演分析多次计算获得较为准确的模型力学参数，使其模拟结果更加准确，本次模拟所取物理力学参数见表5.3。

表 5.3　物理力学参数

岩性	体积模量/GPa	剪切模量/GPa	密度/(g/cm³)	黏聚力/MPa	内摩擦角/(°)	抗拉强度/MPa
细砂岩	9.5	7.42	2.54	3.20	30	2.66
粉砂岩	8.5	7.86	2.53	1.75	29	1.37
泥岩	7.8	4.46	2.43	2.05	28	1.09
3_2煤	1.6	0.83	1.37	1.27	24	0.80
底含	0.06	0.042	1.8	0.215	28	0.1
三隔	0.05	0.038	1.75	0.205	28	0.070
断层带	0.18	0.90	1.83	1.00	20	0.08

2. 数值模拟方案

为研究近松散含水层下含断层工作面条件下煤层开采时覆岩破坏特性，设置两类模型进行对比研究，主要研究完整顶板结构类型（不含断层）和含断层（考虑不同落差）顶板结构类型覆岩破坏特征及导水裂缝带发育高度，为后续涌水机理分析提供依据。根据前述 2.4 节中的基岩–松散层工程地质模型，建立概化的三维数值计算模型，各模型中煤层开采高度均为 3m，煤层平均埋深为 400m，岩层倾角为 0°（研究区地层平均倾角约为 12°，为近水平状态，本次数值模拟建立水平模型），模型长 300m、宽 220m、高 150m，模拟断层为正断层，断层倾角 70°。在模型四周施加梯形水平应力场 S_{xx}、S_{yy}，模型内部施加垂直应力场 S_{zz}。模型上部覆盖厚度为 310m 的岩层，等效施加 7.6MPa 的垂直应力于模型上边界，固定其他边界。模型分类方案表见表 5.4，各类型模型图如图 5.15 所示。

表 5.4　数值模型分类方案表

模拟方案		类	模拟参数	型
完整顶板结构类型	顶板覆岩厚度 60m，不含断层	I	落差 0m，倾角为 0°	I
含断层顶板结构模型	顶板覆岩厚度 60m，断层倾角（70°）一定，断层落差不同	II	落差 3m	II-1
			落差 5m	II-2
			落差 10m	II-3

3. 数值模型观测方案

为观测各含断层顶板结构工作面推进过程中不同落差断层活化情况及断层对"底含"基底影响，布置两条测线（红色）及一个测点，测线 1 位于断层下盘煤层上方 30m 处，测线 2 位于煤层上方 60m（"底含"基底）处，测点 a 位于煤层上方 60m 处断层与"底含"基底接触处，另在断层带中央分别距下盘煤层工作面垂直方向上 10m（C 点）、30m（B 点）、60m（A 点，也即断层与"底含"交界处）处分别设立监测点，作为断层活化的标志点，用于监测采动过程中断层带应力和位移变化。含断层顶板结构模型测点及测线布

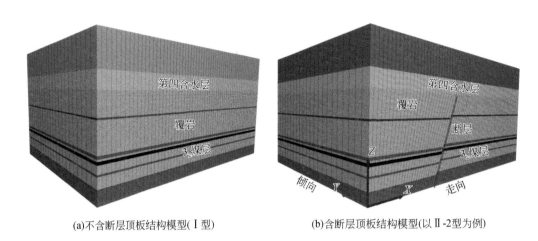

(a)不含断层顶板结构模型(Ⅰ型)   (b)含断层顶板结构模型(以Ⅱ-2型为例)

图5.15 不同顶板结构数值模型图

置情况以Ⅱ-2型为例，见图5.16。

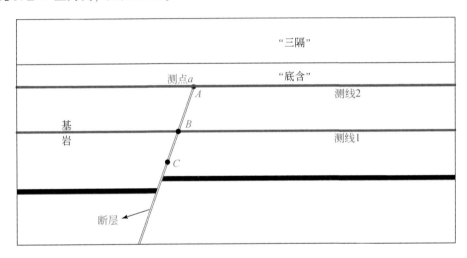

图5.16 含断层顶板结构模型测点及测线布置

4. 数值模型开挖过程

研究区工作面均采用走向长壁顶板自然垮落法综合机械化开采，推进宽度取工作面平均宽度120m，模拟开挖按照顶板初次来压步距30m，周期来压步距20m进行推进，并考虑到数值模型边界效应对计算结果的影响，在工作面两侧各留设50m的煤柱。Ⅱ型含断层顶板结构模型向断层面推进，先开采下盘，距断层150m处开始推进，每次开挖后分别距断层120m、100m、80m、60m、40m、20m、0m，推进150m后穿过断层向上盘继续推进40m，共推进190m。开挖方向为自右至左，记过断层后距离断层距离为负值。

5.2.2　不含断层工作面开采覆岩采动破坏特征

为对比分析断层的存在对近松散层下工作面开采的影响，首先开展了不含断层工作面开采的数值模拟研究，对不含断层工作面开采过程中的覆岩应力、位移以及覆岩采动塑性破坏特征进行了分析。

1. 覆岩应力演化特征

工作面回采至 30m、70m、110m、150m、190m 时覆岩垂直应力特征云图见图 5.17。由图 5.17 可知，工作面回采使应力重新分布，工作面采空区顶底板位置形成卸压区，在切眼端及工作面端部附近煤岩体出现应力集中现象，这是由于煤层采动后，上覆围岩形成承重岩层，因采空区发生卸荷而失去支撑，故将其承受的重量向两端面传递，从而使采空区顶、底板形成卸压区，而在切眼处和工作面前端出现明显的应力集中。当工作面推进至 30m 时，切眼端及工作面端部附近应力峰值位置位于工作面前方约 5m 处，最大垂直应力为 16MPa，应力集中系数为 1.23，超前应力影响范围为工作面煤壁前方 0~50m，随着工作面向前推进，超前应力影响范围向前平移。工作面回采后刚形成的采空区顶、底板处于

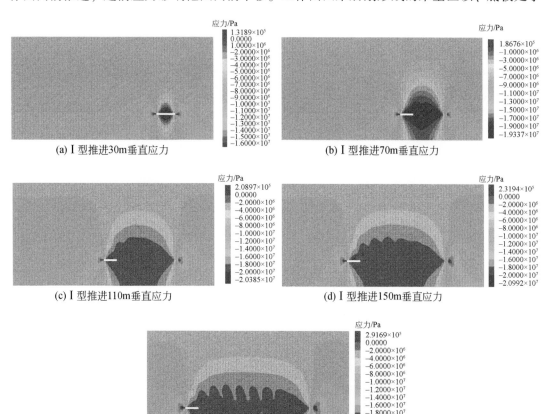

图 5.17　I 型（无断层模型）垂直应力特征云图

卸压状态，应力值接近于 0MPa，采空区卸压区近似呈对称分布。随着工作面不断推进，卸压范围在横向和纵向上不断扩展，同时在工作面前端和开切眼处形成应力集中区的应力峰值也不断增大。当工作面推进至 190m 时，工作面端部应力集中区的最大垂直应力达 21.8MPa，应力集中系数达 1.68。

2. 覆岩位移变化特征

工作面回采至 30m、70m、110m、150m、190m 时覆岩垂直位移云图见图 5.18。由图 5.18 可知，由于煤层回采使得应力重新分布，随着工作面向前推进顶板失去支撑作用，在煤层顶底板卸压区顶底板发生垂向位移，工作面采空区中间位置位移较大，工作面两侧位移较小，在工作面采空区两侧形成悬臂梁结构，已经采过的位置会因为顶板岩层的垮落、碎胀等原因，对采空区有一定的充填作用。工作面底板发生向上的位移，即"底鼓"，形成底板破坏带。

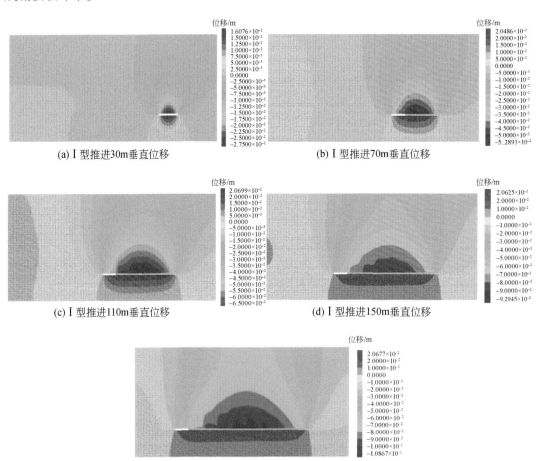

(a) Ⅰ型推进30m垂直位移　　　　　　(b) Ⅰ型推进70m垂直位移

(c) Ⅰ型推进110m垂直位移　　　　　　(d) Ⅰ型推进150m垂直位移

(e) Ⅰ型推进190m垂直位移

图 5.18　Ⅰ型（无断层模型）垂直位移特征

当工作面回采至 30m 时，覆岩位移等值线云图形态呈现拱桥形，顶板最大下沉量为 2.75cm，底板最大底鼓量为 1.61cm；当工作面回采至 110m 时，顶板最大下沉量为 6.50cm，底板最大底鼓量为 2.07cm；随着工作面不断向前推进，工作面中部覆岩位移量逐渐增大，在覆岩周期破断之前，后方垮落岩体对上覆岩层起支撑作用，刚形成的采空区，中部覆岩下沉量较边界处大，因此在工作面回采过程中位移等值线呈山峰形态。随着工作面回采，后方采空区覆岩运移稳定，山峰形态逐渐消失，并向前转移，至工作面回采结束后，由于工作面中部覆岩始终处于受压下沉状态，形成了自工作面向切眼及停采线处对称的位移等值线山峰形态，其山峰高度向两端逐渐降低。至工作面推进至 190m 时，工作面中部覆岩最大下沉量为 10.87cm。在工作面回采过程中，底板最大底鼓量基本稳定在 2.07cm，覆岩位移量在纵向平面上自垮落带向上至弯曲下沉带逐渐减小。受切眼及停采线处边界煤柱的影响，距离切眼 0~50m 范围内，覆岩下沉量明显较模型中部小。

3. 覆岩采动塑性破坏特征

采动覆岩塑性破坏特征可以较为直观地反映覆岩破坏形态，是分析水体下采煤顶板导水裂缝带发育高度的重要依据。本次选取代表性推进步距进行分析，工作面回采至 30m、70m、110m、150m、190m 时塑性破坏见图 5.19。由图 5.19 可知，随着工作面的推进，采空区顶底板出现塑性破坏，近似为马鞍形。从破坏形式来看，顶板破坏形式主要是剪切破坏和拉张破坏，煤层直接顶为拉张破坏区，直接顶上部岩层和工作面两侧为剪切破坏区。其中顶板覆岩靠近采空区以拉张破坏为主的区域可视为垮落带，覆岩剪切破坏区可视为裂隙带，塑性区最大破坏高度可视为导水裂缝带的最大高度（程香港等，2020）。当工作面推进至 30m 时，导水裂缝带发育高度约为 8m，垮落带高度约为 4.5m；随着工作面不断推进，导水裂缝带发育高度不断增大，采空区两端出现的最大塑性破坏高度略有差异，本书主要研究工作面前端最大塑性破坏高度的发育规律。当工作面推进至 70m 时，导水裂缝带发育高度约为 31m；当工作面推进至 110m 时，导水裂缝带发育高度达最大值，约为 39m，此后随着工作面继续推进直至工作面回采结束，导水裂缝带高度趋于稳定。

(a) I 型推进30m塑性破坏

(b) I 型推进70m塑性破坏

(c) I 型推进110m塑性破坏

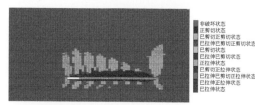

(d) I 型推进150m塑性破坏

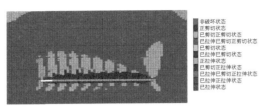

(e) I 型推进190m塑性破坏

图 5.19　I 型（无断层）塑性破坏特征

5.2.3　含不同落差断层工作面开采覆岩采动破坏特征

为研究断层对近松散含水层下工作面开采的影响以及断层对含水层基底的影响，本次开展了含断层工作面开采采动破坏特征研究，主要分析不同落差断层条件下断层下盘开采时覆岩应力演化、位移变化以及覆岩采动塑性破坏特征。

1. 覆岩应力演化特征

不同落差断层条件下工作面由断层下盘向上盘方向推进，工作面距断层 80m、60m、40m、20m、0m（即工作面推进 70m、90m、110m、130m、150m）时覆岩垂直应力云图如图 5.20 ~ 图 5.22 所示。

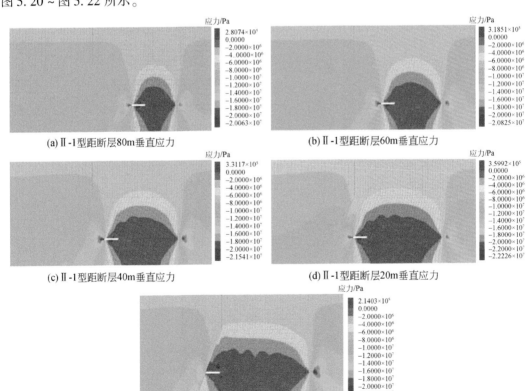

图 5.20　Ⅱ-1 型（3m 落差）断层模型垂直应力特征

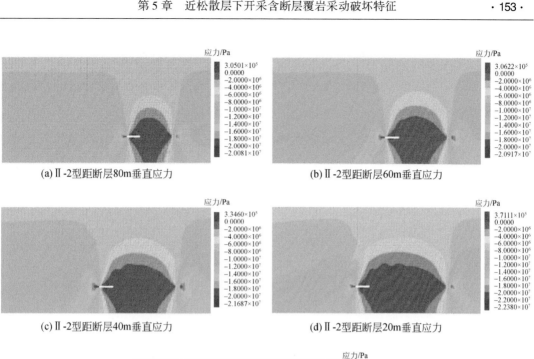

(a) Ⅱ-2型距断层80m垂直应力　　　　　　(b) Ⅱ-2型距断层60m垂直应力

(c) Ⅱ-2型距断层40m垂直应力　　　　　　(d) Ⅱ-2型距断层20m垂直应力

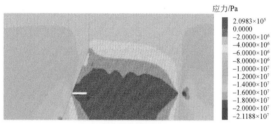

(e) Ⅱ-2型距断层0m垂直应力

图 5.21　Ⅱ-2 型（5m 落差）断层模型垂直应力特征

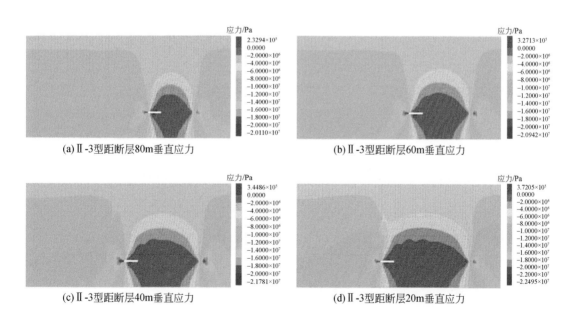

(a) Ⅱ-3型距断层80m垂直应力　　　　　　(b) Ⅱ-3型距断层60m垂直应力

(c) Ⅱ-3型距断层40m垂直应力　　　　　　(d) Ⅱ-3型距断层20m垂直应力

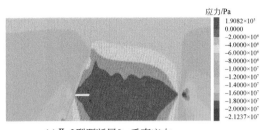

(e)Ⅱ-3型距断层0m垂直应力

图 5.22　Ⅱ-3 型（10m 落差）断层模型垂直应力特征

　　由图 5.20 可知，在 3m 落差条件下，当下盘工作面距离断层较远时，覆岩垂直应力分布与不含断层时基本一致，采空区与卸压区呈近似对称分布，随着推进，卸压区范围逐渐增大，同时在工作面前端和开切眼处形成明显的应力集中区，且随着推进步距的增加而增大。当下盘工作面进入断层影响区时，由于断层的应力阻隔效应，超前支承应力呈动态变化。当工作面推进 70m（距断层 80m），工作面前端应力集中区峰值垂直应力为 20.06MPa，随着工作面向前推进，工作面前端应力集中区峰值垂直应力不断增大，当工作面推进 130m（距断层 20m），工作面前端应力集中区峰值垂直应力达到最大值，为 22.23MPa，当工作面推进 150m（距断层 0m），工作面前端已观测不到明显应力集中现象。由此可见，因断层带的松软破碎，在断层附近明显为低应力区，以断层为界，上、下盘应力分布规律区别显著，断层对支承应力的传递起到了较强的阻隔效应。在断层影响区，随着工作面与断层距离的减小，超前支承应力的峰值不断增加，距离断层越近，峰值与工作面的距离越近，且断层上盘的应力也随之增加。当工作面推进至断层处时，应力沿断层被分割两部分，且部分支承向断层上盘传递，上盘的应力也随着增加。此外，通过对比含与不含断层时相同位置处超前支承压力变化规律发现，当含有断层时，工作面超前支承压力峰值更大，距离断层越近，差值越大。

　　由图 5.21 可知，在 5m 落差条件下，覆岩应力演化规律与 3m 落差时总体一致，进入断层影响区后，断层的应力阻隔效应明显，超前支承应力也呈动态变化，但是推进至相同位置处作面超前支承压力峰值更大，当工作面推进 70m，工作面前端应力集中区峰值垂直应力为 20.08MPa，当工作面推进 130m，工作面前端应力集中区峰值垂直应力达到最大值，为 22.38MPa。此外，5m 落差条件下，断层与"底含"交界处的应力分布规律与 3m 落差时具有一定差异。

　　由图 5.22 可知，10m 落差条件下的覆岩应力演化规律与 3m、5m 落差时总体一致，同样在工作面进入断层影响区后，断层的应力阻隔效应明显，超前支承应力也呈动态变化，但是推进至相同位置处作面超前支承压力峰值更大，当工作面推进 70m，工作面前端应力集中区峰值垂直应力为 20.11MPa，当工作面推进 130m，工作面前端应力集中区峰值垂直应力达到最大值，为 22.50MPa。此外，10m 落差条件下，断层与"底含"交界处的应力分布规律与 3m、5m 落差时具有一定差异。

　　综上分析可知，近松散层下含断层工作面开采，当采动影响范围波及断层时，断层的存在对采动引起的覆岩应力传递具有明显阻断效应，工作面与断层之间的距离越小，阻断效应越明显。含断层工作面开采，超前支承压力峰值大于不含断层工作面开采，且随着断层落差越大，差值越明显。同时，不同断层落差条件下对断层与"底含"交界处的应力分布影响不同。

2. 覆岩位移变化特征

不同落差断层条件下工作面由断层下盘向上盘方向推进，工作面距断层 80m、60m、40m、20m、0m（即工作面推进 70m、90m、110m、130m、150m）时覆岩垂直位移云图如图 5.23～图 5.25 所示。

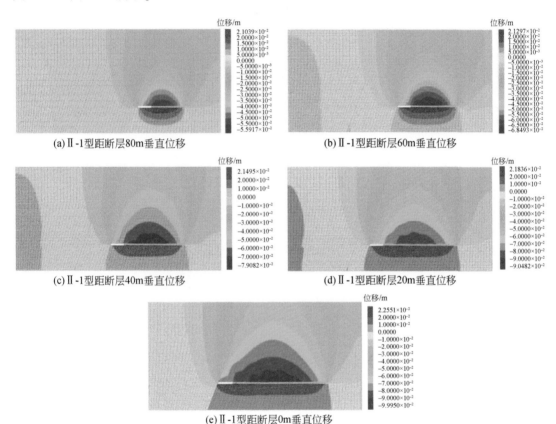

(a) Ⅱ-1 型距断层 80m 垂直位移　　　　　(b) Ⅱ-1 型距断层 60m 垂直位移

(c) Ⅱ-1 型距断层 40m 垂直位移　　　　　(d) Ⅱ-1 型距断层 20m 垂直位移

(e) Ⅱ-1 型距断层 0m 垂直位移

图 5.23　Ⅱ-1（3m 落差）断层模型垂直位移特征

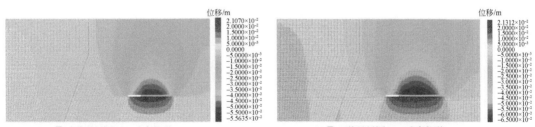

(a) Ⅱ-2 型距断层 80m 垂直位移　　　　　(b) Ⅱ-2 型距断层 60m 垂直位移

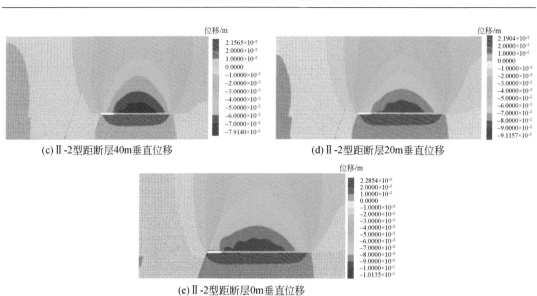

(c) Ⅱ-2型距断层40m垂直位移　　　　　(d) Ⅱ-2型距断层20m垂直位移

(e) Ⅱ-2型距断层0m垂直位移

图 5.24　Ⅱ-2（5m 落差）断层模型垂直位移特征

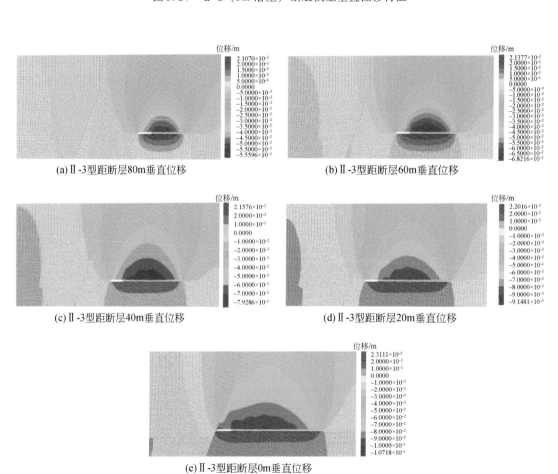

(a) Ⅱ-3型距断层80m垂直位移　　　　　(b) Ⅱ-3型距断层60m垂直位移

(c) Ⅱ-3型距断层40m垂直位移　　　　　(d) Ⅱ-3型距断层20m垂直位移

(e) Ⅱ-3型距断层0m垂直位移

图 5.25　Ⅱ-3（10m 落差）断层模型垂直位移特征

由图 5.23 ~ 图 5.25 可知，不同断层落差条件下覆岩位移变化规律总体类似，当下盘工作面距离断层较远时，覆岩垂直位移分布与不含断层时基本一致，采空区顶板在上覆岩层及其自重应力的作用下，发生弯曲下沉，工作面顶板位移云图呈拱桥形。当工作面距离断层较近而采动影响范围波及断层时，上覆岩层的垂直位移云图被断层分割成具有明显不同的两部分，上覆岩层垂直位移主要集中在开采盘而断层另一侧的位移却很小，说明断层对覆岩移动变形具有明显的阻断效应（于秋鸽，2020）。当工作面推进至断层处时，受不同断层落差影响，开采盘覆岩最大垂直位移随着落差增大而增大，3m 断层落差采空区顶板最大垂直位移为 10.00cm，5m 断层落差采空区顶板最大垂直位移为 10.14cm，10m 断层落差采空区顶板最大垂直位移为 10.72cm，与不含断层工作面开采（推进 150m，采空区顶板最大垂直位移为 9.29cm）相比，含断层工作面开采时覆岩位移更大。

3. 覆岩采动塑性破坏特征

本次选取代表性推进步距进行分析，三种断层落差条件下工作面由断层下盘向上盘方向推进，工作面距断层 80m、60m、40m、20m、0m（即工作面推进 70m、90m、110m、130m、150m）时塑性破坏如图 5.26 ~ 图 5.28 所示。

(a) Ⅱ-1型距断层80m塑性破坏　　　　　　(b) Ⅱ-1型距断层60m塑性破坏

(c) Ⅱ-1型距断层40m塑性破坏　　　　　　(d) Ⅱ-1型距断层20m塑性破坏

(e) Ⅱ-1型距断层0m塑性破坏

图 5.26　Ⅱ-1（3m 落差）断层模型塑性破坏特征

(a) Ⅱ-2型距断层塑性破坏　　　　　　(b) Ⅱ-2型距断层60m塑性破坏

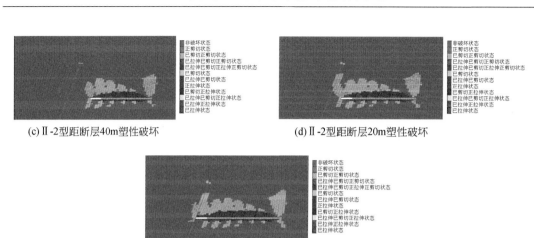

(c) Ⅱ-2型距断层40m塑性破坏 (d) Ⅱ-2型距断层20m塑性破坏

(e) Ⅱ-2型距断层0m塑性破坏

图5.27　Ⅱ-2型（5m落差）断层模型塑性破坏特征

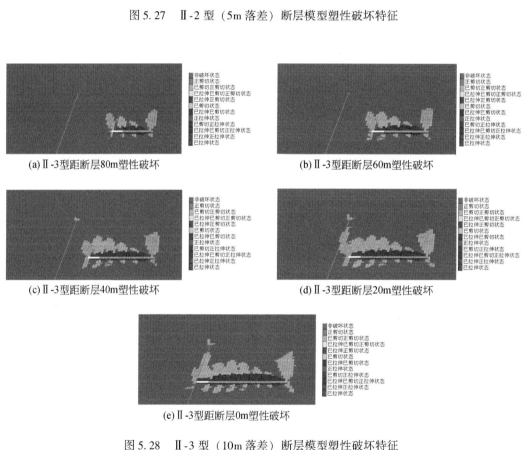

(a) Ⅱ-3型距断层80m塑性破坏 (b) Ⅱ-3型距断层60m塑性破坏

(c) Ⅱ-3型距断层40m塑性破坏 (d) Ⅱ-3型距断层20m塑性破坏

(e) Ⅱ-3型距断层0m塑性破坏

图5.28　Ⅱ-3型（10m落差）断层模型塑性破坏特征

由图5.26可知，3m落差条件下，当工作面推进至70m时，导水裂缝带高度为31m；当工作面推进至90m时，导水裂缝带高度为36m；当工作面推进至110m时，导水裂缝带高度为39m；当工作面推进至130m时，导水裂缝带高度进一步发育，约为40m；当工作面推进至 150m 时，工作面前端塑性破坏沿着断层发展并与断层裂隙连通，导水裂缝带高度发育至最大高度，约为 42m；当工作面推过断层后，导水裂缝带高度不再继续增长而保持稳定。由此可见，当工作面距离断层较远（距离断层 40m 以外）时，工作面回采塑性区破坏情况不受断层影响，覆岩采动塑性破坏特征与不含断层时一致；当工作面推进至断层处时，工作面前端塑性破坏沿着断层发展并与断层裂隙连通，导水裂缝带高度发育至最大高度 42m，较不含断层时增加 3m。3m 落差断层情况下，断层不会对"底含"基底造成破坏。

由图 5.27 可知，5m 落差条件下，当工作面推进至 110m 时，导水裂缝带高度为 39m，且断层与"底含"交界处产生破坏，破坏范围较小，范围为横向 8m、纵向 3m；当工作面推进至 130m 时，导水裂缝带高度进一步发育，约为 42m，断层与"底含"交界处产生的破坏范围进一步增大，范围为横向 8.4m、纵向 6m；当工作面推进至 150m 时，导水裂缝带高度发育至最大高度，约为 44m，断层与"底含"交界处产生的破坏范围也达到最大，范围为横向 8m、纵向 8m；当工作面推过断层后，导水裂缝带高度不再继续增长而保持稳定，断层对"底含"的破坏也基本稳定。由此可见，5m 落差条件下，断层附近导水裂缝带最大发育高度为 44m，较 3m 落差条件增加了 2m。随着工作面不断向前推进，5m 落差断层会对"底含"基底产生破坏。当工作面距离断层 40m 时，断层对"底含"开始产生破坏。当工作面距离断层 20m 时，断层对"底含"的破坏范围进一步增大；当工作面推进至断层处，断层对"底含"的破坏范围达到最大，此后"底含"基底塑性破坏趋于稳定。

由图 5.28 可知，10m 落差条件下，当工作面推进至 90m 时，导水裂缝带高度为 36m，此时断层与"底含"交界处即开始产生破坏，破坏范围较小，范围为横向 4m、纵向 2m；当工作面推进至 110m 时，导水裂缝带高度为 39m，断层与"底含"交界处破坏范围增大，范围为横向 8m、纵向 5m；当工作面推进至 130m 时，导水裂缝带高度约为 44m，断层与"底含"交界处破坏范围进一步增大，范围为横向 11m、纵向 8m；当工作面推进至 150m 时，导水裂缝带高度发育至最大高度，约为 48m，断层与"底含"交界处产生的破坏范围也达到最大，范围为横向 12m、纵向 11m；当工作面推过断层后，导水裂缝带高度不再继续增长而保持稳定，断层对"底含"的破坏也基本稳定。由此可见，10m 落差条件下，断层附近导水裂缝带最大发育高度为 48m，较 5m 落差条件增加 4m；随着工作面不断向前推进，距断层 60m 时断层即对"底含"基底产生破坏，此后断层对"底含"的破坏范围不断增大，直至工作面推进至断层处，断层对"底含"的破坏范围达到最大，过断层后"底含"基底塑性破坏趋于稳定。

5.3　近松散层下开采含断层覆岩采动破坏特征分析

5.3.1　断层对导水裂缝带发育高度的影响

近松散含水层下含断层覆岩工作面开采，覆岩破坏特征与正常地质条件下有所不同，近断层区段导水裂缝带发育高度较正常区段有所增长。根据物理相似模拟试验结果,正常区段冒落带高度约为9m,最大导水裂缝带发育高度约为40m;近断层区段受断层影响,冒落带高度和导水裂缝带发育高度增加,分别为12m、45.4m。根据数值模拟结果(图5.29),当断层落差为0m(即不含断层时),导水裂缝带最大发育高度为39m;断层落差3m时,导水裂缝带最大发育高度为42m;断层落差5m时,导水裂缝带最大发育高度为44m;断层落差10m时,导水裂缝带最大发育高度为48m,表现为随断层落差增大,导水裂缝带最大发育高度越大。

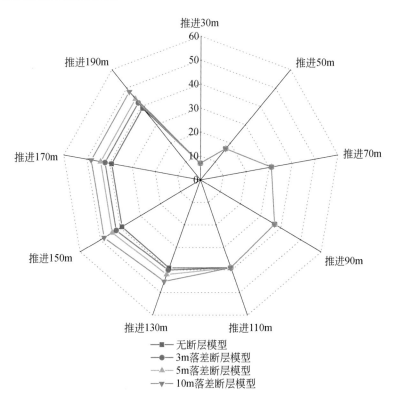

图5.29　不同断层落差情况塑性破坏高度变化图

5.3.2　断层对"底含"基底的破坏特征

根据近松散层下含断层工作面开采的物理相似模拟和数值模拟试验结果,松散含水层下含断层工作面开采过程中,断层不仅对导水裂缝带发育高度有影响,断层构造还会对"底含"基底造成破坏,如图5.30所示。

断层落差不同,断层对含水层基底的破坏程度不同,表现为随断层落差越大,"底含"基底破坏程度越大。在3m落差情况下,断层对"底含"基底基本没有影响;而随着工作面推进,在5m落差和10m落差情况下,"底含"底部与断层接触处相继发生塑性破坏,且断层落差越大,"底含"基底破坏程度越大。通过提取推进过程中"底含"基底处塑性

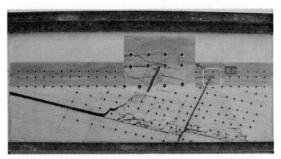

(a)物理相似模拟试验揭示的断层对"底含"基底破坏现象

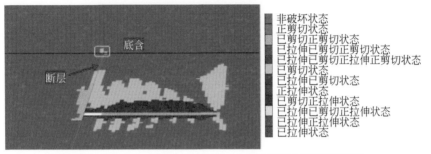

(b)数值模拟试验(以5m落差断层为例)揭示的断层对"底含"基底破坏现象

图 5.30　断层构造会对含水层基底的破坏

破坏图和垂直应力图进一步分析断层对"底含"基底的破坏特征。

在断层落差为 3m、5m 和 10m 的情况下，选取工作面距断层 0m 时的塑性破坏图，如图 5.31 所示。

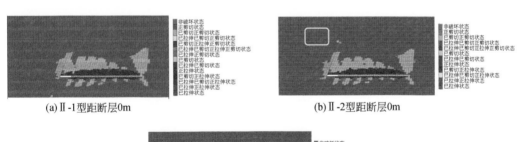

(a)Ⅱ-1型距断层0m　　　　　　　　(b)Ⅱ-2型距断层0m

(c)Ⅱ-3型距断层0m

图 5.31　不同断层落差情况塑性破坏图

在推进过程中，不同断层落差对"底含"基底破坏范围如表 5.5 所示。

表 5.5　推进过程中不同断层落差对"底含"基底破坏特征

距断层距离 /m	"底含"基底塑性破坏/m					
	3m落差断层		5m落差断层		10m落差断层	
	横向破坏	纵向破坏	横向破坏	纵向破坏	横向破坏	纵向破坏
80	0	0	0	0	0	0
60	0	0	0	0	4.0	2.0
40	0	0	8.0	3.0	8.0	5.0
20	0	0	8.4	6.0	11.0	8.0
0	0	0	8.0	8.0	12.0	11.0

由图 5.31、表 5.5 可知：①在断层落差为 3m 时，随着工作面推进，断层对"底含"基底基本没有影响。②在工作面距离断层 60m 前，断层落差为 5m 时，"底含"基底尚未被破坏；当落差为 10m 时，断层顶部塑性破坏达到"底含"基底，造成含水层底部的破坏，此时"底含"基底最大破坏范围为横向 4.0m、纵向 2.0m。③当工作面距离断层 40m 时，5m 落差断层开始对"底含"基底产生破坏，破坏范围分别为横向 8.0m、纵向 3.0m；10m 落差断层对"底含"基底破坏范围增大，横向增加至 8.0m，纵向增加至 5.0m。④当工作面距离断层 20m 时，5m 和 10m 落差断层对"底含"基底破坏继续增大，随着工作面推进至断层处，即距离断层 0m 时，5m 落差断层时其横向、纵向破坏范围均达 8.0m，10m 落差断层时横向最大破坏 12.0m，纵向最大破坏 11.0m。此后"底含"基底塑性破坏趋于稳定。

断层落差 3m、5m 和 10m 情况下，选取工作面距断层 0m 时垂直应力图如图 5.32 所示。

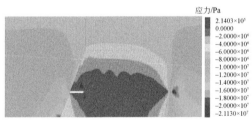

(a) Ⅱ-1型距断层0m垂直应力

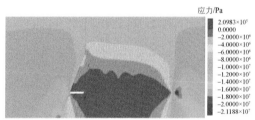

(b) Ⅱ-2型距断层0m垂直应力

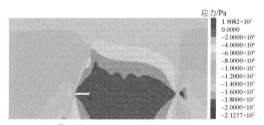

(c) Ⅱ-3型距断层0m垂直应力

图 5.32　不同断层落差情况垂直应力图

为研究工作面推进过程中断层与"底含"基底处应力变化，提取测点 a 处（断层与"底含"交界处，即断层露头处）垂直应力变化规律，见图 5.33。在不同断层落差情况下，随着工作面推进，"底含"基底处一直处于卸压区，而随着断层落差增大，其卸压范围也逐渐增大，当工作面距断层 20m 时，此时卸压程度最高，且断层落差越大，卸压程度越高，表明了"底含"基底处破坏越大；当工作面推进 150m 至断层处时，断层对开采引起的覆岩应力传递具有阻断作用，由于断层的存在，工作面前段的应力集中被断层阻隔，导致工作面前端无法继续向前传导并分散，应力集中程度减弱。

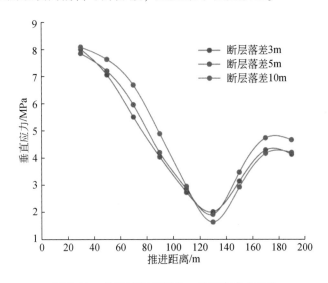

图 5.33　推进过程中测点 a 处垂直应力变化

5.4　近松散层下开采覆岩导水裂缝带发育高度预测

准确预测煤层顶板导水裂缝带高度对于矿井顶板水害防治、保障煤矿安全回采具有极其重要的意义。然而，导水裂缝带发育高度影响因素众多且具有复杂、难定量、非线性的特点（娄高中等，2019a），目前难以用准确的数学模型进行描述。为提高导水裂缝带高度的预测精度，本章分析了影响导水裂缝带高度的主控因素，从多因素综合分析的角度出发，基于两淮矿区多个矿井的煤层顶板导水裂缝带高度实测数据，采用多元统计分析结合机器学习的方法，建立了基于 FA-ALO-SVR 的导水裂缝带高度预测模型，利用该模型对许疃矿井 3$_2$20 工作面导水裂缝带高度进行预测，并将预测结果与物理相似模拟和数值模拟试验结果进行了对比，验证模型的有效性。

5.4.1　影响导水裂缝带发育高度的主控因素分析

导水裂缝带发育高度影响因素众多，一般来说导水裂缝带发育高度主要受到煤层赋存条件、地质构造和开采工艺等方面的影响和控制（徐树媛等，2022）。结合前人的研究成果（樊振丽，2013），基于影响因素应尽量全面，同时考虑影响因素易于获取、便于统一量化等原则，选取顶板类型、开采方法、开采深度、煤层倾角、开采厚度、工作面斜长、工作面有无断层这七项指标作为影响导水裂缝带发育高度的主控因素。

一般来说，导水裂缝带发育高度与覆岩性质及力学结构特征密切相关，根据顶板覆岩的单轴抗压强度，将顶板类型分为坚硬、中硬、软弱和极软弱四类，顶板覆岩越坚硬，导水裂缝带高度越大（娄高中等，2019a）。开采方法不同导致导水裂缝带的发育高度及其变化规律也随之改变（康永华，1998），考虑我国普遍采用长壁式采煤法，本书仅讨论长壁开采条件下的炮采、综采、分层开采和综放开采等采煤方法对导水裂缝带的影响。一般来说，在其他条件一定的情况下分层开采导致的导水裂缝带发育高度较大，炮采导致的导水裂缝带发育高度小。在一定范围内，随埋深增加，导水裂缝带高度随之增大；当超过该范围时，深部地应力作用使得采动形成的裂隙闭合，导水裂缝带发育高度随之减小（康永华，1998；樊振丽，2013；Wang et al.，2018）。煤层倾角影响导水裂缝带高度和形态，当煤层倾角小于35°时，导水裂缝带的高度随煤层倾角增大而缓慢增大；当煤层倾角为35°~45°时，导水裂缝带高度随着煤层倾角增大而增大，且增大的幅度越来越大；当煤层倾角为45°~60°时，导水裂缝带高度随着倾角的增大而减小（娄高中等，2019b；施龙青等，2021）。开采厚度是影响导水裂缝带发育高度的直接因素，开采厚度越大，导水裂缝带高度越大（施龙青等，2021）。工作面斜长也是影响顶板导水裂缝带高度的重要因素，在煤层未充分采动之前，工作面斜长对于导水裂缝带发育影响较大，发育高度随着工作面开采不断增加；当煤层充分采动后，工作面斜长对裂隙带发育影响不明显，导水裂缝带发育高度达到最大时会形成典型的拱形（赵忠明等，2015；施龙青等，2021）。断层对导水裂缝带高度的影响主要表现在两个方面：一方面，断层破坏了岩体的完整性，降低了岩体的力学性质，影响了煤层顶板类型的坚硬程度，进而影响了煤层顶板导水裂缝带的发育高度（师本强，2012）；另一方面，断层对矿压分布规律的影响十分明显。根据前述物理相似模拟试验结果与数值模拟试验结果，在有断层等地质构造破坏的地区，导水裂缝带的最大高度及破坏特征，同未受地质构造破坏的地区相比将有所变化，在断层破碎带附近的导水裂缝带发育高度比正常地区有所增长。工作面断层的存在对水体下煤层的安全回采具有严重威胁，往往导致突水事故。本书将工作面有无断层作为影响导水裂缝带高度的重要指标之一。

5.4.2　基于多因素综合分析的导水裂缝带高度预测模型研究

由于SVR模型在处理高维、非线性、小样本数据问题上具有独特优势，被广泛应用于导水裂缝带高度预测中（柴华彬等，2018），但目前对于SVR参数的优化问题没有得到很好的解决。SVR模型预测性能的优劣与关键参数惩罚因子C和核函数参数g的选择密切相关，目前大多通过先验知识（试凑法）、网格交叉验证或采用遗传算法和粒子群算法等确定这两个参数的具体数值。但采用先验知识、网格交叉验证等方法受人为主观因素影响较大，常出现欠学习或过拟合现象，并且工作量较大、耗时较长；遗传算法和粒子群算法本身需要调节的参数较多，一般来说基本的粒子群算法需要设置粒子数、迭代次数和伽马参数，遗传算法需要设置种群规模、交叉概率、变异概率和进化次数等，很难避免参数设置不合理对优化结果的影响。根据相关研究，ALO 算法收敛速度快、全局搜索能力良好，同时与遗传算法和粒子群算法相比，该算法需要调节的参数少，只需选取合适的蚁狮数量和迭代次数即可进行优化，避免了参数设置不合理对优化结果的影响（刘颖明等，2021）。

为提高导水裂缝带高度的预测精度，本书采用因子分析对原始数据进行了降维处理，优化模型的输入结构，有效避免因主控因素间重复信息干扰和噪声存在而影响预测结果的弊端；采用 ALO 算法对 SVR 模型的惩罚因子 C 和核函数参数 g 进行参数寻优，并建立基于 FA-ALO-SVR 的导水裂缝带高度预测模型；然后通过新样本对模型的性能进行检验，并从预测精度、预测能力和泛化能力三个角度对模型进行全面评价。

1. 研究方法

1）因子分析方法

因子分析是主成分分析方法的推广和深化（李树刚等，2017）。该方法在确保原始数据信息损失最小的原则下，通过对多变量平面数据进行优化综合和简化，实现对高维变量空间的降维处理，既合理解释了包含在因子间的相关性，又简化了观测系统。根据变量 X 的相关矩阵，可把原来的 p 个变量表示为 m（$m<p$）个新变量的线性组合的形式（张楠等，2016；李树刚等，2017；Bi et al.，2021），其数学模型为

$$\begin{cases} X_1 = a_{11}F_1 + a_{12}F_2 + \cdots + a_{1m}F_m + e_1 \\ X_2 = a_{21}F_1 + a_{22}F_2 + \cdots + a_{2m}F_m + e_2 \\ \qquad\qquad\qquad\vdots \\ X_p = a_{p1}F_1 + a_{p2}F_2 + \cdots + a_{pm}F_m + e_p \end{cases} \tag{5-2}$$

用矩阵形式表示为

$$X = AF + \varepsilon \tag{5-3}$$

$$A = \begin{bmatrix} a_{11} & a_{12} & \cdots & a_{1m} \\ a_{21} & a_{22} & \cdots & a_{2m} \\ \vdots & \vdots & \vdots & \vdots \\ a_{p1} & a_{p2} & \cdots & a_{pm} \end{bmatrix} \tag{5-4}$$

式中，$X = (X_1, X_2, \cdots, X_p)^{\mathrm{T}}$ 为可实测的随机向量；$F = (F_1, F_2, \cdots, F_m)^{\mathrm{T}}$ 为公共因子；A 为因子载荷矩阵；a_{ij} 为因子载荷；$\varepsilon = (e_1, e_2, \cdots, e_p)$ 为特殊因子。

因子分析的具体步骤如下（张楠等，2016；李树刚等，2017；Bi et al.，2021）：

（1）依据矩阵 X 计算其协方差矩阵，即相关矩阵 R，$R = (r_{ij})_{p*p}$。

（2）依据协方差矩阵，计算其特征根 λ_i 及其对应的特征向量。

（3）以前 q 个特征值的方差累计百分数大于 80% 作为判断原则，确定公共因子的个数 q。

（4）进行因子旋转并计算因子载荷矩阵 A。

（5）建立因子得分模型并求解。

2）SVR 原理

SVR 算法是在 SVM 的基础上发展起来的一种自回归算法，该算法以结构风险最小化原则为理论基础，改变了传统的经验风险最小化原则，具有很好的泛化能力，其核心思想是利用核函数将非线性函数从低维空间映射到高维特征线性函数，然后进行线性拟合。因 SVR 在解决小样本、非线性及高维问题上具有独特的优势，目前已被国内外学者广泛应用于各种领域的回归预测问题之中，其数学模型参见文献（鲁娟等，2020；张童康等，2021；陈芳等，2021；张海洋等，2021）。

在 SVR 模型中，惩罚因子 C 和核函数参数 g 是两个需要确定的重要参数，直接影响最终预测结果的准确度。其中，惩罚因子 C 主要用来平衡支持向量的复杂度和误差率，若 C 取值过大，支持向量增加，导致模型变复杂；若 C 取值过小，支持向量减少，模型变简单。核函数参数 g 反映了单个样本对超平面的影响，若 g 较小，则单个样本对超平面的影响较小；若 g 较大，则单个样本对超平面的影响较大。如果惩罚因子 C 和核函数参数 g 这两个参数选取不合适，会对模型的回归效果和预测性能产生较大影响。以往的研究中大多通过先验知识、网格交叉验证等方法确定这两个参数的具体数值，但这些方法受人为主观因素影响较大，常出现欠学习或过拟合现象，并且样本较大时，运算量大、耗时长（陈承滨等，2019；王瀛洲等，2021）。因此，有必要采取合适的优化算法对参数 C 和 g 进行参数寻优，从而获得具有较高预测精度的支持向量机。

3）蚁狮优化算法

为确定 SVR 模型的最佳参数及有效减少参数调整时间，本书采用蚁狮优化算法（antlion optimizer algorithm，ALO）对 SVR 模型的参数 C 和 g 进行参数寻优，以进一步提高模型的预测精度和泛化能力。蚁狮优化算法是一种智能优化算法，该算法是受蚁狮捕捉蚂蚁过程的启发，模拟了蚁狮的生物行为。蚁狮事先在地下做好陷阱等待蚂蚁，蚂蚁被蚁狮捉到后，蚁狮会继续挖陷阱等待下一只蚂蚁。ALO 是通过仿照蚁狮捕捉蚂蚁的过程来解决未知空间搜索实际问题：蚂蚁通过随意行为对解进行搜索，通过学习优秀蚁狮以确保取得全局最优值。蚂蚁和蚁狮的位置表示优化问题的解，蚁狮通过不断捕食蚂蚁寻找问题的最优解。因其良好的自适应边界收缩机制和精英主义优势，具有收敛速度快、全局搜索能力良好、需要调节的参数少的特点，与遗传算法和粒子群算法相比，ALO 具有更好的优化效果（刘颖明等，2021）。

ALO 通过数值模拟实现蚂蚁和蚁狮之间的相互作用将问题优化：引入蚂蚁的随机游走实现全局搜索，通过轮盘赌策略和精英策略保证种群的多样性和算法的寻优性能。蚁狮相当于优化问题的解，通过猎捕高适应度的蚂蚁实现对近似最优解的更新和保存。蚁狮优化算法的数学模型及具体步骤描述如下（Mirjalili，2015；陈承滨等，2019；Wang et al.，2019；王瀛洲等，2021）。

A. 蚁狮构建陷阱

模拟蚁狮的狩猎过程，ALO 优化过程中，基于适应度值，通过轮盘赌策略操作随机选取蚁狮来修筑陷阱，这种方法保证了蚁狮有较大机会能捕猎到蚂蚁。

B. 蚂蚁随机游走

蚂蚁在自然界中随机游走寻找食物的过程可以看作各搜索代理搜寻可行域的过程。随机游走的过程在数学上可以表示为

$$X(t)=\left[0,\text{cumsum}(2r(t_1)-1),\cdots,\text{cumsum}(2r(t_n)-1)\right] \tag{5-5}$$

式中，$X(t)$ 为蚂蚁随机游走的步数集；cumsum 为计算累加和；t 为随机游走的步数，本书取最大迭代次数 T；$r(t)$ 为一个随机函数，定义为

$$r(t)=\begin{cases} 1, & \text{rand}>0.5 \\ 0, & \text{rand}\leqslant 0.5 \end{cases} \tag{5-6}$$

式中，rand 为 [0，1] 的随机数。

保存优化期间蚂蚁的位置和适应度，可以表示为式（5-7）和式（5-8）。

$$\boldsymbol{M}_{\text{Ant}}=\begin{bmatrix} A_{11} & A_{12} & \cdots & A_{1d} \\ A_{12} & A_{22} & \cdots & A_{2d} \\ \vdots & \vdots & \vdots & \vdots \\ A_{n1} & A_{n2} & \cdots & A_{nd} \end{bmatrix} \tag{5-7}$$

$$\boldsymbol{M}_{\text{OA}}=\begin{bmatrix} f([A_{11},A_{12},\cdots,A_{1d}]) \\ f([A_{21},A_{22},\cdots,A_{2d}]) \\ \vdots \\ f([A_{n1},A_{n2},\cdots,A_{nd}]) \end{bmatrix} \tag{5-8}$$

式中，$\boldsymbol{M}_{\text{Ant}}$ 为每只蚁狮的位置；$\boldsymbol{M}_{\text{OA}}$ 为每只蚁狮的适应度。

为保证蚂蚁在搜索空间内游走的随机性，需根据式（5-9）对蚂蚁的位置进行标准化处理：

$$X_i^t=\frac{(X_i^t-a_i)\times(d_i^t-c_i^t)}{b_i-a_i}+c_i^t \tag{5-9}$$

式中，a_i 代表第 i 个变量随机游走的最小值，b_i 代表第 i 个变量随机游走的最大值；c_i^t 代表第 t 次迭代时第 i 个变量随机游走的最小值，d_i^t 代表第 t 次迭代时第 i 个变量随机游走的最大值。

C. 蚂蚁进入陷阱

蚂蚁的随机游走受到蚁狮陷阱的影响，可以表示为

$$\begin{cases} c_i^t=\text{Antlion}_j^t+c^t \\ d_i^t=\text{Antlion}_j^t+d^t \end{cases} \tag{5-10}$$

式中，Antlion_j^t 为第 t 次迭代中，第 j 只蚁狮的位置。

D. 蚂蚁落入陷阱中心

当蚁狮发现有蚂蚁进入陷阱时，便将沙子向陷阱外抛去，使蚂蚁滑向陷阱中心。此时，蚂蚁的随机游走是自适应减少的，可以定义如下：

$$\begin{cases} c^t=\dfrac{c^t}{I} \\ d^t=\dfrac{d^t}{I} \end{cases} \tag{5-11}$$

$$I = 10^w \frac{t}{T} \begin{cases} w=2, & t>0.1T \\ w=3, & t>0.5T \\ w=4, & t>0.75T \\ w=5, & t>0.9T \\ w=6, & t>0.95T \end{cases} \quad (5\text{-}12)$$

式中，I 为比率；t 为当前迭代次数；T 为迭代的最大次数；w 为基于 t 和 T 定义的常量。

E. 重建陷阱

蚁狮捕捉猎物后，评估蚂蚁新位置的适应度。如果游走的蚂蚁种群中出现了适应度高于蚁狮的个体，则该个体被捕获。蚁狮的位置可以更新如下：

$$\text{Antlion}_j^t = \text{Ant}_i^t, \text{ if } f(\text{Ant}_i^t) > f(\text{Antlion}_j^t) \quad (5\text{-}13)$$

式中，t 为当前迭代次数；Ant_i^t 为第 t 次迭代时第 i 只蚂蚁的位置。

F. 精英化

蚂蚁的随机游走，同时受到轮盘赌策略随机选择的蚁狮和精英蚁狮的影响。因此，蚂蚁的位置根据轮盘机会和精英蚁狮的平均值进行更新，可以模拟如下：

$$\text{Ant}_i^t = \frac{R_A^t + R_E^t}{2} \quad (5\text{-}14)$$

式中，R_A^t 为第 t 次迭代时，轮盘赌策略选中蚁狮的随机游走；R_E^t 为第 t 次迭代时，精英蚁狮的随机游走。

4）FA-ALO-SVR 模型

本书建立的基于 FA-ALO-SVR 的矿井煤层顶板导水裂缝带高度预测模型总体步骤可以分为以下几步：第一步，确定影响煤层顶板导水裂缝带高度的主要控制因素并搜集样本数据作为原始数据；第二步，划分训练样本集和测试样本集；第三步，对训练样本集的原始数据进行因子分析处理，提取出一组能够反映训练样本集原始数据绝大部分信息的新变量，以减少冗余信息和噪音，剔除各个影响因素间相关性对预测结果的干扰，作为优化模型的输入变量；第四步，采用蚁狮优化算法优化 SVR 模型针对输入变量进行训练，确定SVR 模型的惩罚因子 C 和核函数参数 g，得到优化模型；第五步，通过预留的测试样本集数据作为新样本验证训练完成的优化模型的预测效果，从预测精度、预测能力和泛化能力三个角度对模型进行全面评价，并与其他模型进行对比；第六步，应用该优化模型对许疃矿井 32 采区工作面的煤层顶板导水裂缝带发育高度值进行预测。

2. 研究数据来源

为了有效避免样本条件的集中化，增强模型代表性与预测成果适用性，本书根据文献（樊振丽，2013）选取了两淮矿区多个矿井共 46 组典型的煤层顶板导水裂缝带高度实测数据作为样本数据，建立了包含顶板类型、开采方法、开采深度、煤层倾角、开采厚度、工作面斜长、有无断层在内的共七个主控因素组成的导水裂缝带高度预测指标体系，实测数据如表 5.6 所示。

表 5.6　两淮地区导水裂缝带发育高度实测数据（樊振丽，2013）

编号	实测地点	顶板类型 x_1	开采方法 x_2	开采深度 x_3/m	煤层倾角 x_4/(°)	开采厚度 x_5/m	工作面斜长 x_6/m	有无断层 x_7	导水裂缝带高度 y/m
1	皖北煤电祁东煤矿 7114	0.6	0.4	520.0	12.0	2.30	174	0	102.30
2	皖北煤电祁东煤矿 7130	0.6	0.4	402.5	12.0	3.00	170	0	29.50
3	皖北煤电祁东煤矿 3241	0.6	0.4	509.0	12.5	2.20	180	0	59.00
4	皖北煤电五沟矿 1013	0.6	0.4	386.5	10.0	3.10	150	1	67.35
5	皖北煤电五沟矿 1016	0.6	0.4	380.0	6.0	3.50	180	0	64.40
6	淮北祁南煤矿 345	0.6	0.4	395.5	14.0	3.45	160	0	41.70
⋮	⋮	⋮	⋮	⋮	⋮	⋮	⋮	⋮	⋮
39	淮南张集矿 1215（3）	0.6	0.6	520.5	2.0	3.00	202	0	52.00
40	淮南顾北矿 1242（1）	0.6	0.6	620.0	3.5	3.10	240	0	23.51
41	淮北桃园煤矿 1062	0.6	0.4	306.0	28.0	3.00	150	0	53.41
42	淮北朱仙庄矿 821	0.6	0.4	338.5	20.0	1.90	150	0	48.96
43	淮南潘一矿 1412（3）	0.6	0.4	415.0	8.0	3.40	120	0	48.90
44	淮南潘一矿 1402（3）	0.6	0.2	404.0	6.0	2.20	150	0	35.21
45	淮南张集矿 1212（3）	0.6	0.6	516.0	2.0	3.90	205	0	49.05
46	淮南谢桥矿 1121（3）	0.6	0.6	490.5	7.0	6.00	182	0	67.88

参考相关研究（于小鸽等，2009；娄高中等，2019b；施龙青等，2021）对顶板类型、开采方法、工作面有无断层等定性因素对导水裂缝带高度影响的量化处理结果，在定量分析中将坚硬顶板、中硬顶板、软弱顶板、极软弱顶板分别取值为 0.8、0.6、0.4、0.2；将分层开采、综放开采、综采、炮采分别取值为 0.8、0.6、0.4、0.2；断层因素对导水裂缝带高度的影响复杂，本书参考断层对底板破坏带深度的影响取值，若工作面存在断层，量化值为 1，若工作面不含断层，量化值为 0。

一般来说，收集数据的一个经验准则是样本容量至少应为可能自变量数目的 6～10 倍（徐树媛等，2022），本书收集样本数据 46 组，自变量数目 7 个，符合收集数据的基本要求。为了保证模型的有效性，将表 21 中的样本数据分为训练样本和测试样本，训练样本用于建立模型，测试样本作为新样本用于验证模型的预测能力。目前确定训练样本和测试样本的个数没有定论，一般情况下，训练样本个数越多，模型的训练能力随之提高，模型的预测能力也会提高；测试样本过少会使得预测结果具有一定的局限性，测试样本的个数至少为两个（娄高中和谭毅，2021）。基于此，本书从 46 组样本数据中随机抽取 6 组样本数据作为测试样本（样本编号 41～46），剩余 40 组数据作为训练样本（样本编号 1～40）。

3. 基于 FA-ALO-SVR 的导水裂缝带高度预测模型

1）因子分析处理

对影响导水裂缝带发育高度的七个主控因素数据进行相关性分析，结果见图 5.34。由

图 5.34 可知，各因素之间存在一定的相关性，其中开采方法与开采深度、开采方法与开采厚度之间的相关系数均为 0.54，开采深度与工作面斜长之间的相关系数为 0.56，表明这些因素之间存在较强的相关性，由于信息冗余和噪声的存在增加了导水裂缝带发育高度预测问题的复杂性，也会使得预测精度难以保证。因此，有必要采用因子分析的方法将相关的变量处理为低维、互不相关且能够保留原始变量绝大部分信息的新综合变量。

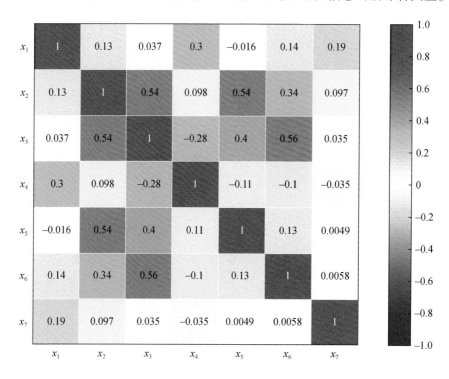

图 5.34　各主控因素间相关系数热图

本书通过 SPSS26 软件进行因子分析。首先采用 KMO（Kaiser-Meyer-Olkin）检验统计量和巴特利特（Bartlett）球形度检验确定研究数据是否适合进行因子分析。其中，KMO 检验统计量是检验变量间简单相关系数和偏相关系数的指标，取值在 0~1，越接近 1 说明变量间的共同因素越多，表明变量间的相关性越强，原始变量越适合因子分析。当 KMO 数值>0.5 时，即可进行因子分析。Bartlett 球形度检验可根据相关系数矩阵的行列式得到，当近似卡方值较大，其相对应的显著性<0.05 时，应拒绝零假设，即相关系数矩阵不可能是单位阵，原始变量间存在相关性，可以进行因子分析。本次研究数据的 KMO 和巴特利特检验结果如表 5.7 所示，KMO 测度值为 0.588，巴特利特球形度检验结果中显著性为 0，表明所选取的指标和测量数据适合作因子分析。

计算各成分的方差贡献率及累计贡献率由表 5.8 可知，前四个成分的累计方差贡献率为 82.252%，大于 80%，满足主成分提取的原则，可以反映原始数据的绝大部分信息。因此选取前四个成分作为新的预测指标，并采用最大方差法进行旋转（如表 5.9 所示），然后采用回归方法进行计算因子得分，分别记为 F_1、F_2、F_3、F_4，得到的成分得分系数矩阵如表 5.10 所示，最终得到四个新成分的得分模型，如式（5-15）所示。由表 5.10 可知，对于主成分 F_1，开采方法和开采厚度的分量的载荷贡献较大，可概括为人为开采因素；主成分 F_2 在开采深度和工作面斜长上的载荷较大，主要代表开采深度和工作面斜长因素；主成分 F_3 在顶板类型和煤层倾角的载荷较大，主要代表顶板类型和煤层倾角特征；主成分 F_4 在工作面有无断层上的载荷较大，主要代表断层因素。这样就将原来的 7 维因子降为 4 维，减小了模型规模；同时生成的四个新成分可以反映和解释原始变量之间的复杂关系，消除了各影响因素之间的相关性，优化了后续 SVR 模型的输入结构。

表 5.7　KMO 和巴特利特球形度检验结果

KMO 取样适切性量数		0.588
巴特利特球形度检验	近似卡方	54.753
	自由度	21.000
	显著性	0

表 5.8　总方差解释结果表

成分	初始特征值			提取载荷平方和			旋转载荷平方和		
	特征值	方差贡献率/%	累积贡献率/%	特征值	方差贡献率/%	累积贡献率/%	特征值	方差贡献率/%	累积贡献率/%
1	2.304	32.911	32.911	2.304	32.911	32.911	1.684	24.062	24.062
2	1.407	20.103	53.014	1.407	20.103	53.014	1.664	23.768	47.830
3	1.111	15.864	68.878	1.111	15.864	68.878	1.343	19.190	67.020
4	0.936	13.374	82.252	0.936	13.374	82.252	1.066	15.231	82.252
5	0.546	7.800	90.051						
6	0.406	5.799	95.85						
7	0.290	4.150	100						

表 5.9　旋转后的成分矩阵表

主控因素	成分			
	F_1	F_2	F_3	F_4
X_1	−0.105	0.272	0.800	0.266
X_2	0.775	0.363	0.132	0.096
X_3	0.453	0.753	−0.200	0.061
X_4	0.211	−0.336	0.797	−0.186
X_5	0.902	0.030	−0.010	−0.027
X_6	0.076	0.881	0.089	−0.060
X_7	0.048	−0.033	0.050	0.971

表 5.10 成分得分系数矩阵表

主控因素	成分			
	F_1	F_2	F_3	F_4
X_1	−0.194	0.251	0.610	0.167
X_2	0.434	0.056	0.066	0.055
X_3	0.132	0.396	−0.137	0.016
X_4	0.181	−0.225	0.585	−0.215
X_5	0.617	−0.211	−0.061	−0.024
X_6	−0.182	0.613	0.125	−0.135
X_7	0.042	−0.110	−0.047	0.927

$$\begin{cases} F_1 = -0.194X_1' + 0.434X_2' + 0.132X_3' + 0.181X_4' + 0.617X_5' - 0.182X_6' + 0.042X_7' \\ F_2 = -0.251X_1' + 0.056X_2' + 0.396X_3' - 0.225X_4' - 0.211X_5' + 0.613X_6' - 0.110X_7' \\ F_3 = 0.610X_1' + 0.066X_2' - 0.137X_3' + 0.585X_4' - 0.061X_5' + 0.125X_6' - 0.047X_7' \\ F_4 = 0.167X_1' + 0.055X_2' + 0.016X_3' - 0.215X_4' - 0.024X_5' - 0.135X_6' + 0.927X_7' \end{cases} \quad (5\text{-}15)$$

式中，F_1、F_2、F_3、F_4 为四个成分的得分；X_i' ($i=1, 2, 3, 4, 5, 6, 7$) 为原始数据标准化处理后的值。

2) 建立 ALO 优化后的 SVR 预测模型

将 40 组训练样本数据经因子分析处理后提取出的四个主成分 $\{F_1, F_2, F_3, F_4\}$ 作为输入特征，将 40 组训练样本数据的导水裂缝带高度 $\{y\}$ 作为模型的输出。选取径向基函数作为 SVR 的核函数，采用 ALO 算法对 SVR 模型进行参数寻优，搜索最优化的惩罚因子 C 和核函数参数 g。ALO 算法参数设置如下：蚂蚁和蚁狮数量 pop=20，变量数 dim=2，最大迭代次数 $T=500$，下界 lb=[0, 0]，上界 ub=[100, 100]。选择样本的导水裂缝带高度实测值和预测值之间的均方误差（mean square error，MSE）来建立适应度函数（刘颖明等，2021；王瀛洲等，2021；徐佳宁等，2021）。

完成每个参数的初始化和适应度函数后，用 ALO 算法优化 SVR 的参数。根据适应度函数求出每个蚂蚁的适应度值，若更新后的适应度值优于之前位置的适应度值，则取而代之，作为下次迭代的起始时刻。通过不断迭代，满足得到的极值小于设定的阈值或达到最大迭代次数，输出最佳参数，利用最佳参数构建 ALO-SVR 预测模型。整个优化过程通过 Matlab 2018b 平台实现。训练过程中的适应度变化曲线如图 5.35 所示，训练完成的模型对训练样本的拟合结果如图 5.36 所示。随着迭代次数的增加，适应度值不断减小，当迭代至 254 次时，算法基本趋于平稳且之后的迭代适应度值并没有变化，说明该模型的误判率已经达到最低。此时，训练样本的 MSE 值为 9.367×10^{-5}，拟合优度 $R^2 = 0.99959$。ALO 算法优化得到的支持向量机参数分别为 $C=32.8628$ 与 $g=18.5497$。

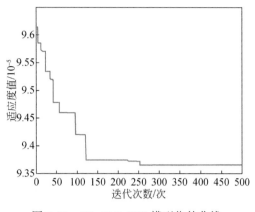

图 5.35　FA-ALO-SVR 模型收敛曲线

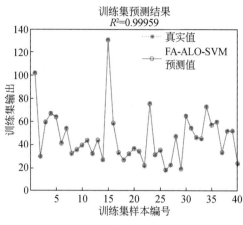

图 5.36　训练样本的拟合结果

4. 模型效果检验与评价

1）新样本的检验

当建立的模型具有很好的拟合能力时，还应关注模型是否出现过拟合现象，即该模型在训练样本附近预测精度非常高，但对于新样本数据的预测精度较低（Allen，1978）。因此，为验证所建模型的准确性和稳定性，使用测试样本数据进行模型验证。采用预留的六组测试样本（编号 41~46）对其进行效果检验。先将六组测试样本数据进行标准化处理，然后代入式（5-15）中获得经因子分析处理后的四个新成分的得分值，并将其代入建好的模型中进行预测，得到六组测试样本的导水裂缝带高度预测值，如表 5.11 所示。由表 5.11 可知，模型对两个新样本（编号 41 和编号 42）的预测值与实际值之差的绝对值超过 5m，其余四个样本的预测值与实际值之差的绝对值均小于 5m，预测值与实测值的最大绝对误差（绝对误差取绝对值）为 7.6436m（样本编号 42），最小绝对误差为 0.4879m（样本编号 43），平均绝对误差为 3.7857m，表明该模型对新样本具有较好的预测能力。

表 5.11　测试样本集预测值　　　　　　　　　　（单位：m）

测试样本编号	实际值	预测值	绝对误差
41	53.4100	47.1194	6.2906
42	48.9600	41.3164	7.6436
43	48.9000	48.4121	0.4879
44	35.2100	39.2295	4.0195
45	49.0500	51.4229	2.3729
46	67.8800	65.9804	1.8996

2）模型性能定量评价

为进一步验证本文所建预测模型的有效性，通过与其他三种模型做对比分析，包括传统的 SVR 模型、经因子分析处理后的 FA-SVR 模型以及未经因子分析处理的 ALO-SVR 模型。其中，传统 SVR 模型采用七种主控因素的原始数据作为模型输入，以导水裂缝带高度作为模型的输出，模型中惩罚因子 C 和核函数参数 g 设置方法采用试凑法，经多次试验，取 $C=10$，$g=1$，此时训练样本的预测值与实际值的拟合优度 $R^2=0.95668$ ［图 5.37（a）］，表明模型训练效果较好；经因子分析处理后的 FA-SVR 模型采用提取出的四个主成分的得分作为模型输入，以导水裂缝带高度作为模型的输出，模型中惩罚因子 C 和核函数参数 g 设置方法同样采用试凑法，经多次试验，取 $C=10$，$g=8$，此时训练样本的预测值与实际值的拟合优度 $R^2=0.96062$ ［图 5.37（b）］，表明模型训练效果较好；未经因子分析处理的 ALO-SVR 模型，采用七种主控因素的原始数据作为模型输入，以导水裂缝带高度作为模型的输出，模型中参数设置：蚂蚁和蚁狮数量 pop$=20$，变量数 dim$=2$，最大迭代次数 $T=500$，下界 lb$=[0,0]$，上界 ub$=[100,100]$。根据 ALO 自动对惩罚因子 C 和核函数参数 g 进行寻优，训练得到 $C=44.8737$，$g=15.4776$，此时训练样本预测值与实际值的拟合优度 $R^2=0.99968$ ［图 5.37（c）］，表明模型训练效果很好。

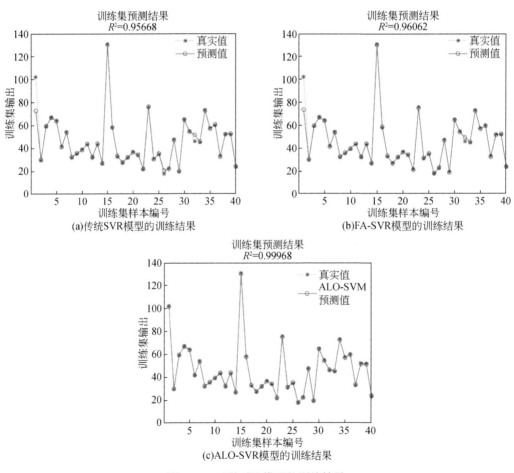

图 5.37　三种对比模型的训练结果

以上表明，这三种模型均具有较好的拟合精度，但是对于预测模型来说人们真正感兴趣的是实际预测能力而非回代拟合结果。因此，本书以测试样本的预测结果作为模型优劣的评价基准（袁哲明等，2008；Bi et al.，2022b）。四种模型对六组测试样本的预测结果如表 5.12 所示。

表 5.12　各模型对于测试样本的预测结果　　　　　　　（单位：m）

测试样本编号	实际值	FA-ALO-SVR 模型预测值	SVR 模型预测值	FA-SVR 模型预测值	ALO-SVR 模型预测值
41	53.4100	47.1194	47.5822	49.1715	47.5500
42	48.9600	41.3164	41.6043	41.1817	43.5650
43	48.9000	48.4121	60.1010	50.0084	47.7420
44	35.2100	39.2295	15.9802	39.3732	43.3927
45	49.0500	51.4229	51.5871	52.6861	49.7592
46	67.8800	65.9804	67.2109	61.6052	58.5096

为更全面和精确地评价模型的性能，本书采用平均绝对误差 MAE、误差均方根 RMSE 和平均相对误差 $\overline{d}_r$、威尔莫特一致性指数 IWA、希尔不等系数 TIC 这五个指标从预测精度、预测能力和泛化能力三个角度对所建立的模型进行科学而全面的评价（王建州和杨文栋，2019），其计算公式如式（5-16）～式（5-20）所示。其中，MAE、RMSE、$\overline{d}_r$ 值可以用来评价模型的预测精度，其值越小表明预测精度越高；TIC 值可以用来评价模型的预测能力，其取值范围为 0～1，越接近 0 则表明模型的预测能力越强；模型的泛化能力也是评价预测模型性能的重要指标，采用威尔莫特一致性指数 IWA 来评价模型的泛化能力。IWA 可以度量模型预测外部数据的精度能够达到训练精度的能力，一般认为 IWA>0.6 时模型才有实际预测价值（柴华彬等，2018）。不同模型预测性能的评价指标值如表 5.13 所示。

$$\text{MAE} = \frac{1}{n} \sum_{i=1}^{n} |\hat{y}_i - y_i| \tag{5-16}$$

$$\text{RMSE} = \sqrt{\frac{1}{n} \sum_{i=1}^{n} (\hat{y}_i - y)^2} \tag{5-17}$$

$$\overline{d}_r = \frac{1}{n} \sum_{i=1}^{n} \frac{|\hat{y}_i - y_i|}{y_i} \times 100\% \tag{5-18}$$

$$\text{IWA} = 1 - \frac{\sum_{i=1}^{n} (\hat{y}_i - y_i)^2}{\sum_{i=1}^{n} (|\hat{y}_i - \overline{y}| + |y_i - \overline{y}|)^2} \tag{5-19}$$

$$\text{TIC} = \frac{\sqrt{\frac{1}{n} \sum_{i=1}^{n} (\hat{y}_i - y_i)^2}}{\sqrt{\frac{1}{n} \sum_{i=1}^{n} y_i^2} + \sqrt{\frac{1}{n} \sum_{i=1}^{n} \hat{y}_i^2}} \tag{5-20}$$

式中，$\hat{y}_i$ 为模型的预测值；y_i 为实际值；$\bar{y}$ 为样本实际值的平均值；n 为测试样本数，此处 $n=6$。

表 5.13　不同模型预测性能的评价指标对比

不同模型	MAE	RMSE	$\bar{d}_{\mathrm{r}}$	IWA	TIC
FA-ALO-SVR	3.7857	4.5393	7.9066%	0.9370	0.1099
SVR	7.8034	9.9180	18.2690%	0.8496	0.2393
FA-SVR	4.5332	4.9937	9.0951%	0.9102	0.1211
ALO-SVR	5.1126	6.0560	10.4749%	0.8280	0.1481

由表 5.13 可知，以上四种模型均表现出对新样本具有一定的预测能力。与其他三种模型相比，本书建立的 FA-ALO-SVR 模型在预测精度、预测能力和泛化能力这三个方面均有了进一步的改善，对新样本表现出较好的预测性能，产生这种结果的原因在于以下几个方面。一方面，该模型采用因子分析的方法优化了模型的输入结构，减小了模型的输入规模，有效避免了因主控因素间重复信息干扰和噪声存在而影响预测结果的弊端；另一方面，该模型采用 ALO 算法对 SVR 模型的关键参数进行自动寻优，避免了人为因素的对参数选取的影响，并能获得最优的参数组合，保证了模型的预测性能。此外，该算法收敛速度快、全局搜索能力良好，同时与遗传算法和粒子群算法相比，该算法需要调节的参数少，避免了参数设置不合理对优化结果的影响（刘颖明等，2021）。正是这几方面原因的组合作用在很大程度上保证了该模型的预测精度、预测能力和泛化能力。因此，本研究为准确预测导水裂缝带发育高度提供了一种有效的途径和方法，建立的 FA-ALO-SVR 模型具有一定的实用性，其精度能够满足现代矿井实际工程中预测导水裂缝带发育高度的要求。

5.4.3　模型应用

基于 FA-ALO-SVR 模型的导水裂缝带高度预测模型考虑了相对全面的影响因素，并且具有较好的预测精度、预测能力和泛化能力，应用该模型对淮北矿区许疃矿井 32 采区 $3_2$20 工作面采动覆岩导水裂缝带高度进行预测。依据 $3_2$20 工作面地质特征及实际开采条件，确定模型各预测指标的数值。由于在断层破碎带附近的导水裂缝带发育高度与正常地区有所不同，为探究和对比断层破碎带附近与正常地区工作面导水裂缝带高度数值的具体差异，以 $3_2$20 工作面为地质背景，设定工作面含断层和工作面不含断层条件下的两组数据（表 5.14）。将这两组原始数据进行标准化处理后，代入基于 FA-ALO-SVR 模型的导水裂缝带高度预测模型中，得到两种条件下的导水裂缝带高度预测值，见表 5.14。由表 5.14 可知，工作面不含断层条件下导水裂缝带高度为 40.7602m，含断层条件下导水裂缝带高度为 48.0120m。

表 5.14　工作面是否含断层条件下的导水裂缝带高度预测结果

项目	顶板类型 x_1	开采方法 x_2	开采深度 x_3/m	煤层倾角 x_4/(°)	开采厚度 x_5/m	工作面斜长 x_6/m	有无断层 x_7	导水裂缝带高度预测值 y/m
不含断层条件	0.6	0.4	400	15	3	120	0	40.7602
含断层条件	0.6	0.4	400	15	3	120	1	48.0120

为进一步验证模型的实用性,将模型预测结果与采用经验公式(国家安全监管总局等,2017)(表 5.15)计算结果、物理相似模拟试验结果以及数值模拟试验结果进行对比分析,结果如表 5.16 所示。当不考虑断层时,四种方法得到的结果基本吻合,FA-ALO-SVR 模型得到的导水裂缝带高度值略微偏大,可能的原因在于该模型考虑的因素相对全面,结果相对更精确;当考虑断层时,前三种模型得到的导水裂缝带高度值均较无断层条件下有一定的增长,其中物理相似模拟试验结果表明当断层落差 5m 时,导水裂缝带高度为 45.40m,与 5m 落差断层的数值模拟结果基本吻合;数值模型试验结果进一步表明当其他条件一定时,断层落差越大,导水裂缝带高度越大,而 FA-ALO-SVR 模型导水裂缝带高度预测模型虽然考虑了断层的影响,但限于样本数据,参考了有无断层对底板破坏带深度的影响取值,只考虑了工作面是否存在断层,简化了断层因素,未能提供更为充分的解释和地质信息。因此,虽然该模型表现出了良好的预测性能,具有一定的实用性,但是也还存在一定的局限性。在后续的研究中,应收集更为全面的断层信息以进一步改善该模型,同时可以结合物理相似模拟试验、数值模拟试验等方法进一步加强断层因素的影响研究。

表 5.15　计算公式

岩性	计算公式 1	计算公式 2
坚硬	$H_{li} = \dfrac{100 \sum M}{1.2 \sum M + 2.0} \pm 8.9$	$H_{li} = 30\sqrt{\sum M} + 10$
中硬	$H_{li} = \dfrac{100 \sum M}{1.6 \sum M + 3.6} \pm 5.6$	$H_{li} = 20\sqrt{\sum M} + 10$
软弱	$H_{li} = \dfrac{100 \sum M}{3.1 \sum M + 5.0} \pm 4.0$	$H_{li} = 10\sqrt{\sum M} + 5$
极软弱	$H_{li} = \dfrac{100 \sum M}{5.0 \sum M + 8.0} \pm 3.0$	/

注:$\sum M$ 为累计采厚;H_{li} 为导水裂缝带高度;公式应用范围为单层采厚 1~3m,累计采厚不超过 15m;计算公式中±号项为误差。

表 5.16　不同方法确定导水裂缝带高度值

不同方法	含断层条件导水裂缝带高度/m		不含断层条件导水裂缝带高度/m
FA-ALO-SVR 模型	48.01		40.76
物理相似模拟试验	5m 落差断层	45.40	40.00
数值模拟试验	3m 落差断层	42.00	39.00
	5m 落差断层	44.00	
	10m 落差断层	48.00	

不同方法	含断层条件导水裂缝带高度/m	不含断层条件导水裂缝带高度/m
经验公式计算	—	表 5.15 中公式 1 计算结果：34.09~39.69 表 5.15 中公式 2 计算结果：42.86

5.5　本章小结

基于 32 采区 3₂ 煤层顶板工程地质特征，构建了松散层下含断层工作面开采的物理相似模型和数值模型，开展了近松散层下开采含断层覆岩采动破坏特征研究，分析了不含断层工作面开采和含不同落差断层工作面开采过程中的应力演化特征、位移变化特征以及覆岩破坏特征，主要得到了如下结论。

（1）松散含水层下采煤，断层的存在会导致断层附近导水裂缝带发育高度较不含断层区段有所增长，且导水裂缝带高度的增长值与断层落差有关，表现为随断层落差越大，导水裂缝带发育高度越大。

（2）松散含水层下含断层工作面开采过程中，断层构造会对含水层基底造成破坏，且断层落差不同，断层对含水层基底的破坏程度不同，表现为随断层落差越大，"底含"基底破坏程度越大。当断层落差为 3m 时，断层对"底含"基底基本没有影响；而随着工作面推进，当断层落差为 5m 和 10m 时，随着工作面的推进，断层会对"底含"基底造成破坏，且断层对"底含"基底的破坏程度随断层落差增大而增大。

（3）近松散层下含断层工作面开采，当采动影响范围波及断层时，断层的存在对采动引起的覆岩应力和位移传递具有明显的阻断效应，工作面与断层之间的距离越小，阻断效应越明显。

（4）基于两淮矿区煤层顶板导水裂缝带高度实测数据，构建了导水裂缝带发育高度预测指标体系，基于多元统计和机器学习理论，建立了基于 FA-ALO-SVR 模型的导水裂缝带发育高度预测模型，并评价和验证了模型的有效性，为准确预测导水裂缝带发育高度提供了一种有效的途径和方法。

第6章 新生界松散层底部含水层
涌水机理研究

针对松散含水层下含断层工作面开采所遇到的顶板涌水问题，开展顶板涌水致灾机理研究是基于煤矿现代化安全生产的需要提出的，旨在揭示沉积控制下"底含"水源的补给机制和因采动影响下断层活化失稳导致的涌水通道，保障矿井浅部煤层的安全回采，保护矿区生态环境和地下水资源。本章从涌水水源、涌水通道两个方面入手，先分析许疃矿井"底含"地下水与周边矿井的水力联系以及许疃井田"底含"地下水的流动运移通道，揭示顶板涌水发生后"底含"水源对涌水点的补给机制；然后基于松散含水层下含断层工作面开采物理相似模拟及数值模拟试验结果，分析采动影响下不同落差断层和不同顶板覆岩厚度条件下断层构造对含水层基底的破坏作用，建立断层影响下"底含"涌水通道模式，揭示"底含"的涌水机理。

6.1 新生界松散层底部含水层水源补给机制分析

根据前述"底含"富水性评价结果，研究区"底含"富水性总体不强，主要为极弱-中等富水性。然而，基于沉积控水规律的"底含"富水性分区是基于"底含"地下水赋存条件的静态评价，而当"底含"出现涌水后还应充分考虑"时间效应"和"空间效应"的共同影响以及考虑"底含"静储量、动态补给量在充水过程中的作用过程（洪益青等，2017）。"底含"的富水能力在很大程度上决定了涌水过程中涌水量的大小，而"底含"的动态补给条件则决定了涌水过程的持续时间。本节采用水化学指标中矿化度值表征"底含"地下水流动系统的补径排条件，并采用砂地比分布特征结合沉积相特征，分析许疃矿井"底含"地下水与周边矿井的水力联系以及许疃井田内"底含"地下水的流动运移通道，揭示顶板涌水发生后"底含"水源对涌水点的补给机制。

6.1.1 周边矿井"底含"井对许疃矿"底含"的补给

1. "底含"矿化度特征

通过研究矿化度变化规律，可从另一个角度分析地下水的补给、排泄规律（孙贵等，2011）。当水流补给充分时，发生溶滤和离子交替吸附等地球化学作用时间较短，矿化度小；当水流流速慢，水流补给不充分时，发生溶滤和离子交替吸附等地球化学作用时间较长，矿化度大。一般来说，对于同一含水层，矿化度小的地区为地下水的补给区，矿化度大的地区为地下水的排泄区（桂和荣，2005）。因此，可以间接采用水化学矿化度指标表征地下水的补给、径流条件（郭小铭等，2021）。许疃矿井周边矿井"底含"地下水矿化

度特征见表 6.1。临涣矿区的临涣、海孜、童亭三个井田彼此相连，位于童亭背斜西北端
的单斜构造上，"底含"的水质近似，矿化度达 3.30g/L 左右；童亭背斜西翼的五沟矿、
界沟矿"底含"地下水的矿化度分别为 0.98g/L、2.59 ~ 2.93g/L；童亭背斜东翼的任楼
矿"底含"地下水的矿化度为 1.85 ~ 2.47g/L；而许疃矿位于童亭背斜南部倾覆端，"底
含"地下水矿化度较低仅为 0.89 ~ 1.21g/L，与相邻界沟矿、任楼矿的矿化度差异较明
显，表明由于许疃矿基岩面位置很低，在古地形上为强径流带，天然地构成了"底含"水
的汇集区，受到北部各矿井"底含"地下水较为充分的补给。

表 6.1　许疃矿井周边矿井"底含"地下水矿化度特征

矿井名称	矿化度/（g/L）
临涣矿	3.30
海孜矿	3.30
童亭矿	3.30
五沟矿	0.98
界沟矿	2.59 ~ 2.93
任楼矿	1.85 ~ 2.47
许疃矿	0.89 ~ 1.21

2. "底含"砂体连通性特征

　　砂体连通是指砂体在空间上相互接触形成的形态连续性及其形成的渗流连续性，它是
水、油、气等在砂体中发生流动的前提（王美霞等，2021）。一般来说，将砂岩输导层的
连通分为几何连通性和流体动力学流通性。其中，几何连通性是一种输导体的静态展布特
征，指不考虑断裂的连通作用，砂岩体之间直接接触的连通特征，受沉积作用控制（刘
健，2014；陈田，2017；王美霞等，2021）。虽然砂体在空间上的几何连通并不一定表示
砂体就是水动力连通的，砂体之间可能存在泥岩或黏土夹层导致砂体间存在水动力隔绝，
但几何连通性好的砂体无疑增大了水动力连通的概率，是地下水或油气等重要的潜在运移
通道（张云峰，2019）。表征砂体几何连通性最有效的参数是砂体的物性，在研究及生产
过程中比较常用的方法是利用砂地比来评价砂体输导层的连通性（孙同文，2014）。砂地
比是影响砂体连通程度最重要的因素，决定着砂体中泥质的含量，而泥质部分是阻挡砂体
中流体运动的直接因素，砂体的泥质含量越高，砂体的连通程度越差（孙同文，2014；张
云峰，2019；郭伟，2021）。

　　20 世纪 90 年代以来，在油气田开发领域，国内外学者针对砂体储层的连通特征已经
开展了大量的研究工作，取得了较多的成果和认识。其中砂体通过叠置所形成的连通性与
砂地比关系密切，利用离散型随机模型可进行较好的预测。1978 年，Allen（1978）首先
提出砂地比门限值（砂体密度临界值）的概念来评价河道砂体的连通性。1990 年 King
（1990）以逾渗理论为基础，提出用砂地比来评价叠置砂体的连通性，认为存在一个砂地
比特征门限值（即逾渗阈值），当砂地比值低于该门限值时，砂岩体之间基本不连通；随

着砂地比值越来越高，砂体之间开始叠置，形成连通砂体集群；而当砂地比值超过某一上限值时，形成大片完全连通的砂岩体。自此以后，各学者基于不同地质条件开展了大量有关砂岩连通的特征门限值（砂地比大于该值时，砂体开始连通）及完全连通上限值（砂地比大于该值时，砂体完全连通）的砂地比研究（孙同文，2014）。目前，关于砂体连通的特征门限值及完全连通上限值，不同研究者给出的值相差较大，存在一定的争议。Allen（1978）认为，当砂地比门限值小于 0.500 时（即泥包砂沉积环境），砂体间一般相互不连通；当砂地比值大于 0.500 时，砂体则大面积连通。King（1990）发现，对于一个包含各向同性砂体无限延伸的概念体系，三维砂地比特征门限值为 0.276，而二维砂地比特征门限值约为 0.668。Jackson 等（2005）通过开展模拟研究，估算薄层状砂泥岩互层综合模型的水平砂地比门限值为 0.280，垂直砂地比门限值约为 0.500，与 King 的模型相似，但垂直砂地比门限值要大一些，原因在于层状砂岩体在垂向上易于被泥质岩层分隔。雷裕红等（2010）在松辽盆地油气藏研究中发现，当砂地比大于 0.250 时，砂体连通的概率较大，且砂地比越大，连通概率越高，当砂地比大于 0.400 时，砂体基本连通。赵健等（2011）在塔中地区志留系砂岩输导层研究中发现，当砂地比达到 0.200 时，砂岩输导层开始连通，当砂地比达到 0.500 以上时，砂岩输导层基本连通。

　　在以往研究的基础上，结合许疃矿井"底含"砂体的沉积特征，本书采用基于我国陆相盆地勘探资料得到砂地比经验值（裴亦楠，1990）：当砂地比大于 0.300 时，砂体开始逐渐连通；当砂地比大于 0.500 时，砂体变得完全连通；当砂地比为 0.300~0.500 时，连通与否视孔隙性砂体分布特征判定。通过统计、分析临涣矿区南部许疃矿井及周边共 7 个矿井、1100 余个钻孔揭露的"底含"厚度、砂砾层厚度、岩性、测井等资料，研究认为临涣矿区南部其他矿井"底含"沉积物与许疃矿井一样主要为坡积-残积物、洪积物，其中洪积物沉积厚度大，砂体叠置程度高，而坡积-残积物总厚度薄，沉积层数少，砂体厚度小且多为单层或双层结构，分布具有明显的地带性，砂体连通性一般很差。对于不同沉积成因的"底含"沉积物，若直接以砂地比作为尺标，则砂地比量化差异性不大，无法体现沉积相对砂体的控制作用，也无法客观真实地反映不同沉积相"底含"的连通性能。考虑到"底含"沉积相和"底含"厚度及"底含"砂体厚度的差异对砂地比的影响，本次在计算"底含"地层砂地比值时，对坡积-残积成因的"底含"沉积物乘以一个折减系数 0.5，以尽可能客观反映"底含"砂体连通性。最终得到"底含"地层砂地比值，绘制临涣矿区南部"底含"地层砂地比等值线分布图，并据此判别"底含"砂体的连通性，见图 6.1。由图 6.1 可知，许疃矿井中部、北部的"底含"与矿井北部界沟、五沟、任楼等矿井的"底含"的砂地比值绝大部分都大于 0.500，砂体呈大片连通，表明许疃矿井"底含"与北部五沟、界沟、任楼等矿井"底含"砂体空间连通性较好，具有良好的水力运移通道。由于许疃矿井古地形低，"底含"地下水由矿井外部界沟矿、任楼矿等流入许疃井田。

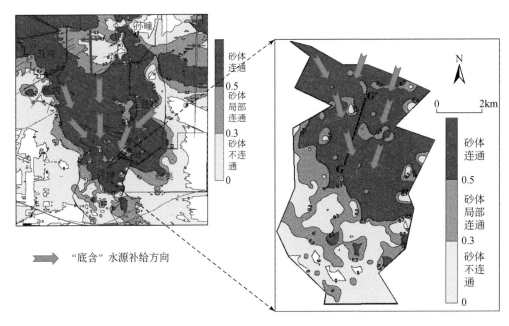

　　　　　　　　图 6.1　临涣矿区南部"底含"砂体连通性分区图

6.1.2　许疃井田"底含"地下水补给路径分析

　　基于前文"底含"沉积相分析,许疃矿井南部"底含"主要为坡积-残积物,矿井中北部"底含"主要为多期洪积扇扇体叠置形成的沉积物。由图 6.1 可知,不同沉积成因的"底含"砂体连通性差别很大,矿井南部坡积-残积成因的"底含"沉积物沉积层数少,砂体厚度薄,砂体基本不连通;矿井中部和北部洪积成因的"底含"厚度大,砂体叠置程度高,成大片状连通,且与北部其他矿井"底含"砂体连通。由于许疃断层北侧古地形较高,南侧古地形较低,"底含"地下水由许疃断层北侧向南侧径流补给。

　　矿井"底含"地下水扇中叠加补给模式示意图见图 6.2。选取北南向 $G\text{-}G'$ 剖面为例,许疃断层附近即为多期洪积扇扇中亚相的叠加区域,表现为由南向北退积叠置。由于每一沉积阶段位于洪积扇扇中部位的"底含"砂体分布范围较广,粒度较粗,具有较大的储水空间,且地下水在横向和纵向上连通性能好,因此经过不同沉积阶段多期扇体叠置形成的"底含"沉积物,可以通过每一期扇中砂体在空间上的叠置,使得砂体在横向和纵向上获得了良好的水力连通性能,为"底含"地下水在矿井内由许疃断层北侧向南侧流动运移提供了有利的通道。当"底含"砂体连通区域内某一处发生"底含"涌水时,"底含"地下水即可通过这种扇中叠加补给模式为涌水点补给水源。

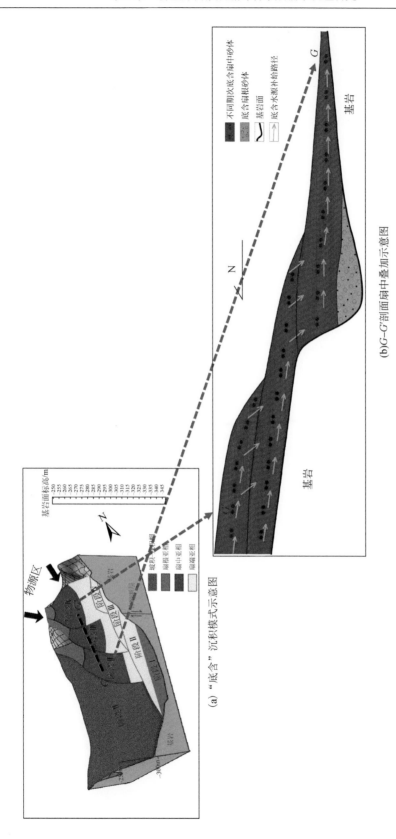

图6.2　"底含" 地下水扇中叠加补给模式示意图

综上分析可知，许疃矿井"底含"富水性虽总体不强，主要为极弱-中等富水性，富水性极不均一，但许疃矿井基岩面地形低，"底含"地下水矿化度小，"底含"砂体与临涣矿区南部其他矿井"底含"砂体连通性好，受到临涣矿区南部界沟矿、任楼矿等矿井"底含"地下水较为充分的补给；就许疃井田内而言，矿井北部与中部"底含"为多期洪积扇不同亚相沉积物的叠置产物，其中许疃断层附近为多期扇中亚相的叠加区域，"底含"地下水可以通过扇中叠加补给模式由许疃断层北侧向南侧流动、补给。

6.2　近松散层下含断层工作面开采断层对"底含"基底的破坏机理

在开采过程中，断层的切割作用使得采动应力和位移传播受到断层阻隔，造成覆岩破坏特征较无断层正常地质条件有所不同（高琳，2017）。在实际煤矿开采过程中，遇到断层时不仅要考虑断层对导水裂缝带发育高度的直接影响以及采动对断层活化的影响，还要考虑断层活化破坏并连通含水层基底进而导致涌水的危险。松散含水层下含断层工作面开采诱发断层活化是当前特殊地质条件下煤矿安全开采管理的重要课题，也是预测和控制矿井水害的必要保障（张新，2016）。本节基于物理相似模拟试验、数值模拟试验结果，从断层活化特征入手，分析不同落差断层及不同顶板覆岩厚度条件下断层对"底含"基底的破坏作用，结合采动后断层影响下导水裂缝带发育高度特征及顶板覆岩剩余隔水层厚度，建立断层影响下"底含"涌水通道模式。

6.2.1　不同落差断层采动活化破坏"底含"基底特征

为研究采动影响下不同落差情况下断层带应力时空演化特征及断层带滑移规律，在断层带中央分别距下盘煤层工作面垂直方向上 10m（C 点）、30m（B 点）、60m（A 点，也即断层与"底含"交界处）处分别设立监测点，作为断层活化的标志点，用于监测采动过程中断层应力和位移变化。

1. 采动断层应力演化特征

采动过程中断层面应力状态一般可以通过剪应力和正应力（法向应力）的大小来反映（杨随木等，2014）。在实际地质条件中，断层都是以一定宽度断层带的形式出现，但由于相对于上下盘岩体，断层带岩体强度较低，在宏观上将断层带视为一个弱面（于秋鸽，2021）。

FLAC³ᴰ只能输出单元垂直应力和水平应力，断层带岩体正应力和剪应力需要通过计算求得（于秋鸽，2021）。由于断层带岩体应力是由开采盘岩体应力引起的，以断层带与开采盘岩体交界面为对角线取一微元体，如图 6.3 所示。当由断层下盘向断层处开采时，在垂直应力 σ_v、水平应力 σ_h 的作用下，断层带岩体某单元处的正应力 σ 和剪应力 τ 计算公式如式（6-1）所示。

$$\sigma = \sigma_v \cos^2\theta - \sigma_h \sin^2\theta$$
$$\tau = (\sigma_h + \sigma_v)\sin\theta\cos\theta \qquad (6\text{-}1)$$

式中，σ 为断层带岩体正应力，σ 为负值表示上盘岩体对断层的作用为压，负值越大表示正应力越大；τ 为断层带岩体剪应力，负值表示剪应力沿断层面向下，负值越大表示剪应力越大；θ 为断层倾角，(°)。

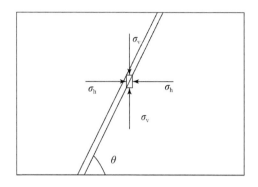

图 6.3　下盘开采断层带岩体正应力和剪应力求解示意图（于秋鸽，2021）

　　工作面过断层开采，引起的正应力减小或者剪应力增加都有可能引起断层的活化失稳（高琳，2017），因此需对断层带上应力进行监测与分析。通过提取不同落差断层模型工作面推进过程中断层带处 A、B、C 共三个测点处的垂直应力和水平应力，按式（6-1）计算得到三个测点的剪应力和正应力（于秋鸽，2021），并绘制不同落差条件下盘开采时断层带内监测点的正应力、剪应力变化曲线，如图 6.4、图 6.5 所示，分析不同落差断层工作面推进过程中断层带应力演化规律。

1）断层带正应力演化特征

　　由正应力变化曲线图（图 6.4）可知，不同落差断层模型在工作面推进过程中断层带正应力的变化规律总体一致，但三个测点具有显著不同的曲线形态，说明断层带上法向应力的变化具有明显的时空特性。

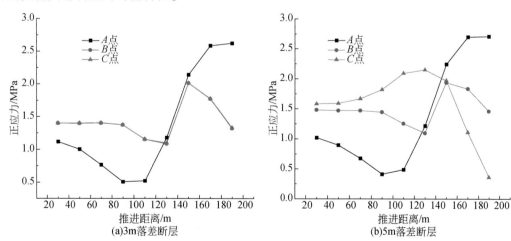

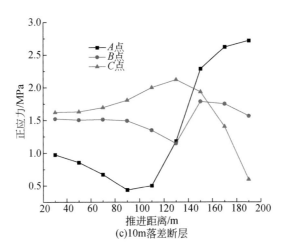

(c)10m落差断层

图6.4　不同落差断层工作面推进过程中断层带正应力变化曲线

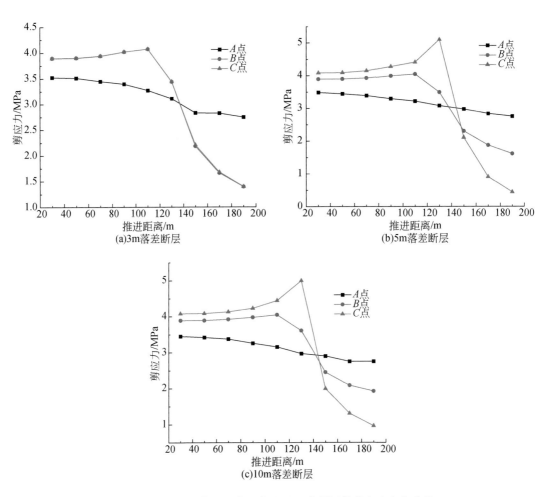

(a)3m落差断层

(b)5m落差断层

(c)10m落差断层

图6.5　不同落差断层工作面推进过程中断层带剪应力变化曲线

在 3m 落差断层情况下，高位断层测点 A 点表现为先减小后增大的趋势，开采初期，A 点法向应力便逐渐减小，表明工作面推进长度较小时，高位断层测点 A 点处即受到采动影响开始活化，并在工作面推进 50～90m 时快速下降，当工作面推进 90m 时，A 点法向应力由工作面推进初期 1.12MPa 降低为 0.50MPa，仅为工作面距断层 120m 时的 45%，而后随着推进距离的增大而逐渐增大，推过断层后趋于稳定。中、低位断层测点 B 点和 C 点法向应力曲线变化趋势一致，总体表现为先减小后增大再减小的趋势，在工作面推进 90m 之前，B 点和 C 点法向应力曲线趋于稳定，表明测点 B 点和 C 点基本不受采动影响，工作面推进 90～130m 时，B 点和 C 点法向应力开始缓慢减小，由 1.40MPa 减小为 1.08MPa，为工作面距断层 120m 时的 77%，表明该阶段内 B 点和 C 点开始受采动影响，而当工作面推进至断层处时，B 点和 C 点法向应力迅速增大至 2.01MPa，推过断层后逐渐减小。在 5m 落差和 10m 落差条件下，断层带各测点的正应力变化规律一致，与 3m 落差情况相比，分别位于高位、中位、低位的断层测点法向应力曲线形态差异更明显。以 5m 落差断层为例，高位断层测点 A 点最先受采动影响，曲线形态总体表现为先减小后增大的趋势；中位断层测点 B 点法向应力启动时间较 A 点晚，在工作面推进 90m 时受采动影响向采空区回转，法向应力开始下降，当工作面距断层 20m 时，受采动影响上盘覆岩对断层带施压，B 点法向应力快速增加至最大值 1.94MPa，此后随工作面推进，上覆岩层破断，应力集中状态得以释放，B 点法向应力也随之逐渐降低，推进至断层时法向应力迅速增大，之后逐渐减小。低位断层测点 C 点过断层前的变化趋势与 A 点、B 点存在显著区别，随着工作面向断层推进，C 点受到超前支承应力影响，法向应力先呈现增长趋势，当下盘工作面距断层 20m 时达到最大值 2.15MPa，随后缓慢下降，当工作面推进至断层处时，其法向应力降为 1.97MPa，过断层后与 B 点一致呈下降趋势，但降低幅度大。

由此可见，受采动影响，断层带上正应力变化具有明显的时空特征，距离煤层较远的高位断层首先受到采动影响，致使断层带正应力发生变化；随着工作面推进，中、低位断层陆续受到采动影响。断层落差越大，这种时空特征表现越明显。

2）断层带剪应力演化特征

由剪应力变化曲线图（图 6.5）可知，断层带上剪应力的时空变化规律与法向应力的规律存在一定差别，但不同落差断层模型在工作面推进过程中断层带剪应力的变化规律总体一致，断层带上剪应力的变化也具有明显的时空特性。

在 3m 落差断层情况下，高位断层测点 A 点剪应力表现为随工作面推进逐步减低的趋势，并在工作面推进 90～150m（进入断层前方 60m 以内）时，加速降低，推过断层后基本稳定；中位、低位断层测点 B 点、C 点的剪应力变化规律总体一致，均表现为先增加后减小的趋势，当工作面推进至 110m，剪应力缓慢增加，达到峰值 4.08MPa，随后迅速降低，当工作面推进至断层时，剪应力为 2.19MPa，推过断层后，剪应力缓慢下降。

在 5m 落差和 10m 落差条件下，断层带各测点的剪应力变化规律一致，与 3m 落差情况相比，分别位于中位、低位的断层测点剪应力曲线形态差异更明显。以 5m 落差断层为例，高位断层测点 A 点剪应力最先受采动影响，表现为随工作面推进逐步减低的趋势，并在工作面推进 70～130m（进入断层前方 80～20m 以内）时，加速降低；中位断层测点 B 点剪应力启动时间较 A 点晚，表现为先增大后减小的趋势，当工作面推进至 110m 时，剪应力达到峰值为 4.05MPa，随后迅速降低，当工作面推进至断层时，剪应力为 2.31MPa，推过断层后，剪应力缓慢下降。低位断层测点 C 点变化趋势与 B 点类似，但启动时间较 B 点晚。当工作面推进至 130m 前，C 点剪应力不断增加达到峰值 5.11MPa，之后随着工作面推进至断层处，剪应力迅速减小，推过断层后缓慢减小。

由此可见，与断层带正应力变化规律类似，受采动影响，断层带上剪应力变化也具有明显的时空特征。不同层位的断层带剪应力启动时间不同，距离煤层较远的高位断层首先受到采动影响，致使断层面剪应力发生变化；随着工作面推进，中、低位断层陆续受到采动影响。断层落差不同，这种时空特征表现越明显。另外，通过对比采动过程中断层带各测点的正应力变化规律，可以看出同一层位断层带上，剪应力与法向应力受采动影响的敏感性不同，断层带上的法向应力最先受采动影响，而后剪应力受影响发生改变，与高琳等（2017）的研究结果一致。

2. 采动断层活化危险性

根据摩擦定律，接触面的摩擦性质取决于剪切力与正应力的比值，为考察断层两盘滑动的可能性，选取断层带上剪应力与法向应力的比值（断层应力比）、断层面的滑移量以及断层两侧相对位移作为考察指标（姜耀东等，2013a；杨随木等，2014；窦仲四等，2019），对不同落差条件由下盘过断层开采时断层活化的可能性进行研究。

1）剪应力与法向应力比值

不同落差断层模型推进过程中断层带剪应力与法向应力比值变化规律如图 6.6 所示。由图 6.6 可知，不同落差断层模型推进过程中断层带剪应力与法向应力比值变化规律基本一致，不同断层层位测点的断层应力比值均表现为随工作面不断推进比值先增大后减小的趋势，不同落差断层模型中各层位测点断层应力比值的峰值随落差增大而增大。以 5m 落差断层为例，高位断层测点 A 点处断层应力比值在开采初期即不断增大，工作面推进至 90m 时断层应力比值达到峰值，该阶段断层带剪应力与法向应力均减小，说明正应力减小的趋势占主导，断层发生活化的可能最高，随后断层应力比迅速减小，表明此时断层带岩体已经活化发生滑移导致该测点处岩体产生裂隙，断层带岩体应力松弛。中位断层测点 B 点处断层应力比值变化趋势与 A 点类似，但是启动时间较晚，断层应力比值峰值较小。当工作面推进至 90m 之前，B 点处断层应力比值基本保持稳定，当工作面推进至 90 ~ 130m（距断层 60 ~ 20m）时，B 点处正应力不断减小，剪应力先增加后减小，断层应力比值逐渐增大，表明正应力减小的趋势占主导，不断为该点滑移蓄能，距断层 20m 时达到峰值，发生活化的危险性增大，随后缓慢降低，表明此处岩体已逐步滑移，应力松弛。低位断层测点 C 点处断层应力比值变化趋势与 B 点基本类似，开采初期，C 点处断层应力比值基本保持稳定，当工作面推进至 70 ~ 110m（距断层 80 ~ 40m）时，C 点处断层应力比值缓慢下降，工作面进入断层 20m 内时，比值转为升高，此时发生活化的可能性最高，之后比值下降。

由此可见，工作面推进至距断层 60m 时，高位断层首先发生活化，随着工作面不断推进，断层活化的范围增大，当工作面推进至距断层 20m 时，中、低位断层也逐步发生活化。另外，同一断层层位，测点断层应力比值的峰值随落差增大而增大，表明断层落差越大，断层活化危险性越大。

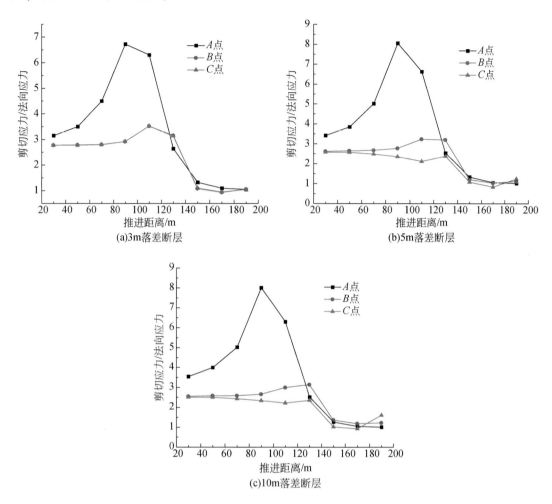

图 6.6　不同落差断层推进过程中断层带剪应力与法向应力比值变化曲线

2）断层带竖向滑移量

不同落差断层模型中断层带测点竖向滑移量随开采过程的变化曲线见图 6.7。由图 6.7 可知，在不同落差断层模型中，当工作面推进 70m 时，三种不同落差断层模型高位断层测点 A 点均开始出现竖向滑移量，且随着落差增大，竖向滑移量越大，此时 3m、5m、10m 落差断层模型中 A 点竖向滑移量分别为 0.1cm、0.27cm、0.36cm，表明此时高位断层测点 A 点已经出现断层活化，但活化程度较低；当工作面推进 90m 时，高位断层测点 A 点竖向滑移量迅速增大，三种不同落差断层模型分别为 0.81cm、0.96cm、1.2cm，此时三种不同落差断层模型中位断层测点 B 点也开始出现竖向滑移量，3m、5m、10m 落差断层模型中 B 点竖向滑移量分别为 0.3cm、0.52cm、0.6cm；当工作面推进 110m 时，三种不同落差断层模型高位断层测点 A 点竖向滑移量分别为 1.65cm、1.85cm、2.3cm，中位断层测点 B 点竖向滑移量分别为 1cm、1.24cm、1.4cm，此时低位断层测点 C 点开始出现竖向滑移量，三种不同落差断层模型分别为 0.65cm、0.8cm、0.99cm。该结果进一步验证了前述分析中煤层回采过程中距离煤层较远的高位断层先于近处的中、低位断层首先受采动影响出现滑动，且同一断层层位测点竖向滑移量随断层落差增大而增大，表明落差越大活化程度越大。

综上可知，当工作面推进至 70m（距断层 80m）时，高位断层首先发生活化，但活化程度较低；当工作面推进至 90m（距断层 60m）时，中位断层开始活化，当工作面推进至110m（距断层 40m）时，低位断层开始发生活化。随着工作面不断向断层推进，断层活化的范围和程度不断增加，同时随着断层落差越大，断层活化危险性也越大。

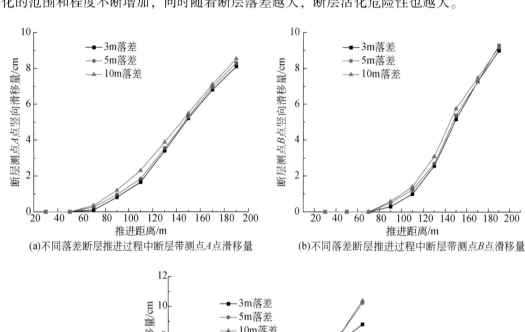

(a)不同落差断层推进过程中断层带测点A点滑移量　　　(b)不同落差断层推进过程中断层带测点B点滑移量

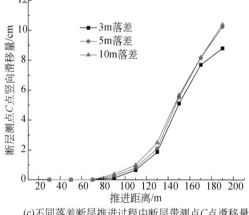

(c)不同落差断层推进过程中断层带测点C点滑移量

图 6.7　断层带测点竖向滑移量随开采过程的变化曲线

3）"底含"基底下沉量分析

当工作面推进 150m（即工作面距断层 0m）时测线 2（距离下盘煤层 60m，即"底含"基底）处垂直位移变化曲线如图 6.8 所示。由图 6.8 可知，当工作面推进至断层处，断层下盘垂直位移较大，而断层上盘位移较小，从而上下两盘出现明显的位移差，且随着断层落差的增大，两盘位移差增大，位移差存在会导致两盘岩体沿断层带发生错动，表明断层落差越大，断层越容易活化。

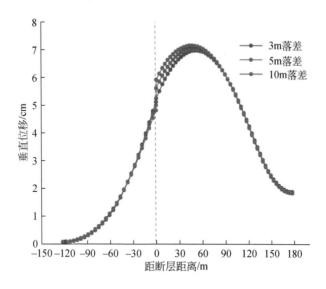

图 6.8 推进 150m 处测线 2 垂直位移变化图

基于不同落差断层与"底含"基底交界处断层带岩体断层应力比值、断层带竖向滑移量、"底含"基底下沉量分析，并结合不同落差断层对"底含"基底的塑性破坏特征、采动覆岩应力变化特征，可知断层落差越大，采动影响下断层活化危险性越大，断层对"底含"基底的破坏越明显。

6.2.2 不同顶板厚度条件下断层活化破坏"底含"基底特征

根据物理相似模拟试验结果，当顶板厚度为 50m 时断层会对"底含"基底造成破坏，根据数值模拟试验结果，当顶板厚度为 60m 时断层也会对"底含"基底造成破坏。为探究不同顶板厚度条件下断层构造对"底含"基底的影响，采用数值模拟方法构建顶板厚度分别为 80m、100m 时近松散水层下含断层工作面开采的数值模型，与 60m 顶板厚度模型对比，为便于描述将 60m 顶板厚度模型、80m 顶板厚度模型、100m 顶板厚度模型分别记为Ⅲ-1 型、Ⅲ-2 型、Ⅲ-3 型。

本次建模采用控制变量法，设定当断层落差、倾角一定（分别为 5m、70°），不改变覆岩层位关系，将每层岩层厚度按 60m 顶板厚度模型的厚度等比例放大以减小覆岩岩性改变对模拟结果的影响，并分析工作面推进过程中"底含"基底处塑性破坏、断层与"底含"基底交界处的应力与位移变化特征、"底含"基底下沉量以及断层带剪应力与法向应力比值变化规律等，研究不同顶板厚度条件下断层对含水层基底的破坏机理。

1. 塑性破坏特征

选取代表性推进步距进行分析，当工作面距断层 60m、40m、20m、0m 时三种不同顶板厚度模型的塑性破坏图如图6.9所示。

(a)Ⅲ-1型距断层60m塑性破坏　　　　　　(b)Ⅲ-1型距断层40m塑性破坏

(c)Ⅲ-1型距断层20m塑性破坏　　　　　　(d)Ⅲ-1型距断层0m塑性破坏

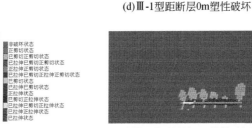
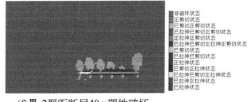

(e)Ⅲ-2型距断层60m塑性破坏　　　　　　(f)Ⅲ-2型距断层40m塑性破坏

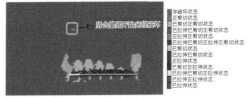

(g)Ⅲ-2型距断层20m塑性破坏　　　　　　(h)Ⅲ-2型距断层0m塑性破坏

(i)Ⅲ-3型距断层60m塑性破坏　　　　　　(j)Ⅲ-3型距断层40m塑性破坏

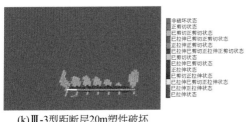

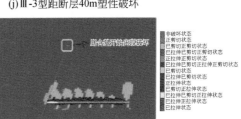

(k)Ⅲ-3型距断层20m塑性破坏　　　　　　(l)Ⅲ-3型距断层0m塑性破坏

图6.9　不同顶板覆岩厚度条件下塑性破坏图

推进过程中，不同顶板厚度条件下断层对含水层基底破坏范围如表 6.2 所示。

表 6.2　推进过程中不同顶板厚度情况下断层对"底含"基底的破坏特征

距断层距离 /m	"底含"基底塑性破坏/m					
	60m 顶板覆岩厚度		80m 顶板覆岩厚度		100m 顶板覆岩厚度	
	横向破坏	纵向破坏	横向破坏	纵向破坏	横向破坏	纵向破坏
60	0	0	0	0	0	0
40	8	3	0	0	0	0
20	8.4	6	5	2	0	0
0	8	8	6	4	2.6	0.8

由图 6.9 和表 6.2 可以看出，当断层落差一定时，在顶板覆岩厚度不同的条件下，断层对含水层基底的破坏程度具有显著的差异。在工作面距离断层 60m 前，三种顶板厚度情况下含断层模型中断层均未对"底含"基底造成破坏；当工作面距离断层 40m 时，60m 顶板厚度情况下断层开始对"底含"基底造成破坏，破坏范围为横向 8m、纵向 3m；当工作面距离断层 20m 时，80m 顶板厚度模型中断层开始对"底含"基底造成破坏，破坏范围为横向 5m、纵向 2m，60m 顶板厚度模型中断层对"底含"基底造成的破坏范围进一步扩大，破坏范围为横向 8.4m、纵向 6m，100m 顶板厚度模型中断层仍未对"底含"基底造成破坏；随着工作面推进至断层处，即距离断层 0m 时，60m 顶板厚度模型中断层对基底的横向、纵向破坏范围均达 8m，80m 顶板厚度模型中断层对基底的横向、纵向破坏范围分别达 6m、4.0m，此时 100m 顶板厚度模型中断层开始对"底含"基底造成破坏，但破坏范围很小，横向、纵向破坏范围分别为 2.6m、0.8m。推过断层后，"底含"基底的塑性破坏趋于稳定。由此可见，采动影响下断层对"底含"基底的破坏程度不仅与断层落差有关，还与顶板覆岩厚度有关。不同厚度顶板覆岩条件下，随着工作面的推进，"底含"基底与断层接触处相继发生塑性破坏，顶板覆岩厚度为 60m 时断层对"底含"基底的破坏作用明显，随着顶板覆岩厚度的增加，断层对"底含"基底的破坏作用逐渐减弱，当顶板覆岩厚度为 100m 时，断层对"底含"基底的破坏作用十分微弱。

2. 采动覆岩垂直应力特征

为进一步分析不同顶板覆岩厚度情况下含断层工作面开采，断层对"底含"基底的破坏特征，对不同顶板覆岩厚度条件下的采动覆岩垂直应力特征进行分析，选取工作面距断层 0m 时的垂直应力图如图 6.10 所示。

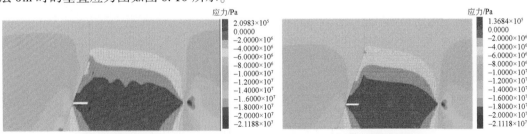

(a)Ⅲ-1 型距断层 0m　　　　　　　　(b)Ⅲ-2 型距断层 0m

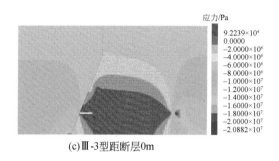

(c)Ⅲ-3型距断层0m

图6.10　不同顶板覆岩厚度情况垂直应力图

由图6.10可知,在不同顶板覆岩厚度条件下,断层带对采动应力的传递起到了明显的阻隔作用,断层下盘卸压程度明显大于断层上盘。为研究工作面推进过程中断层与"底含"基底处应力变化,提取断层与"底含"交界处测点 A 点的垂直应力并分析其变化规律,见图6.11。在不同顶板覆岩厚度条件下,随着工作面推进,"底含"基底处一直处于卸压区,而随着顶板覆岩厚度增大,其卸压范围逐渐减小,当工作面距断层20m时,卸压程度最高,且断层顶板覆岩厚度越小,卸压程度越高,表明"底含"基底处破坏越大;当工作面推进150m至断层处时,断层对开采引起的覆岩应力传递具有阻断作用,由于断层的存在,工作面前段的应力集中被断层阻隔,导致工作面前端无法继续向前传导并分散,应力集中程度减弱。

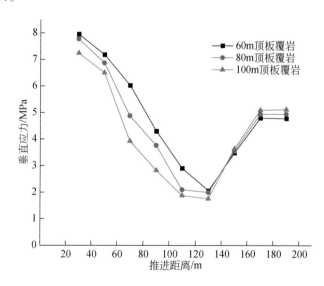

图6.11　推进过程中断层与"底含"交界处垂直应力变化曲线

3. "底含"基底下降量分析

选取工作面推进至断层处时"底含"基底位移观测线的沉降量(图6.12),分析三种不同顶板厚度条件下断层对"底含"基底的破坏特征。由图6.12可知,当下盘工作面推进至断层处时，断层露头处附近"底含"基底产生台阶下沉（于秋鸽，2020），顶板厚度越小，断层露头附近的台阶下沉量越大，表明顶板厚度越小断层更容易滑移失稳，对"底含"基底的破坏越明显。为进一步研究工作面推进过程中不同顶板厚度条件下断层对"底含"基底的破坏作用，提取断层与"底含"交界处测点 A 点处的垂直位移数据，分析该测点随工作面推进过程中垂直位移变化规律（图 6.13）。由图 6.13 可知，顶板厚度越小，断层与"底含"交界处越早受到采动影响产生垂直位移，且随着工作面推进，垂直位移不断增大，顶板厚度越小，垂直位移越大，表明"底含"基底处变形破坏越明显。

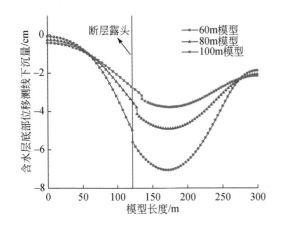

图 6.12　推进至断层处不同顶板厚度模型"底含"基底下沉量曲线

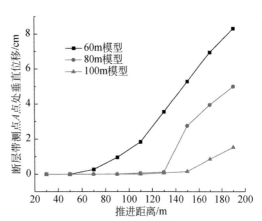

图 6.13　推进过程中不同顶板厚度模型测点 A 点处垂直位移变化曲线

4. 断层应力比值特征

根据前述 6.2.1 节中不同落差断层采动活化特征分析可知，含断层工作面由下盘向断层推进过程中，高位断层首先发生活化，因此不同顶板厚度条件下含断层工作面开采诱发断层活化危险性最大的区域也应为断层与"底含"基底交界处。选取三种不同顶板厚度模型中位于断层露头处断层带测点 A 点，分析该处断层带岩体剪应力与正应力的比值（断层应力比）（于秋鸽，2021），见图 6.14，研究采动影响下不同顶板厚度条件下断层活化特征。

由图 6.14 可知，随着顶板厚度的增大，断层露头处断层带岩体断层应力比值的峰值不断减小，表明当其他条件一定时，随着顶板厚度不断增大，断层活化危险性减小，即采动影响下断层对"底含"基底的破坏程度减小。

综合不同顶板厚度条件下含断层工作面开采过程中断层对"底含"的塑性破坏特征、应力与位移特征以及断层带剪应力与法向应力比值等，可知采动影响下断层对"底含"基底的破坏程度与顶板覆岩厚度有关，顶板覆岩厚度不同时，断层活化危险性不同，对"底含"基底的破坏程度也具有显著差异。当顶板覆岩厚度为 60m 时，断层活化危险性大，断层对"底含"基底的破坏作用明显，随着顶板覆岩厚度的增加，断层活化危险性减小，断层对"底含"基底的破坏作用逐渐减弱，当顶板覆岩厚度为 100m 时，断层对"底含"

基底的破坏作用十分微弱。

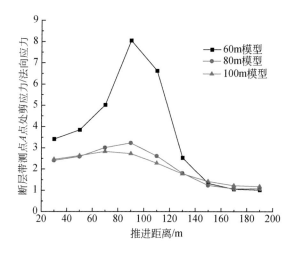

图 6.14　推进过程中不同顶板厚度模型断层带断层应力比值曲线

6.2.3　"底含"涌水通道模式

针对松散含水层下工作面开采，基于不同落差断层及不同顶板覆岩厚度条件下断层对"底含"基底的破坏作用分析，结合采动后导水裂缝带发育高度特征及剩余隔水层厚度分析，建立了两类三型"底含"涌水通道模式，分别为无断层导水裂缝带直接破坏型（Ⅰ型）和断层影响破坏型（Ⅱ型），其中断层影响破坏型又可细分为断层活化直接破坏型（Ⅱ-1 型）、断层活化间接导通型（Ⅱ-2 型）。

1. 无断层导水裂缝带直接破坏型

松散含水层下工作面开采，当不含断层时，煤层开采形成的导水裂缝带近似"马鞍形"，如图 6.15 所示，记此时形成的顶板导水裂缝带高度为 h，顶板覆岩厚度为 H，若导水裂缝带高度 h>顶板覆岩厚度 H，即剩余隔水层厚度<0，则导水裂缝带直接导通上覆"底含"，造成"底含"涌水，将此种条件下的涌水通道记为无断层导水裂缝带直接破坏型（Ⅰ型），如图 6.15 所示；若导水裂缝带高度 h<顶板覆岩厚度 H，则导水裂缝带未导通上覆"底含"，不会造成"底含"顶板涌水。

2. 断层影响破坏型

1）断层活化直接破坏型

当松散含水层下含断层工作面开采时，断层对工作面回采的影响相对复杂。根据前述分析，断层的存在会导致断层附近的导水裂缝带发育高度较无断层的正常区段有所增长，且导水裂缝带高度增长值与断层落差有关，随断层落差越大，导水裂缝带高度增长值越大，同时还要考虑受采动影响断层活化破坏并连通含水层基底进而导致回采工作面发生突

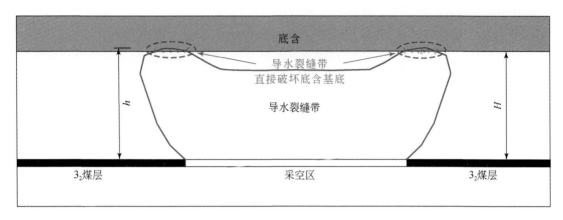

图 6.15　无断层导水裂缝带直接破坏型通道示意图

水危险。记远离断层影响区形成的顶板导水裂缝带高度为 h，不同断层落差影响下导水裂缝带高度的增加值为 Δh，则断层附近形成的导水裂缝带高度为 $h_1 = h + \Delta h$，记顶板剩余隔水层厚度为 $h_2 = H - h_1$。若断层影响下的 $h_1 >$ 顶板覆岩厚度 H，即顶板剩余隔水层厚度 $h_2 < 0$，则在断层影响下导水裂缝带会直接破坏上覆"底含"，造成"底含"涌水，此时的涌水通道记为断层活化直接破坏型通道模式（Ⅱ-1 型），示意图如图 6.16 所示。

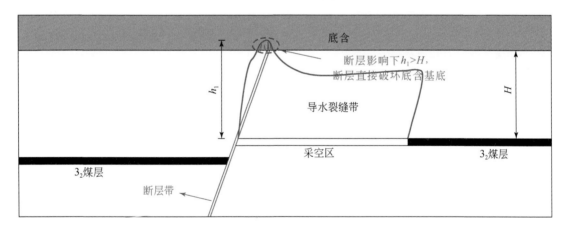

图 6.16　断层活化直接破坏型通道示意图

2）断层活化间接导通型

若断层影响下的 $h_1 <$ 顶板覆岩厚度 H，即顶板剩余隔水层厚度 $h_2 > 0$，此时导水裂缝带发育高度未直接到达"底含"底部，见图 6.17，还应考虑断层活化及断层对"底含"基底破坏的影响。

根据前述内容分析，松散含水层下含断层工作面开采，断层活化危险性随落差增大，断层活化危险性越大，而且受采动影响，断层会发生活化，但不同层位断层并非同时活化，而是具有断层活化的阶段性特征。高位断层首先发生活化，随着工作面不断推进，断层活化的范围增大，中、低位断层才逐步发生活化。因此，采动影响下局部的断层活化未必会成为"底含"的涌水通道，还应考虑采动影响下断层对"底含"基底的破坏程度。采动影响下断层对"底含"基底的破坏程度不仅与断层落差有关，还与顶板覆岩厚度有关。随着顶板覆岩厚度的增加，断层活化危险性不断减小，断层对"底含"基底的破坏作用逐渐减弱，当顶板覆岩厚度为100m时，断层活化危险性小，断层对"底含"基底的破坏作用已十分微弱。因此可以假定覆岩厚度超过100m后，断层不会对"底含"基底造成破坏。当覆岩厚度小于100m时，"底含"基底能被断层构造破坏，使得断层附近顶板剩余隔水层渗透性增大，只需满足高位、中位断层发生活化，"底含"水即可沿着活化通道进入导水裂缝带影响范围内，造成"底含"顶板涌水。此时的涌水通道模式即为断层活化间接导通型（Ⅱ-2型），示意图见图6.17。

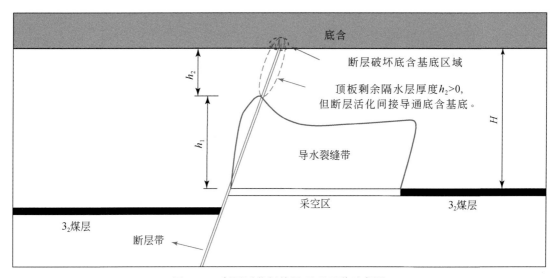

图6.17　断层活化间接导通型通道示意图

6.3　"底含"涌水机理分析

顶板涌水发生的三大必备因素是水源、水量和导水通道，分析涌水机理即是要查明这三大因素及其之间的关系。基于前述涌水水源、涌水通道两个方面的分析，揭示了沉积作用控制下的"底含"富水性特征及其水源补给特性，并建立了三类涌水通道模式，本节结合这两方面内容进一步分析研究区"底含"涌水机理，并总结"底含"涌水模式。

根据前文分析，洪积扇扇中亚相是"底含"水害防治的重点靶区，因此主要考虑该沉积亚相控制下的"底含"涌水问题，并根据采动过程中有无断层构造影响，将"底含"涌水模式划分为两大类，分别为非断层控制下"底含"涌水模式（模式Ⅰ）、断层控制下"底含"涌水模式（模式Ⅱ），其中模式Ⅱ又可依据断层构造的影响程度大小分为断层活化直接破坏"底含"基底涌水模式（模式Ⅱ-1）和断层活化间接导通"底含"涌水模式（模式Ⅱ-2）。

1. 非断层控制下"底含"涌水模式

该涌水模式下，煤层采动不受断层影响，涌水通道为采动形成的导水裂缝带，导水裂缝带高度超过顶板覆岩厚度，直接破坏了"底含"基底，造成"底含"水体涌入采空区或工作面，见图 6.18。

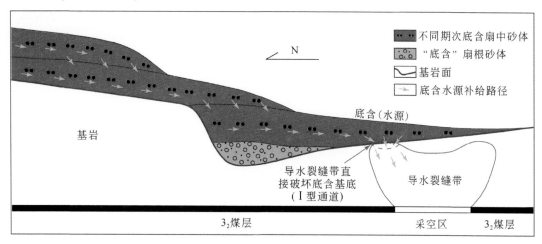

图 6.18　非断层控制下"底含"涌水模式示意图

2. 断层控制下"底含"涌水模式

1）断层活化直接破坏"底含"基底涌水模式

该涌水模式下，由于断层的存在导致煤层顶板导水裂缝带发育高度较正常块段增大，在采动影响下，断层直接破坏"底含"基底，"底含"水一方面由导水裂缝带直接进入采空区内，另一方面由于断层活化而随断层流入采空区，见图 6.19。

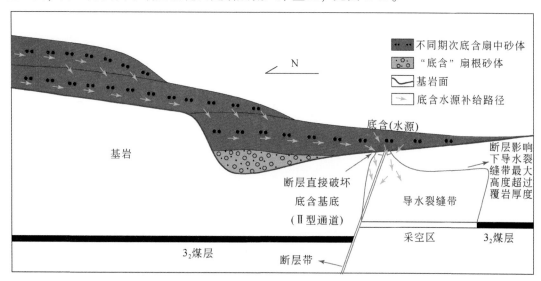

图 6.19　断层活化直接破坏"底含"基底涌水模式示意图

2）断层活化间接导通"底含"基底涌水模式

在该涌水模式以及断层影响下的导水裂缝带发育高度虽未直接到达"底含"，但覆岩厚度处于采动影响下断层能发生活化的厚度条件下，受断层活化的影响，断层构造破坏了"底含"基底，加之断层带阻水性能较低，使得断层附近顶板剩余隔水层渗透性增大，"底含"水通过活化断层进入导水裂缝带范围，导致水体涌入采空区或工作面，见图6.20。

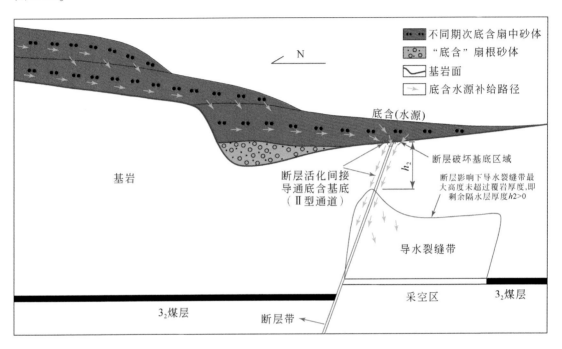

图6.20　断层活化间接导通"底含"基底涌水模式示意图

"底含"所含水量是顶板涌水的物质基础，研究区"底含"富水性虽总体不强，但洪积扇扇中亚相"底含"砂体在空间上可以通过扇中叠加补给模式获得较为充分的水源补给，因此上述三种涌水模式下的"底含"具有弱富水区涌水且水量较稳定的水源补给特性。

6.4　本 章 小 结

本章从涌水水源、涌水通道两个方面入手，分析了许疃矿井"底含"地下水与周边矿井的水力联系以及许疃井田内"底含"地下水的流动运移通道，揭示了"底含"砂层含水体扇中叠加补给机制；基于松散含水层下含断层工作面开采物理相似模拟及数值模拟试验结果，分析采动影响下不同落差断层和不同顶板覆岩厚度条件下断层构造对含水层基底的破坏作用，建立了"底含"涌水通道模式，总结了"底含"涌水模式，揭示了弱富水区-含断层覆岩条件下"底含"涌水且水量稳定的涌水机理，主要得到以下结论。

（1）通过分析临涣矿区南部"底含"的矿化度变化特征和砂地比分布特征，结果显示与临涣矿区南部其他矿井相比，许疃矿井"底含"矿化度很低，许疃矿井中部、北部的"底含"与界沟、任楼等矿井"底含"的砂地比值绝大部分都大于0.5，"底含"砂体空间连通性较好，具有良好的水力运移通道，表明许疃矿井"底含"富水性虽总体不强，但受到临涣矿区南部其他矿井（界沟矿、任楼矿等）"底含"地下水较为充分的补给；就许疃井田内而言，矿井北部与中部"底含"为多期洪积扇不同亚相沉积物的叠置产物，其中许疃断层附近为多期扇中亚相的叠加区域，"底含"地下水可以通过扇中叠加补给模式由许疃断层北侧向南侧流动、补给，揭示了"底含"砂层含水体扇中叠加补给机制。

（2）采动影响下断层对"底含"基底的破坏程度不仅与断层落差有关，还与顶板覆岩厚度有关。不同厚度顶板覆岩条件下，随着工作面的推进，断层会对"底含"基底造成破坏，但顶板覆岩厚度不同，断层活化危险性不同，对含水层基底的破坏程度具有显著的差异。顶板覆岩厚度为60m时，断层对"底含"基底的破坏作用明显，随着顶板覆岩厚度的增加，断层活化危险性减小，断层对"底含"基底的破坏作用逐渐减弱，当顶板覆岩厚度为100m时，断层对"底含"基底的破坏作用十分微弱。

（3）基于采动影响下断层活化特性及不同落差断层和不同顶板覆岩厚度条件下断层对"底含"基底的破坏作用分析，结合采动后导水裂缝带发育高度特征及剩余隔水层厚度分析，建立了两类三型"底含"涌水通道模式，分别为无断层导水裂缝带直接破坏型（Ⅰ型）和断层影响破坏型（Ⅱ型），其中断层影响破坏型细分为断层活化直接破坏型（Ⅱ-1型）、断层活化间接导通型（Ⅱ-2型）。

（4）结合"底含"富水性特征、水源补给特性以及涌水通道分析，分析了"底含"涌水机理，建立了"底含"涌水模式，将"底含"涌水模式划分为两大类，分别为非断层控制下"底含"涌水模式（模式Ⅰ）、断层控制下"底含"涌水模式（模式Ⅱ），其中模式Ⅱ进一步划分为断层活化直接破坏"底含"基底涌水模式（模式Ⅱ-1）和断层活化间接导通"底含"涌水模式（模式Ⅱ-2）。

第7章 工程应用与效果评价

基于前文研究的沉积相控制下的"底含"富水性特征、松散含水层下含断层工作面开采诱发断层活化以及断层构造对"底含"基底的破坏机理，为"底含"水害防治工作提供技术指导和理论支撑。以许疃矿井32采区为例，开展32采区防治"底含"涌水工程应用研究，分析32采区"底含"富水性条件，确定32采区导水裂缝带高度，得到顶板覆岩剩余隔水层厚度，并结合采区断层构造发育特征综合评价结果与物探实测结果，对"底含"可能的涌水通道进行预测和探查验证，揭示32采区"底含"涌水机理，对本书研究成果进行验证分析。

7.1 32采区"底含"富水条件分析

32采区位于许疃矿井中北部，共布置 $3_2 20$、$3_2 22$、$3_2 24$、$3_2 26$ 四个工作面。根据第4章研究成果，32采区"底含"富水性分区结果见图7.1，"底含"主要为极弱–中等富水性，分布不均一，但由北向南总体表现为富水性逐渐减弱的趋势。采区北部临近许疃断层附近，为中等富水区，采区中部及采区南部部分区域为弱富水区，采区所布置的四个工作面范围内主要为弱富水区和微弱富水区。32采区古地形总体表现为北部低、南部高，"底含"厚度由南向北逐渐增大，根据前文沉积环境分析，32采区"底含"沉积环境为洪积扇沉积环境，为多期洪积扇叠置沉积的产物，且主要为多期扇中亚相的叠加区域。由于扇中亚相主要发育辫状河道沉积微相和扇中漫流沉积微相，其中辫状河道摆动频繁，砂体叠置程度高，采区内"底含"砂地比均超过0.5，"底含"可以通过垂向叠置或侧向连接成大面积连通的砂体。32采区"底含"地下水通过扇中叠加补给模式（图6.2）获得北部

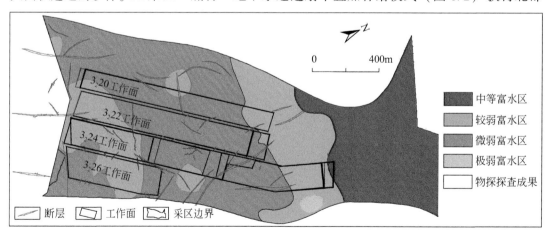

图7.1 32采区"底含"富水性分区

中等富水区的水源补给，同时就各矿井间而言，矿井北部"底含"又受到临涣矿区南部各矿井"底含"地下水较为充分的补给。由于受沉积相的控制，虽然 32 采区"底含"富水性总体不强且极不均一，但"底含"砂体间连通性较好，在矿井内与北部中等富水区具有一定的水力联系，受到北部"底含"的补给，同时就各矿井间而言，许疃矿井"底含"又受到临涣矿区南部其他矿井（任楼矿、界沟矿等）"底含"较为充分的补给。

7.2　32 采区"底含"涌水通道预测及探查验证

7.2.1　导水裂缝带高度的确定

基于前文研究成果，当覆岩中存在断层时，断层破碎带附近的导水裂缝带发育高度与正常地区相比将有明显的增长，不利于水体下的安全开采，应在采矿工程中重点关注。根据 FA-ALO-SVR 导水裂缝带高度预测模型，当其他条件一定时，工作面含断层条件下的导水裂缝带高度为 48.01m，较不含断层条件下的导水裂缝带高度增长 7.25m，增长率约为 17.79%；基于物理相似模拟试验，当断层落差为 5m 时，近断层区段最大导水裂缝带发育高度约为 45.40m，断层影响下导水裂缝带发育高度较正常区段增长约 5.40m，增长率约为 13.5%；基于数值模拟试验，不同断层落差条件下，导水裂缝带高度具有一定的区别。3m 落差时，导水裂缝带高度为 42m，较无断层情况下增加 3m；5m 落差时，导水裂缝带高度为 44m，较无断层情况下增加 5m；10m 落差时，导水裂缝带高度为 48m，较无断层条件下增加 9m，表现为随落差增大，导水裂缝带发育高度增大的规律。以上三种方法得到的结果基本吻合。鉴于 FA-ALO-SVR 导水裂缝带高度预测模型只考虑了工作面是否存在断层，简化了断层因素，本次物理相似模拟试验结果也只是代表了一种断层落差条件下的结果，而数值模拟结果相对细化、全面。本书依据数值模拟结果，考虑不同断层落差条件下导水裂缝带高度增加值，结合采区内不同落差断层的分布情况，得到断层影响下 32 采区导水裂缝带高度，见图 7.2；并计算顶板剩余隔水层厚度，见图 7.3。

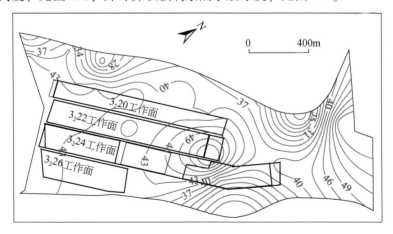

图 7.2　导水裂缝带高度分布趋势图

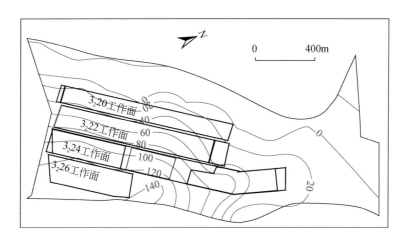

图 7.3　顶板剩余隔水层厚度分布趋势图

7.2.2　"底含"涌水通道预测及探查验证

1. "底含"涌水通道预测

断层的存在不仅会使得断层附近导水裂缝带高度增大，以致工作面部分区域剩余隔水层厚度小于 0 而直接破坏"底含"基底，而且还会发生断层活化对"底含"基底造成破坏，间接导通"底含"，以致即使留有一定厚度的顶板覆岩剩余隔水层也容易造成"底含"涌水。为准确预测"底含"涌水通道，必须考虑断层构造发育特征。根据前述研究成果，采动影响下断层对"底含"基底的破坏程度不仅与断层落差有关，还与顶板覆岩厚度有关。不同落差断层对含水层基底的破坏程度不同，3m 落差情况下，断层不会对底含基底造成破坏；而当 5m 落差和 10m 落差情况下，随着工作面的推进，断层会对"底含"基底造成破坏，且断层落差越大，"底含"基底破坏程度越大。顶板覆岩厚度不同，断层活化危险性不同，对含水层基底的破坏程度具有显著的差异。顶板覆岩厚度为 60m 时断层对"底含"基底的破坏作用明显，随着顶板覆岩厚度的增加，断层活化危险性减小，断层对"底含"基底的破坏作用逐渐减弱，当顶板覆岩厚度超过 100m 时，断层基本不会对"底含"基底造成破坏。因此，应重点关注较大落差断层区域以及覆岩厚度小于 100m 的区域。

32 采区小断层发育，断层落差为 $0 \sim 10\text{m}$，工作面范围内落差大于 3m 的断层有两处，分别为 3_220 工作面 DF216 断层、3_222 工作面北部 DF206 断层。结合本书在 2.4.1 节圈定的三处断层构造复杂区域以及覆岩厚度等值线分布（图 7.4），预测 32 采区可能的涌水通道区域为 1#断层构造复杂区（DF216 断层附近）以及 2#断层构造复杂区（DF206 断层附近）内顶板覆岩厚度小于 100m 的部分区域。

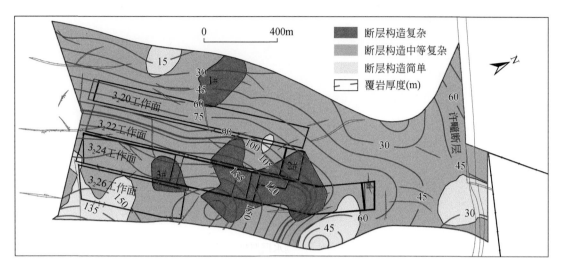

图 7.4　32 采区顶板覆岩厚度叠加断层构造复杂程度分布

2. "底含"涌水通道探查验证

采用地面瞬变电磁勘探方法对 32 采区"底含"基底低阻区进行探测，以得到采区内可能存在的涌水通道区域，并结合"底含"涌水通道预测结果进行验证分析。考虑到勘探区"底含"与工作面涌水的关系、含水层流向等，为获得最佳的地电信号及地质效果，本次瞬变电磁勘区域布置如图 7.5 所示，物探范围面积 0.14km²。

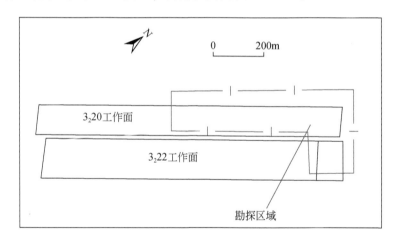

图 7.5　瞬变电磁勘区域布置示意图

根据瞬变电磁资料的解释，结合测区的三维地震属性资料综合分析，得到探测区域"底含"基底低阻异常区，该区域为含水异常区，是可能存在涌水通道的区域，见图 7.6。由图 7.6 可知，本次探查结果共存在五个含水异常区，分别为 1~5 号。

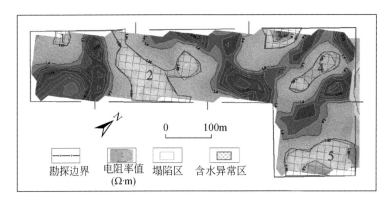

图 7.6　"底含"涌水通道探查结果

根据物探结果,将"底含"涌水通道探查结果叠加至 32 采区富水性分区图中,见图 7.7。可见探测结果与"底含"富水性区域较吻合,1 号、3 号、4 号及 5 号异常区位于较弱富水区,2 号异常区位于微弱富水区。

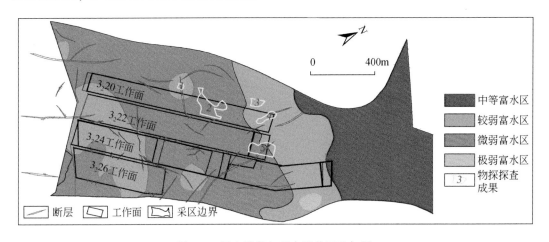

图 7.7　探查结果与富水性分区叠加图

综合顶板覆岩剩余隔水层厚度、断层构造复杂区域分布和探查结果(图 7.8)可知,1 号异常区位于 $3_2 20$ 工作面附近 DF216 断层处,剩余隔水层厚度小于 0,同时位于 1#断层构造复杂区内,"底含"水可能受采动影响进入 $3_2 20$ 工作面;5 号异常区主要位于 $3_2 22$ 工作面 DF206 断层处,剩余隔水层厚度为 20~40m,但该区域位于 2 号断层构造复杂区内,受采动影响断层活化可能会成为"底含"涌水通道;2 号、4 号异常区主要位于 $3_2 20$ 工作面,工作面范围内剩余隔水层厚度均大于 0,受断层影响较小;3 号异常区位于工作面外,且受断层影响较小。因此结合预测和探查结果分析,1 号、5 号异常区是涌水通道区域,而 2 号、3 号和 4 号异常区主要为"底含"相对富水区。

根据 32 采区"底含"涌水通道预测情况和探查结果验证,进一步确定 32 采区回采工作面范围内"底含"涌水通道区域及其类型。32 采区包括两种"底含"涌水通道类型,

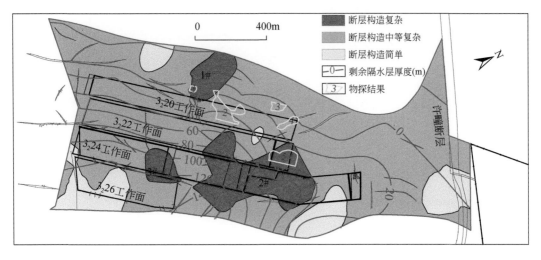

图 7.8　"底含"涌水通道预测及探查结果验证

分别为断层活化直接破坏型（Ⅱ-1 型）、断层活化间接导通型（Ⅱ-2 型），两种涌水通道类型分布如图 7.9 所示。Ⅱ-1 型通道分布区域主要在 $3_2 20$ 工作面中上部区域，由于断层的存在导致导水裂缝带高度增加，在采动裂隙及断层影响下，直接破坏了"底含"基底，如图 7.10 所示。Ⅱ-2 型通道分布区域主要在 $3_2 22$ 工作面北部区域，其剩余隔水层厚度为 20~40m，该区域内导水裂缝带发育高度未直接到达"底含"底部，但受断层活化的影响，断层构造破坏了"底含"基底，使得断层附近顶板剩余隔水层渗透性增大，"底含"水会通过活化断层进入采空区，如图 7.11 所示。

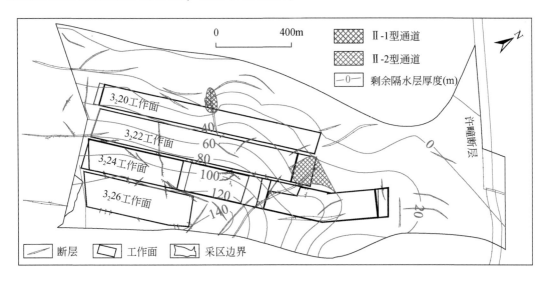

图 7.9　32 采区"底含"涌水通道类型分布图

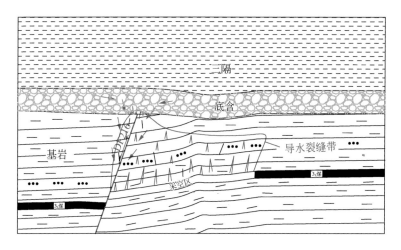

图 7.10　$3_2 20$ 工作面 II -1 型涌水通道示意图

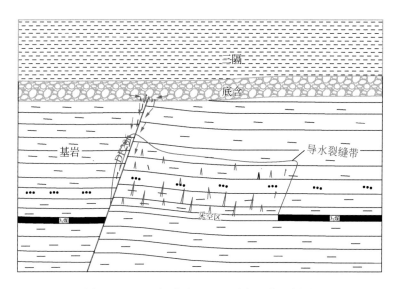

图 7.11　$3_2 22$ 切眼处 II -2 型涌水通道示意图

7.3　32 采区"底含"涌水机理分析

32 采区"底含"涌水点主要为两处,其中 $3_2 22$ 工作面切眼在掘进期间揭露断层 DF206 时,断层面出现 $20\text{m}^3/\text{h}$ 的涌水现象,涌水量较稳定,水源为"底含"水;$3_2 20$ 工作面掘进期间,在风巷构造发育地段(DF216 正断层位置)及切眼位置出现了滴、淋水现象,工作面回采结束后采空区涌水量 $50\text{m}^3/\text{h}$ 左右,涌水水源为"底含"与砂岩裂隙混合水。

　　基于前文 32 采区"底含"富水性分析和涌水通道分析结果,将 32 采区"底含"富水性分区图与涌水通道叠加(图 7.12)。$3_2$20 工作面 DF216 正断层处,富水性为较弱富水区(相对微弱和极弱富水区,富水性较强),覆岩厚度较薄,断层的存在增加了导水裂缝带发育高度,且断层活化,直接破坏了"底含"基底,顶板覆岩剩余隔水层厚度小于 0,导致该区域发生涌水现象,为断层直接破坏"底含"基底涌水模式(模式 II-1);$3_2$22 工作面切眼揭露 DF206 处,富水性也为较弱富水区(相对微弱和极弱富水区,富水性较强),该处覆岩厚度约 98m,导水裂缝带发育高度未直接到达"底含"底部,顶板覆岩剩余隔水层厚度为 20~40m,但受断层活化的影响,断层构造破坏了"底含"基底,"底含"水会通过活化断层进入采空区,导致发生涌水现象,为断层活化间接导通"底含"涌水模式(模式 II-2)。

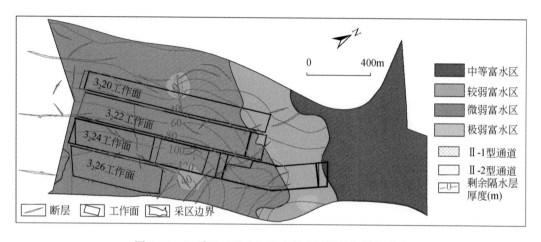

图 7.12　32 采区"底含"富水性分区图叠加涌水通道

　　根据相关研究(Booth et al.,1998,2000;Shepley et al.,2008;张世忠,2021),一定条件下含水层水位在开采初期下降幅度较大,但当有补给水源时,含水层水位可在采后的几个月至几年时间内逐渐恢复。根据矿井资料,32 采区地面补勘中施工的 2015 观 1 水文长观孔资料显示,2015 年 11 月 18 日"底含"初始水位标高为-72.74m,涌水发生后,2016 年 3 月 21 日"底含"水位降至-195m,水位下降幅度很大,之后水位逐渐上升,2016 年 11 月 16 日"底含"水位为-160m,表明 32 采区"底含"涌水后受到了水源补给,通过水质分析,确定为"底含"地下水。

　　综上分析可知,32 采区"底含"涌水现象的发生皆为断层影响,涌水量虽不大,但稳定,主要是由于 32 采区"底含"为多期洪积扇扇中亚相叠置沉积的产物,"底含"砂体间连通性较好,在井田内与北部中等富水区具有一定的水力联系,受到北部"底含"的补给,同时就各矿井间而言,许疃矿井"底含"又受到界沟、任楼矿等其他矿井"底含"地下水较为充分的补给。这解释了为何 32 采区工作面回采结束后,采空区涌水量不大(为 50m³/h),但涌水时间持续至今、水量稳定的原因,同时也对前文中"底含"沉积控水规律、断层采动活化及对基底破坏机理等研究成果进行了有效验证。

7.4　本　章　小　结

以许疃矿井 32 采区为例，开展了 32 采区防治"底含"涌水工程应用研究。分析了 32 采区"底含"富水性条件，对"底含"可能的涌水通道进行了预测和探查验证，最后结合富水性特征和涌水通道的分布，揭示了 32 采区"底含"涌水机理，结果显示 32 采区 $3_2 20$ 工作面 DF216 正断层处、$3_2 22$ 工作面切眼 DF206 处的"底含"涌水发生皆为断层影响，涌水模式分别为断层活化直接破坏"底含"基底涌水模式和断层活化间接导通"底含"涌水模式，"底含"涌水量虽不大，但稳定，主要是由于 32 采区"底含"受沉积环境和沉积相控制，"底含"地下水可以通过扇中叠加补给模式获得较快和较充分的补给。

参 考 文 献

白汉营，李文平，李佩全，等．2010．高承压松散含水体"下渗带"形成机理及应用验证．煤炭工程，
　　（12）：57-59.

柏春广，王建．2003．一种新的粒度指标：沉积物粒度分维值及其环境意义．沉积学报，21（2）：
　　234-239.

毕尧山．2019．大屯徐庄煤矿7煤顶板涌（突）水特征及充水含水层富水性评价．淮南：安徽理工大学．

毕尧山，吴基文，翟晓荣，等．2020．基于AHP与独立性权系数综合确权的煤矿含水层富水性评价．水
　　文，40（4）：40-45.

蔡来星．2012．梨树断陷营城组物源体系、沉积体系特征研究．青岛：中国石油大学（华东）．

曹国强．2005．柴达木盆地西部地区第三系沉积相研究．广州：中国科学院研究生院（广州地球化学研究
　　所）．

柴华彬，张俊鹏，严超．2018．基于GA-SVR的采动覆岩导水裂缝带高度预测．采矿与安全工程学报，35
　　（2）：359-365.

柴岩，鄢长伟．2012．投影寻踪技术在洪水灾情评价中的应用．水利水电技术，43（3）：88-90.

常红伟．2011．含水层下综采工作面缩小防护煤柱开采可行性研究．合肥：安徽建筑工业学院．

陈晨．2018．乌审旗–横山地区中侏罗世沉积特征与控水规律研究．北京：煤炭科学研究总院．

陈晨，贾建称，董夔，等．2018．神东矿区纳林河二号矿井延安组煤层顶板富水区规律．中国煤炭地质，
　　30（4）：36-44.

陈承滨，余岭，潘楚东，等．2019．基于蚁狮优化算法与迹稀疏正则化的结构损伤识别．振动与冲击，38
　　（16）：71-76+99.

陈法兵，毛德兵．2012．工作面回采与断层活化的相互影响分析．煤矿开采，17（1）：15-20+11.

陈芳，程献宝，黄安民，等．2021．基于人工蜂群算法优化SVM的NIR杉木弹性模量预测．林业科学，
　　57（1）：161-168.

陈杰，李青松．2010．建筑物、水体下采煤技术现状．煤炭技术，29（12）：76-78.

陈陆望，许冬清，殷晓曦，等．2017．华北隐伏型煤矿区地下水化学及其控制因素分析——以宿县矿区主
　　要突水含水层为例．煤炭学报，42（4）：996-1004.

陈陆望，王迎新，欧庆华，等．2021．考虑覆岩结构影响的近松散层开采导水裂缝带发育高度预测模型研
　　究——以淮北煤田为例．工程地质学报，29（4）：1048-1056.

陈宁，刘庆成，岳淑娟，等．2008．电测井资料在分析沉积环境中的应用．铀矿地质，24（3）：160-
　　163+192.

陈佩佩，刘鸿泉，朱在兴，等．2005．基于人工神经网络技术的综放导水断裂带高度预计．煤炭学报，30
　　（4）：438-442.

陈田．2017．萨尔图油田砂体连通性评价方法及其应用．青岛：中国石油大学（华东）．

程国森，崔东文．2021．黑猩猩优化算法–极限学习机模型在富水性分级判定中的应用．人民黄河，43
　　（7）：62-66+103.

程磊，罗辉，李辉，等．2022．近年来煤矿采动覆岩导水裂缝带的发育高度的研究进展．科学技术与工
　　程，22（1）：28-38.

程香港, 乔伟, 李路, 等. 2020. 煤层覆岩采动裂隙应力–渗流耦合模型及涌水量预测. 煤炭学报, 45 (8): 2890-2900.

程子健. 2018. 东营凹陷单家寺地区馆陶组沉积相研究. 青岛: 中国石油大学 (华东).

崔安义. 2012. 基于 EH-4 大地电磁法探测导水裂缝带发育高度. 煤炭科学技术, 40 (8): 97-99+102.

崔芳鹏, 武强, 林元惠, 等. 2018. 中国煤矿水害综合防治技术与方法研究. 矿业科学学报, 3 (3): 219-228.

代革联, 周英, 杨韬, 等. 2016a. 多因素复合分析法对直罗组砂岩富水性研究. 煤炭科学技术, 44 (7): 186-190.

代革联, 杨韬, 周英, 等. 2016b. 神府矿区柠条塔井田直罗组地层富水性研究. 安全与环境学报, 16 (4): 144-148.

董国文. 2006. 祁东煤矿开采煤层上覆岩土体工程地质特征与突水溃砂机理研究. 淮南: 安徽理工大学.

董四辉, 宿博, 赵宇库. 2012. 基于投影寻踪技术的洪水灾情综合评价. 中国安全科学学报, 22 (12): 64-69.

董运晓. 2017. 大安 J 南区块泉四段沉积相研究. 青岛: 山东科技大学.

窦仲四, 田诺成, 吴基文. 2019. 断层对采动应力的影响数值模拟研究. 煤矿安全, 50 (12): 174-178+183.

杜锋. 2008. 厚松散层薄基岩下综放开采留设防砂煤岩柱研究. 淮南: 安徽理工大学.

段会军, 郝世俊, 冯洁. 2017. 西北矿区煤层顶板水害预测及防治技术研究. 中国矿业, 26 (S2): 151-154+169.

樊振丽. 2013. 纳林河复合水体下厚煤层安全可采性研究. 北京: 中国矿业大学 (北京).

范立民, 孙魁, 李成, 等. 2021. 榆神矿区煤矿防治水的几点思考. 煤田地质与勘探, 49 (1): 182-188.

冯洁, 侯恩科, 王苏健, 等. 2021. 陕北侏罗系沉积控水规律与沉积控水模式. 煤炭学报, 46 (5): 1614-1629.

冯洁, 侯恩科, 王苏健, 等. 2022. 陕北侏罗系砂岩沉积控水规律研究. 采矿与安全工程学报, 39 (3): 546-556.

高琳. 2017. 工作面开采正断层活化规律及采动应力演化特征. 青岛: 山东科技大学.

高琳, 蒋金泉, 张培鹏, 等. 2017. 工作面向正断层推进支承应力演化规律. 煤矿安全, 48 (1): 44-47.

葛如涛. 2021. 松散承压含水层富水性评价预测及松散层下开采防水煤岩柱留设研究. 合肥: 合肥工业大学.

葛晓光. 2000. 两淮煤田厚新生界底部含砾地层沉积物成因分析. 煤炭学报, 25 (3): 225-229.

葛晓光. 2002. 南黄淮新生界底部含水层沉积特征和工程性质. 合肥: 合肥工业大学出版社.

宫厚健, 刘守强, 曾一凡. 2018. 基于 BP 神经网络的含水层富水性评价研究. 煤炭技术, 37 (9): 181-182.

巩奕成, 张永祥, 丁飞, 等. 2015a. 基于萤火虫算法的投影寻踪地下水水质评价方法. 中国矿业大学学报, 44 (3): 566-572.

巩奕成, 张永祥, 丁飞, 等. 2015b. 地下水水质评价的 FA 优化灰色关联投影寻踪模型. 应用基础与工程科学学报, 23 (3): 512-521.

谷复光, 王清, 张晨. 2010. 基于投影寻踪与可拓学方法的泥石流危险度评价. 吉林大学学报 (地球科学版), 40 (2): 373-377.

顾志荣, 张亚亚, 王亚丽, 等. 2015. 基于投影寻踪模型评价当归药材质量. 中成药, 37 (5): 1025-1031.

桂和荣. 1997. 防水煤 (岩) 柱合理留设应力分析计算法. 北京: 煤炭工业出版社.

桂和荣.2005.皖北矿区地下水水文地球化学特征及判别模式研究.合肥:中国科学技术大学.

桂和荣,陈兆炎.1993.覆岩移动规律的数值模拟方法及成果.矿业科学技术,10(2):9-14.

郭伟.2021.超深层无井条件下的砂岩输导体研究.成都:成都理工大学.

郭文兵,娄高中,赵保才.2019.芦沟煤矿软硬交互覆岩放顶煤开采导水裂缝带高度研究.采矿与安全工程学报,36(3):519-526.

郭小铭,王皓,周麟晟.2021.煤层顶板巨厚基岩含水层空间富水性评价.煤炭科学技术,49(9):167-175.

国家安全监管总局,国家煤矿安监局,国家能源局,等.2017.建筑物、水体、铁路及主要井巷煤柱留设与压煤开采规范.北京:煤炭工业出版社.

韩承豪,魏久传,谢道雷,等.2020.基于集对分析–可变模糊集耦合法的砂岩含水层富水性评价——以宁东矿区金家渠井田侏罗系直罗组含水层为例.煤炭学报,45(7):2432-2443.

韩虹.2009.ZZ地区下沙溪庙组有利储层预测研究.成都:成都理工大学.

洪薇.2018.川南永川地区五峰组–龙马溪组页岩储层特征研究.成都:成都理工大学.

洪益青,祁和刚,丁湘,等.2017.蒙陕矿区深部侏罗纪煤田顶板水害防控技术现状与展望.中国煤炭地质,29(12):55-58+62.

侯恩科,纪卓辰,车晓阳,等.2019a.基于改进AHP和熵权法耦合的风化基岩富水性预测方法.煤炭学报,44(10):3164-3173.

侯恩科,闫鑫,郑永飞,等.2019b.Bayes判别模型在风化基岩富水性预测中的应用.西安科技大学学报,39(6):942-949.

侯忠杰.2000.地表厚松散层浅埋煤层组合关键层的稳定性分析.煤炭学报,25(2):127-131.

侯忠杰.2001.组合关键层理论的应用研究及其参数确定.煤炭学报,26(6):611-615.

胡戈.2008.综放开采断层活化导水机理研究.徐州:中国矿业大学.

胡乃利.2008.玉清湖水库水质评价及预测研究.济南:山东大学.

胡巍,徐智敏,王文学,等.2013.海下采煤软弱覆岩导水断裂带发育高度研究.煤炭学报,38(8):1338-1344.

胡小娟,李文平,曹丁涛,等.2012.综采导水裂缝带多因素影响指标研究与高度预计.煤炭学报,37(4):613-620.

黄炳香,刘长友,许家林.2009.采场小断层对导水裂隙高度的影响.煤炭学报,34(10):1316-1321.

黄磊,苟青松,韩萱,等.2022.基于未确知测度理论的含水层富水性评价方法.长江科学院院报,39(7):23-28.

姜秋香,付强,王子龙.2011.基于粒子群优化投影寻踪模型的区域土地资源承载力综合评价.农业工程学报,27(11):319-324.

姜耀东,王涛,赵毅鑫,等.2013a.采动影响下断层活化规律的数值模拟研究.中国矿业大学学报,42(1):1-5.

姜耀东,王涛,陈涛,等.2013b."两硬"条件正断层影响下的冲击地压发生规律研究.岩石力学与工程学报,32(S2):3712-3718.

蒋金泉,武泉林,曲华.2015.硬厚岩层下逆断层采动应力演化与断层活化特征.煤炭学报,40(2):267-277.

焦振华.2017.采动条件下断层损伤滑移演化规律及其诱冲机制研究.北京:中国矿业大学(北京).

金菊良,杨通竹,郦建强,等.2020.投影寻踪方法在水资源承载力评价与预测中的应用.水利水运工程学报,8(4):10-16.

鞠金峰,许家林,李全生,等.2018.我国水体下保水采煤技术研究进展.煤炭科学技术,46(1):

12-19.

康永华.1998.采煤方法变革对导水裂缝带发育规律的影响.煤炭学报,23 (3):40-44.

雷裕红,罗晓容,潘坚,等.2010.大庆油田西部地区姚一段油气成藏动力学过程模拟.石油学报,31 (2):204-210.

黎良杰,钱鸣高,李树刚.1996.断层突水机理分析.煤炭学报,21 (2):119-123.

李常文,汪锐,何孜孜,等.2011.高头窑煤矿河下开采导水裂缝带高度的试验研究.煤矿安全,42 (3):12-15.

李朝辉.2016.四川盆地侏罗纪岩相古地理研究.成都:成都理工大学.

李东东.2017.红柳林煤矿2-2煤顶板涌 (突) 水危险性评价.西安:西安科技大学.

李建文.2013.薄基岩浅埋煤层开采突水溃砂致灾机理及防治技术研究.西安:西安科技大学.

李洁.2012.柴达木盆地中生代含煤沉积及煤聚积规律.青岛:山东科技大学.

李立尧.2019.相控含水层三维构型建模及富水机理研究.青岛:山东科技大学.

李树刚,马彦阳,林海飞,等.2017.基于因子分析法的瓦斯涌出量预测指标选取.西安科技大学学报, 37 (4):461-466.

李小冬.2006.辽西早白垩世义县组沉积相及古气候演化.沈阳:东北大学.

李杨.2012.浅埋煤层开采覆岩移动规律及对地下水影响研究.徐州:中国矿业大学.

李宇志.2009.东营凹陷北带东段古近系砂砾岩扇体储层特征与油气成藏.青岛:中国石油大学 (华东).

李振华,许延春,李龙飞,等.2015.基于BP神经网络的导水裂缝带高度预测.采矿与安全工程学报, 32 (6):905-910.

李志华,窦林名,陆振裕,等.2010.采动诱发断层滑移失稳的研究.采矿与安全工程学报,27 (4): 499-504.

林磊.2020.高家堡煤矿洛河组砂岩沉积控水规律研究.西安:西安科技大学.

林远东,涂敏,刘文震,等.2012.基于梯度塑性理论的断层活化机理.煤炭学报,37 (12): 2060-2064.

刘德民,连会青,韩永,等.2014.基于概率神经网络的煤层顶板砂岩含水层富水性预测.煤炭技术,33 (9):336-338.

刘汉湖.1997.淮南煤田新区巨厚松散层沉积特征及含隔水层的划分.江苏煤炭,22 (1):12-15.

刘怀谦.2019.近距离煤层上行开采裂隙场演化规律研究及应用.贵阳:贵州大学.

刘基,杨建,王强民,等.2018.红庆河煤矿煤层顶板含水层沉积规律研究.煤炭工程,50 (4):97- 99+104.

刘健.2014.辽河东部凹陷北部地区输导体系及配置关系研究.青岛:中国石油大学 (华东).

刘军.2017.淮北矿区构造演化及其对矿井构造发育的控制作用.徐州:中国矿业大学.

刘凯旋.2019.厚松散含水层直覆下煤层开采覆岩破坏特征研究.淮南:安徽理工大学.

刘明.2018.准噶尔盆地永进地区西山窑组层序地层及沉积相研究.成都:成都理工大学.

刘强虎.2016.渤海湾盆地沙垒田凸起古近系"源–渠–汇"系统耦合研究.北京:中国石油大学 (北京).

刘天泉.1986.厚松散含水层下近松散层的安全开采.煤炭科学技术,14 (2):14-18+63.

刘伟,吴基文,胡儒,等.2019.矿井构造复杂程度定量评价与涌 (突) 水耦合分析.工矿自动化,45 (12):17-22.

刘延利.2014.近松散承压含水层开采突水水文工程地质关键因素研究.淮南:安徽理工大学.

刘延娴.2019.基于水文地球化学特征的潍肖矿区主要充水含水层水循环模式研究.合肥:合肥工业

大学.

刘颖明, 王瑛玮, 王晓东, 等. 2021. 基于蚁狮算法的风电集群储能容量配置优化方法. 太阳能学报, 42 (1): 431-437.

娄高中, 谭毅. 2021. 基于 PSO-BP 神经网络的导水裂缝带高度预测. 煤田地质与勘探, 49 (4): 198-204.

娄高中, 郭文兵, 高金龙. 2019a. 基于量纲分析的非充分采动导水裂缝带高度预测. 煤田地质与勘探, 47 (3): 147-153.

娄高中, 郭文兵, 高金龙. 2019b. 非充分采动导水裂缝带高度影响因素敏感性分析. 河南理工大学学报 (自然科学版), 38 (3): 24-31.

鲁娟, 张振坤, 吴智强, 等. 2020. 基于支持向量机的蠕墨铸铁表面粗糙度预测. 表面技术, 49 (2): 339-346.

陆亚秋. 2002. 库车坳陷东部白垩—第三系层序地层及沉积体系研究. 西安: 西北大学.

罗浩, 李忠华, 王爱文, 等. 2014. 深部开采临近断层应力场演化规律研究. 煤炭学报, 39 (2): 322-327.

马杰, 巩伟, 黄亮. 2017. 皖北矿区松散层厚度分布及水文地质特征研究. 新余学院学报, 22 (2): 27-29.

马俊学. 2017. 岷江上游叠溪古堰塞湖溃坝堆积体的沉积特征及溃决洪水反演. 北京: 中国地质大学 (北京).

马倩雯, 来风兵. 2020. 塔克拉玛干沙漠和田河西侧胡杨沙堆粒度特征. 沙漠与绿洲气象, 14 (6): 114-120.

马亚杰, 李建民, 郭立稳, 等. 2007. 基于 ANN 的煤层顶板导水断裂带高度预测. 煤炭学报, 32 (9): 926-929.

毛德兵, 陈法兵. 2013. 采动影响下断层活化规律及其诱发冲击地压的防治. 煤矿开采, 18 (1): 73-76+65.

缪协兴, 浦海, 白海波. 2008. 隔水关键层原理及其在保水采煤中的应用研究. 中国矿业大学学报, 37 (1): 1-4.

穆鹏飞, 朱开鹏, 牟林. 2015. 黄陇侏罗纪煤田洛河组砂岩富水规律. 中国煤炭地质, 27 (5): 42-45.

倪化勇, 刘希林. 2006. 泥石流粒度分维值的初步研究. 水土保持研究, 13 (1): 89-91.

聂建伟. 2013. 卧龙湖煤矿 108 工作面两带高度实测与分析. 合肥: 合肥工业大学.

彭苏萍, 孟召平, 李玉林. 2001. 断层对顶板稳定性影响相似模拟试验研究. 煤田地质与勘探, 29 (3): 1-4.

彭涛. 2015. 淮北煤田断裂构造系统及其形成演化机理. 淮南: 安徽理工大学.

漆春. 2016. 煤系含水裂隙中产黄铁矿的水文地球化学机理实验研究. 合肥: 合肥工业大学.

钱凯, 葛晓光, 吴潇. 2006. 潘集矿区松散沉积物颗粒的分形特征. 合肥工业大学学报 (自然科学版), 29 (6): 658-661.

邱梅, 施龙青, 滕超, 等. 2016. 基于灰色关联-FDAHP 法与物探成果相结合的奥灰富水性评价. 岩石力学与工程学报, 35 (S1): 3203-3213.

裘亦楠. 1990. 储层沉积学研究工作流程. 石油勘探与开发, 17 (1): 85-90.

尚金燊, 刘大金, 王建国. 2012. 蒙古前巴音盆地上白垩系沉积特征及富水性分析. 黑龙江水利科技, 40 (9): 30-32.

邵军战. 2006. 淮北煤田矿井充水因素与防治水措施研究. 中国煤田地质, 18 (3): 43-45+49.

师本强. 2012. 陕北浅埋煤层矿区保水开采影响因素研究. 西安: 西安科技大学.

施龙青，辛恒奇，翟培合，等 . 2012. 大采深条件下导水裂缝带高度计算研究 . 中国矿业大学学报，41（1）：37-41.

施龙青，黄纪云，韩进，等 . 2019. 导水裂缝带高度预测的 PCA-BP 模型 . 中国科技论文，14（5）：471-475.

施龙青，刘捷，邱梅，等 . 2020. 断层定量化在突水危险性评价中的应用 . 中国科技论文，15（1）：100-104+130.

施龙青，吴洪斌，李永雷，等 . 2021. 导水裂缝带发育高度预测的 PCA-GA-Elman 优化模型 . 河南理工大学学报（自然科学版），40（4）：10-18.

施龙青，赵威，刘天浩，等 . 2022. 煤矿井田构造复杂程度定量评价研究 . 煤炭工程，54（8）：142-148.

隋旺华，蔡光桃，董青红 . 2007. 近松散层采煤覆岩采动裂缝水砂突涌临界水力坡度试验 . 岩石力学与工程学报，26（10）：2084-2091.

孙长龙 . 2004. 任楼煤矿水害防治技术研究 . 江苏煤炭，10（1）：42-43.

孙贵，陈善成，张品刚，等 . 2011. 阜东矿区新生界松散层水文地质特征分析 . 中州煤炭，11（10）：49-51.

孙洪超 . 2019. 采动断层活化应力演化与煤柱留设研究 . 徐州：中国矿业大学 .

孙庆先，牟义，杨新亮 . 2013. 红柳煤矿大采高综采覆岩"两带"高度的综合探测 . 煤炭学报，38（S2）：283-286.

孙同文 . 2014. 含油气盆地输导体系特征及其控藏作用研究 . 大庆：东北石油大学 .

孙晓燕 . 2008. 中国东海北部泥质区晚全新世以来的古环境记录 . 青岛：中国海洋大学 .

孙宇 . 2014. 辽河坳陷杜 84 块馆陶组冲积扇储层结构特征研究 . 北京：中国地质大学（北京）.

孙中恒 . 2021. 渤海湾盆地渤东地区浅水河湖交互沉积与有利储集区带预测 . 武汉：中国地质大学（武汉）.

谭希鹏，施龙青，王娟，等 . 2014. 基于支持向量机的导水裂缝带发育高度预测 . 煤矿安全，45（8）：46-49.

唐文武 . 2020. 孙疃煤矿灰岩岩溶水富水性特征及疏放性分析 . 淮南：安徽理工大学 .

陶正平，崔旭东，黄金廷，等 . 2008. 基于岩相的鄂尔多斯白垩系盆地含水层系统结构的研究 . 地质通报，27（8）：1123-1130.

田雨桐，张平松，吴荣新，等 . 2021. 煤层采动条件下断层活化研究的现状分析及展望 . 煤田地质与勘探，49（4）：60-70.

王建州，杨文栋 . 2019. 基于非线性修正策略的空气质量预警系统研究 . 系统工程理论与实践，39（8）：2138-2151.

王凯军 . 2009. 地下水环境健康预测研究与应用 . 长春：吉林大学 .

王雷 . 2000. 滦平地区测井沉积相及裂缝分析的研究//中国石油学会 . 北京石油学会第三届青年学术年会论文集 . 北京：石油工业出版社，138-148.

王美霞，郭艳琴，郭彬程，等 . 2021. 鄂尔多斯盆地靖安油田杨 66 区延 10_1 油层组砂体连通性评价 . 西安石油大学学报（自然科学版），36（2）：1-8.

王普 . 2018. 工作面正断层采动效应及煤岩冲击失稳机理研究 . 青岛：山东科技大学 .

王涛 . 2012. 断层活化诱发煤岩冲击失稳的机理研究 . 北京：中国矿业大学（北京）.

王晓振 . 2012. 松散承压含水层下采煤压架突水灾害发生条件及防治研究 . 徐州：中国矿业大学 .

王晓振，许家林，朱卫兵，等 . 2014a. 松散承压含水层特征对其载荷传递特性的影响研究 . 采矿与安全工程学报，31（4）：499-505.

王晓振，许家林，朱卫兵，等 . 2014b. 覆岩结构对松散承压含水层下采煤压架突水的影响研究 . 采矿与安全工程学报, 31 (6): 838-844.

王洋. 2017. 煤矿充水含水层富水规律与分区评价及疏降水量动态预测. 北京: 中国矿业大学 (北京).

王洋, 武强, 丁湘, 等 2019. 深埋侏罗系煤层顶板水害源头防控关键技术. 煤炭学报, 44 (8): 2449-2459.

王瀛洲, 倪裕隆, 郑宇清, 等. 2021. 基于 ALO-SVR 的锂离子电池剩余使用寿命预测. 中国电机工程学报, 41 (4): 1445-1457+1550.

王颖, 韩进, 高卫富. 2017. 基于主成分分析法的奥灰富水性评价. 中国科技论文, 12 (9): 1011-1014.

王勇, 钟建华, 王志坤, 等. 2007. 柴达木盆地西北缘现代冲积扇沉积特征及石油地质意义. 地质论评, 53 (6): 791-796+872-874.

王云刚. 2005. 导水裂缝带发育高度预测的自适应神经模糊推理方法及其应用. 衡阳: 南华大学.

王祯伟. 1990. 论淮北新矿区新生界底部含水层的沉积环境. 煤炭学报, 15 (2): 87-96.

王祯伟. 1993. 论孔隙含水层的沉积特征与水文地质条件的关联机理. 煤炭学报, 18 (2): 81-88.

尉中良, 邹长春. 2005. 地球物理测井. 北京: 地质出版社.

魏登峰. 2011. 杨米涧青阳岔地区长 6 储层特征及有利区预测. 西安: 西安石油大学.

魏久传, 赵智超, 谢道雷, 等. 2020. 基于岩性及结构特征的砂岩含水层富水性评价. 青岛: 山东科技大学学报 (自然科学版), 39 (3): 13-23.

文晓峰. 2006. 陇东地区中生界成像测井技术应用研究. 西安: 西安石油大学.

吴昊. 2016. 鲁克沁地区二叠系梧桐沟组沉积体系研究. 青岛: 中国石油大学 (华东).

吴潇. 2006. SOM 神经网络与聚类方法在矿区沉积物分析中的应用对比. 合肥: 合肥工业大学.

武刚. 2012. 埕东凸起西南坡沙三段砂砾岩体坡积相沉积模式. 特种油气藏, 19 (3): 22-25+151-152.

武强. 2014. 我国矿井水防控与资源化利用的研究进展、问题和展望. 煤炭学报, 39 (5): 795-805.

武强, 黄晓玲, 董东林, 等. 2000. 评价煤层顶板涌 (突) 水条件的 "三图-双预测法". 煤炭学报, 25 (1): 62-67.

武强, 王洋, 赵德康, 等. 2017. 基于沉积特征的松散含水层富水性评价方法与应用. 中国矿业大学学报, 46 (3): 460-466.

武旭仁, 魏久传, 尹会永, 等. 2011. 基于模糊聚类的顶板砂岩富水性预测研究——以龙固井田为例. 山东科技大学学报 (自然科学版), 30 (2): 14-18.

武昱东. 2010. 两淮煤田构造-热演化特征及煤层气生成与富集规律研究. 北京: 中国科学院大学.

肖长来, 危润初, 梁秀娟, 等. 2011. 基于投影寻踪聚类模型的龙坑水源地地下水水质评价. 吉林大学学报 (地球科学版), 41 (S1): 248-252.

谢保鹏, 朱道林, 蒋毓琪, 等. 2014. 基于多因素综合评价的居民点整理时序确定. 农业工程学报, 30 (14): 289-297.

谢从瑞, 杨忠智, 王永和, 等. 2013. 鄂尔多斯盆地白垩系沉积建造对地下水的控制. 沉积与特提斯地质, 33 (2): 40-45.

谢其锋. 2009. 南华北盆地谭庄凹陷下白垩统构造沉积特征. 西安: 西北大学.

谢文苹. 2016. 采动影响下矿区充水含水层水化学时空演化机理研究. 合肥: 合肥工业大学.

谢贤健, 韦方强, 张继, 等. 2015. 基于投影寻踪模型的滑坡危险性等级评价. 地球科学 (中国地质大学学报), 40 (9): 1598-1606.

谢晓锋, 李夕兵, 尚雪义, 等. 2017. PCA-BP 神经网络模型预测导水裂缝带高度. 中国安全科学学报, 27 (3): 100-105.

谢渊, 王剑, 殷跃平, 等. 2003. 鄂尔多斯盆地白垩系含水层沉积学初探. 地质通报, 22 (10): 818-828.

邢凤存, 陆永潮, 刘传虎, 等. 2008. 车排子地区构造-古地貌特征及其控砂机制. 石油与天然气地质, 29 (1): 78-83+106.

徐方建, 李安春, 李铁刚, 等. 2011. 东海内陆架 EC2005 孔沉积物粒度分形特征. 地质学报, 85 (6): 1038-1044.

徐飞, 徐卫亚, 刘造保, 等. 2011. 基于 PSO-PP 的边坡稳定性评价. 岩土工程学报, 33 (11): 1708-1713.

徐佳宁, 倪裕隆, 朱春波. 2021. 基于改进支持向量回归的锂电池剩余寿命预测. 电工技术学报, 36 (17): 3693-3704.

徐树媛, 张永波, 孙灏东, 等. 2022. 基于 RBF 核 ε-SVR 的导水裂缝带高度预测模型研究. 安全与环境学报, 21 (5): 2022-2029.

徐晓惠, 吕进国, 刘闯, 等. 2015. 采动影响下逆断层特征参数对断层活化的作用规律. 重庆大学学报, 38 (3): 107-115.

徐兴松. 2006. 利用测井属性进行层序地层对比和流动单元划分的应用研究. 青岛: 中国石油大学 (华东).

徐智敏, 孙亚军, 高尚, 等. 2019. 干旱矿区采动顶板导水裂隙的演化规律及保水采煤意义. 煤炭学报, 44 (3): 767-776.

许冬清. 2017. 宿县矿区地下水化学演化特征与控制因素研究. 合肥: 合肥工业大学.

许光泉, 沈慧珍, 魏振岱, 等. 2005. 宿南矿区 "四含" 沉积相与富水性关系研究. 安徽理工大学学报 (自然科学版), 25 (4): 4-8.

许家林, 朱卫兵, 王晓振. 2012. 基于关键层位置的导水裂缝带高度预计方法. 煤炭学报, 37 (5): 762-769.

许珂. 2016. 台格庙矿区顶板涌 (突) 水危险性评价与矿井涌水量预测. 北京: 中国矿业大学 (北京).

许珂, 张维, 申建军, 等. 2016. 灰色理论在裂隙含水层富水性评价中的应用. 辽宁工程技术大学学报 (自然科学版), 35 (8): 816-820.

许琳. 2012. 高家沟-青阳岔地区长 6 油藏有利区预测. 西安: 西安石油大学.

许文松. 2013. 厚松散含水层下采场结构对覆岩破坏规律影响机制研究. 淮南: 安徽理工大学.

许文松, 常聚才. 2012. 厚松散含水层下重复采动覆岩破坏规律分析. 矿业工程研究, 27 (2): 23-26.

许延春. 2005. 综放开采防水煤岩柱保护层的 "有效隔水厚度" 留设方法. 煤炭学报, 30 (3): 306-308.

薛建坤, 王皓, 赵春虎, 等. 2020. 鄂尔多斯盆地侏罗系煤田导水裂缝带高度预测及顶板充水模式. 采矿与安全工程学报, 37 (6): 1222-1230.

杨本水, 段文进. 2003. 风氧化带内煤层安全开采关键技术的研究. 煤炭学报, 28 (6): 608-612.

杨本水, 王从书, 阎昌银. 2002. 中等含水层下留设防砂煤柱开采的试验与研究. 煤炭学报, 27 (4): 343-346.

杨本水, 孔一繁, 余庆业. 2004. 风氧化带内煤层安全开采的试验研究. 中国矿业大学学报, 33 (1): 50-54.

杨成田. 1985. 试论沉积岩层构造裂隙的展布规律及其水文地质作用. 长安大学学报 (地球科学版), 7 (2): 53-58.

杨国勇, 陈超, 高树林, 等. 2015. 基于层次分析-模糊聚类分析法的导水裂缝带发育高度研究. 采矿与安全工程学报, 32 (2): 206-212.

杨能勇, 何爱忠, 聂礼生. 2003. 海孜煤矿中煤组水害的研究与防治. 煤矿安全, 34 (5): 36-37.

杨倩. 2013. 采动影响下煤层顶板承压含水层水位变化及覆岩变形与破坏规律研究. 阜新: 辽宁工程技术大学.

杨仁超.2008.辽河坳陷东部凹陷古近纪构造-沉积耦合与储层评价.青岛:山东科技大学.

杨晟.2020.新疆克尔碱矿区煤层顶板突水风险评价及涌水量模拟预测研究.济南:山东大学.

杨随木,张宁博,刘军,等.2014.断层冲击地压发生机理研究.煤炭科学技术,42(10):6-9+27.

尹鹏.2011.哈尔滨市水资源发展态势及可持续利用评价研究.哈尔滨:哈尔滨工程大学.

尹尚先,徐斌,徐慧,等.2013.综采条件下煤层顶板导水裂缝带高度计算研究.煤炭科学技术,41(9):138-142.

于保华.2009.高水压松散含水层下采煤关键层复合破断致灾机制研究.徐州:中国矿业大学.

于广明,谢和平,杨伦,等.1998.采动断层活化分形界面效应的数值模拟研究.煤炭学报,23(4):62-66.

于秋鸽.2020.采动作用下断层对开采沉陷影响机制研究.北京:煤炭科学研究总院.

于秋鸽.2021.上下盘开采断层滑移失稳诱发地表异常沉陷机理研究.采矿与安全工程学报,38(1):41-50.

于小鸽,韩进,施龙青,等.2009.基于BP神经网络的底板破坏深度预测.煤炭学报,34(6):731-736.

於波.2018.临涣矿区岩溶发育特征及地下水流场数值模拟.淮南:安徽理工大学.

袁芳政.2008.大牛地气田石炭系沉积演化与微相特征研究.西安:西安石油大学.

袁亮,姜耀东,王凯,等.2018.我国关闭/废弃矿井资源精准开发利用的科学思考.煤炭学报,43(1):14-20.

袁哲明,张永生,熊洁仪.2008.基于SVR的多维时间序列分析及其在农业科学中的应用.中国农业科学,41(8):2485-2492.

原泽文.2019.伊犁一矿水文地质特征及水害防治技术研究.徐州:中国矿业大学.

岳荣宾.2009.模糊层次和投影寻踪法在大坝安全风险评价中的应用.济南:山东大学.

曾佳龙,刘琼,黄锐,等.2015.基于未确知测度理论的薄基岩厚松散含水层下煤层安全开采区域划定.采矿与安全工程学报,32(6):898-904.

曾文.2017.宿南矿区地下水系统演化规律模拟研究.合肥:合肥工业大学.

曾一凡,武强,杜鑫,等.2020.再论含水层富水性评价的"富水性指数法".煤炭学报,45(7):2423-2431.

张彬,杨联安,杨粉莉,等.2020.基于投影寻踪的土壤养分综合评价及影响因素研究.土壤,52(6):1239-1247.

张广朋.2016.塔里木河干流上中游河床沉积物渗透系数及渗漏水量研究.乌鲁木齐:新疆农业大学.

张贵彬.2014.厚松散层薄基岩下开采上覆地层变形破坏特征及应用研究.青岛:山东科技大学.

张海洋,张瑶,李民赞,等.2021.基于BSO-SVR的香蕉遥感时序估产模型研究.农业机械学报,52(S1):98-107.

张宏伟,朱志洁,霍丙杰,等.2013.基于改进的FOA-SVM导水裂缝带高度预测研究.中国安全科学学报,23(10):9-14.

张纪易.1985.粗碎屑洪积扇的某些沉积特征和微相划分.沉积学报,3(3):75-85.

张明军.2006.沾化凹陷沙二上-东营组高频层序与沉积体系研究.青岛:中国石油大学(华东).

张楠,王亮清,葛云峰,等.2016.基于因子分析的BP神经网络在岩体变形模量预测中的应用.工程地质学报,24(1):87-95.

张宁博.2014.断层冲击地压发生机制与工程实践.北京:煤炭科学研究总院.

张平松,鲁海峰,韩必武,等.2019.采动条件下断层构造的变形特征实测与分析.采矿与安全工程学报,36(2):351-356.

张世杰 . 2013. 沧东-南皮凹陷孔-段枣Ⅲ油层组物源与沉积相研究 . 成都：成都理工大学 .

张世忠 . 2021. 伊犁矿区弱胶结地层采动阻水性能演化规律及其控制机理 . 徐州：中国矿业大学 .

张童康，师芸，王剑辉，等 . 2021. InSAR 和改进支持向量机的沉陷预测模型分析 . 测绘科学，46（11）：63-70.

张文丽 . 2007. 水电工程环境影响评估准则与量化分析方法研究 . 保定：河北农业大学 .

张新 . 2016. 基于断层影响的松散层下采动覆岩变形破坏特征研究 . 青岛：山东科技大学 .

张新盈 . 2018. K-means 和 QGA 优化 RBF 神经网络模型在导水裂缝带高度预测方面的应用 . 中国矿业，27（8）：164-167.

张云峰 . 2019. 齐家地区高台子油层砂岩输导层静态连通性评价及对油气分布控制作用 . 大庆：东北石油大学 .

张云峰，申建军，王洋，等 . 2016. 综放导水断裂带高度预测模型研究 . 煤炭科学技术，44（S1）：145-148.

张朱亚 . 2009. 淮北新矿区新生界底部松散沉积物沉积特征及水理性质 . 安徽地质，19（4）：241-246.

赵宝峰 . 2015a. 沉积控水规律及其在矿井防治水研究中的应用 . 武汉：中国地质大学（武汉）.

赵宝峰 . 2015b. 基于含水层沉积和构造特征的富水性分区 . 中国煤炭地质，27（4）：30-34.

赵宝峰 . 2015c. 沉积和构造特征对含水层富水性的影响 . 工程勘察，43（9）：51-54+80.

赵春虎，靳德武，王皓，等 . 2019. 榆神矿区中深煤层开采覆岩损伤变形与含水层失水模型构建 . 煤炭学报，44（7）：2227-2235.

赵东升 . 2006. 柴达木盆地西南区下干柴沟组下段沉积体系及有利砂体预测 . 西安：西北大学 .

赵健，罗晓容，张宝收，等 . 2011. 塔中地区志留系柯坪塔格组砂岩输导层量化表征及有效性评价 . 石油学报，32（6）：949-958.

赵小勇，付强，邢贞相，等 . 2006. 投影寻踪模型的改进及其在生态农业建设综合评价中的应用 . 农业工程学报，22（5）：222-225.

赵忠明，刘永良，李祎，等 . 2015. 基于 ANN 导水裂缝带高度预测的过程优化 . 矿业安全与环保，42（3）：47-49+53.

仲翔 . 2017. 塔里木盆地东南缘侏罗系中下统层序地层与沉积演化 . 乌鲁木齐：新疆大学 .

朱广安，窦林名，刘阳，等 . 2016. 采动影响下断层滑移失稳的动力学分析及数值模拟 . 中国矿业大学学报，45（1）：27-33.

朱俊强，罗军梅 . 2011. 泌阳凹陷南部陡坡带核桃园组二段砂砾岩体发育的控制因素分析 . 地质调查与研究，34（2）：108-113.

Allen J R L. 1978. Studies in fluviatile sedimentation: an exploratory quantitative model for the architecture of avulsion-controlled alluvial suites. Sedimentary Geology, 21（2）：129-147.

Annandale J G, Jovanovic N Z, Tanner P D, et al. 2002. The sustainability of irrigation with gypsiferous mine water and implications for the mining industry in South Africa. Mine Water and the Environment, 21（2）：81-90.

Bi Y S, Wu J W, Zhai X R, et al. 2021. Discriminant analysis of mine water inrush sources with multi-aquifer based on multivariate statistical analysis. Environmental Earth Sciences, 80（4）：1-17.

Bi Y S, Wu J W, Zhai X R. 2022a. Quantitative prediction model of water inrush quantities from coal mine roofs based on multi-factor analysis. Environmental Earth Sciences, 81（11）：314.

Bi Y S, Wu J W, Zhai X R, et al. 2022b. A prediction model for the height of the water-conducting fractured zone in the roof of coal mines based on factor analysis and RBF neural network. Arabian Journal of Geosciences, 15（3）：241.

Bi Y S, Wu J W, Zhai X R, et al. 2022c. Water abundance comprehensive evaluation of coal mine aquifer based on projection pursuit mode. Lithosphere, 2022 (4): 3259214.

Booth C J. 2007. Confined- unconfined changes above longwall coal mining due to increases in fracture porosity. Environment & Engineering Geosciences, 8 (4): 355-367.

Booth C J, Spande E D, Pattee C T, et al. 1998. Positive and negative impacts of longwall mine subsidence on a sandstone aquifer. Environmental Geology, 34 (2): 223-233.

Booth C J, Curtiss A M, Demaris P J, et al. 2000. Site- specific variation in the potentiometric response to subsidence above active longwall mining. Environmental and Engineering Geoscience, 6 (4): 383-394.

Chen S G, Guo H. 2008. Numerical simulation of bed separation development and ground injecting into separations. Geotechnical and Geological Engineering, 26 (4): 375-385.

Chen S J, Yin D W, Cao F W, et al. 2016. An overview of integrated surface subsidence- reducing technology in mining areas of China. Natural Hazards, 81 (2): 1129-1145.

Cheng X G, Qiao W, Li G F, et al. 2021. Risk assessment of roof water disaster due to multi-seam mining at Wulunshan Coal Mine in China. Arabian Journal of Geosciences, 14 (12): 1116.

Gandhe A, Venkateswarlu V, Gupta R N. 2005. Extraction of coal under a surface water body-a strata control investigation. Rock Mechanics and Rock Engineering, 38 (5): 399-410.

Guo C F, Yang Z, Li S, et al. 2020. Predicting the water- conducting fracture zone (WCFZ) height using an MPGA-SVR approach. Sustainability, 12 (5): 1809.

Guo P Y, Zheng L, Sun X M, et al. 2018. Sustainability evaluation model of geothermal resources in abandoned coal mine. Applied Thermal Engineering, 144: 804-811.

Hu T, Hou G Y, Bu S, et al. 2020. A novel approach for predicting the height of water-conducting fracture zone under the high overburden caving strength based on optimized processes. Processes, 8 (8): 950.

Jackson M D, Yoshida S J, Muggeridge A H, et al. 2005. Three-dimen-sional reservoir characterization and flow simulation of heterolithie tidal sandstones. AAPG Bulletin, 89 (4): 507-528.

Jayasingha P, Pitawala A. 2014. Evolution of coastal sandy aquifer system in Kalpitiya peninsula, Sri Lanka: sedimentological and geochemical approach. Environmental Earth Sciences, 71 (11): 4925-4937.

Karaman A, Carpenter P J, Booth C J. 2001. Type- curve analysis of water- level changes induced by a longwall mine. Environmental Geology, 40 (7): 897-901.

King P R. 1990. The connectivity and conductivity of overlapping sand bodies//Buller A T, Berg E, Hjelmeland O, et al. North Sea Oil and Gas Reservoirs-II. London: Graham and Trotman, 353-362.

Lee S, Song K Y, Kim Y, et al. 2013. Regional groundwater productivity potential mapping using a geographic information system (GIS) based artificial neural network model. Hydrogeology Journal, 20 (8): 1511-1527.

Li H J, Li J H, Li L, et al. 2020. Prevention of water and sand inrush during mining of extremely thick coal seams under unconsolidated Cenozoic alluvium. Bulletin of Engineering Geology and the Environment, 79 (6): 3271-3283.

Li L N, Li W P, Shi S Q, et al. 2022a. An improved potential groundwater yield zonation method for sandstone aquifers and its application in Ningxia, China. Natural Resources Research, 31 (2): 849-865.

Li P Y. 2018. Mine water problems and solutions in China. Mine Water and the Environment, 37 (2): 217-221.

Li Q L, Sui W H, Sun B T, et al. 2022b. Application of TOPSIS water abundance comprehensive evaluation method for karst aquifers in a lead zinc mine, China. Earth Science Informatics, 15 (1): 397-411.

Li Q L, Li D Z, Zhao K, et al. 2022c. State of health estimation of lithium-ion battery based on improved ant lion optimization and support vector regression. Journal of Energy Storage, 50: 104215.

Li Y, Wang H Q, Wu W, et al. 2015. Impact factors of overburden movement in longwall mining over thin overlying strata. Electronic Journal of Geotechnical Engineering, 20 (12): 5133-5142.

Light D D M, Donovan J J . 2015. Mine- water flow between contiguous fooded underground coal mines with hydraulically compromised barriers. Environmental & Engineering Geoscience, 21 (2): 147-164.

Liu S L, Li W P, Wang Q Q. 2018. Height of the water- flowing fractured zone of the Jurassic coal seam in Northwestern China. Mine Water and the Environment, 37 (2): 312-321.

Liu X S, Tan Y L, Ning J G, et al. 2015. The height of water- conducting fractured zones in longwall mining of shallow coal seams. Geotechnical and Geological Engineering, 33 (3): 693-700.

Ma L Q, Cao X Q, Liu Q, et al. 2013. Simulation study on water- preserved mining in multiexcavation disturbed zone in close- distance seams. Environmental Engineering and Management Journal, 12 (9): 1849-1853.

Majdi A, Hassani F P, Nasiri M Y. 2012. Prediction of the height of destressed zone above the mined panel roof in longwall coal mining. International Journal of Coal Geology, 98: 62-72.

Mirjalili S. 2015. The ant lion optimizer. Advances in Engineering Software, 83: 80-98.

Peng Z H, Chen L W, Hou X W, et al. 2021. Risk assessment of water inrush under an unconsolidated, confined aquifer: the application of GIS and information value model in the Qidong Coal Mine, China. Earth Science Informatics, 14 (4): 2373-2386.

Shepley M G, Pearson A D, Smith G D. 2008. The impacts of coal mining subsidence on groundwater resources management of the East Midlands Permo- Triassic Sandstone aquifer, England. Quarterly Journal of Engineering Geology and Hydrogeology, 41 (3): 425-438.

Shi L Q, Liu T H, Zhang X Y, et al. 2021. Prediction of the water- bearing capacity of coal strata by using the macro and micro pore structure parameters of aquifers. Energies, 14 (16): 4865.

Shi L, Singh R N. 2001. Study of mine water inrush from floor strata through faults. Mine Water and the Environment, 20 (3): 140-147.

Shi S Q, Wei J C, Xie D L, et al. 2019. Prediction analysis model for groundwater potential based on set pair analysis of a confined aquifer overlying a mining area. Arabian Journal of Geosciences, 12 (4): 115.

Taloy L M, Chen E P. 1986. Microcrack-induced damage accumulation in britte rock under dynamic loading. Computer Methods in Applied Mechanics and Engineering, 55 (3): 301-320.

Venticinque G, Nemcik J, Ren T . 2014. A new fracture model for the prediction of longwall caving characteristics. International Journal of Mining Science and Technology, 24 (3): 369-372.

Wang G, Wu M M, Wang R, et al. 2017. Height of the mining- induced fractured zone above a coal face. Engineering geology , 216: 140-152.

Wang H L, Jia C Y, Yao Z K, et al. 2021. Height measurement of the water- conducting fracture zone based on stress monitoring. Arabian Journal of Geosciences, 14 (14): 1392.

Wang J A, Park H D. 2003. Coal mining above a confined aquifer. International Journal of Rock Mechanics and Mining Sciences, 40 (4): 537-551.

Wang Y Z, Ni Y L, Li N, et al. 2019. A method based on improved ant lion optimization and support vector regression for remaining useful life estimation of lithium- ion batteries. Energy Science & Engineering, 7 (6): 2797-2813.

Wang Z C, Wang C, Wang Z C . 2018. The hazard analysis of water inrush of mining of thick coal seam under reservoir based on entropy weight evaluation method. Geotechnical and Geological Engineering, 36 (5): 3019-3028.

Wu Q, Fan Z L, Zhang Z W, et al. 2014. Evaluation and zoning of groundwater hazards in Pingshuo No. 1

underground coal mine, Shanxi Province, China. Hydrogeology Journal, 22 (7): 1693-1705.

Wu Q, Liu Y Z, Wu X, et al. 2016. Assessment of groundwater inrush from underlying aquifers in Tunbai coal mine, Shanxi province, China. Environmental Earth Sciences, 75 (9): 737.

Wu Q, Xu K, Zhang W, et al. 2017. Roof aquifer water abundance evaluation: a case study in Taigemiao, China. Arabian Journal of Geosciences, 10 (11): 254.

Xu Y C, Luo Y Q, Li J H, et al. 2018. Water and sand inrush during mining under thick unconsolidated layers and thin bedrock in the Zhaogu No. 1 Coal Mine, China. Mine Water and the Environment, 37 (2): 336-345.

Yang B B, Sui W H, Duan L H. 2017. Risk assessment of water inrush in an underground coal mine based on GIS and fuzzy set theory. Mine Water and the Environment, 36 (4): 617-627.

Yang C, Liu S D, Liu L. 2016b. Water abundance of mine floor limestone by simulation experiment. International Journal of Mining Science and Technology, 26 (3): 495-500.

Yang W F, Xia X H, Pan B L, et al. 2016a. The fuzzy comprehensive evaluation of water and sand inrush risk during underground mining. Journal of Intelligent & Fuzzy Systems, 30 (4): 2289-2295.

Yin H Y, Shi Y L, Niu H G, et al. 2018. A GIS-based model of potential groundwater yield zonation for a sandstone aquifer in the Juye Coalfield, Shangdong, China. Journal of Hydrology, 557: 434-447.

Zhai W, Li W, Huang Y L, et al. 2020. A case study of the water abundance evaluation of roof aquifer based on the development height of water-conducting fracture zone. Energies, 13 (16): 4095.

Zhang Q, Wang Z Y. 2021. Spatial prediction of loose aquifer water abundance mapping based on a hybrid statistical learning approach. Earth Science Informatics, 14 (3): 1349-1365.

Zhang W Q, Wang Z Y, Zhu X X, et al. 2020. A risk assessment of a water-sand inrush during coal mining under a loose aquifer based on a factor analysis and the Fisher model. Journal of Hydrologic Engineering, 25 (8): 04020033.

Zhang Y W, Zhang L L, Li H J, et al. 2021. Evaluation of the water yield of coal roof aquifers based on the FDAHP-Entropy method: a case study in the Donghuantuo Coal Mine, China. Geofluids, 2021: 5512729.